3ds Max Design 2015 功能概述

▶茶壶渲染效果细节

▶俯视几何体组合

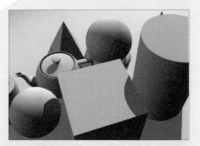

▶几何体组合背光效果

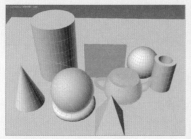

▶几何体组合实体＋线框显示

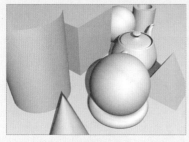

▶几何体组合细节效果

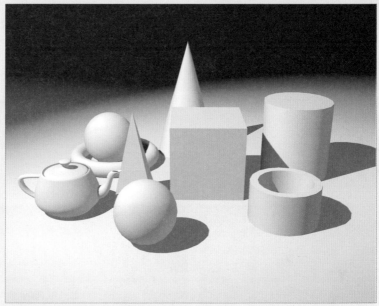

▶平视几何体组合效果

静物组合建模

▶高脚杯线框显示

▶茶杯细节效果

▶高脚杯细节效果

▶静物组合的四视图显示

▶静物组合长方构图显示

修改器建模

▶摄影机视图线框显示效果

▶螺旋体细节实体 + 线框显示效果

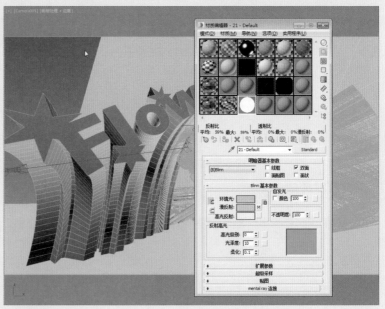

▶设置模型的材质

▶模型组合细节实体 + 线框显示效果

▶模型组合平视——光跟踪器渲染

▶模型组合平视 VRay 渲染效果

中式座椅家具建模

▶倚靠雕花效果

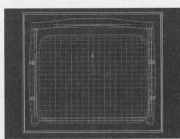

▶座椅顶视图

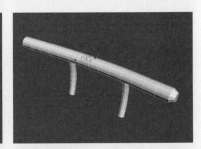

▶座椅扶手造型

▶座椅俯视效果

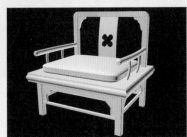

▶座椅模型完成

▶座椅线框显示效果

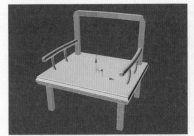

▶座椅椅面设置

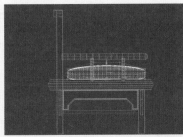

▶座椅左视图线框效果

▶座椅坐垫效果

标准材质贴图基础

▶装饰桶和芦苇穗效果

▶茶壶效果

▶书本效果

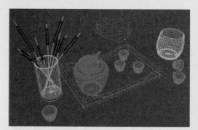

▶材质基础线框显示效果

▶材质基础——黑白效果

▶材质基础效果图

VRay 渲染器和 VRay 材质

▶摄影机视图实体显示

▶瓦力履带渲染效果

▶瓦力俯视可爱效果

▶瓦力头部渲染效果

▶瓦力身体渲染效果

▶瓦力俯视渲染效果

玩具模型的创建与渲染

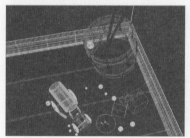

▶俯视线框图

▶黑白线框表现

▶仰视效果表现

▶飞镖盘效果

▶顺光表现效果

▶小车车头表现效果

客厅模型的创建与渲染

▶窗外一景

▶荷花绿陶瓷

▶客厅顶视效果

▶客厅空间表现

▶沙发抱枕效果

▶藤框效果

▶中式灯笼效果

▶中式吸顶灯材质表现

▶中式座椅

地铁车厢场景的渲染

▶竖构图左侧线框显示

▶报纸和塑料袋细节效果

▶竖构图渲染效果

▶横构图列车人视效果

小型酒吧场景渲染

▶桌椅线框显示效果

▶挂画装饰效果

▶墙体酒柜效果

主卧室卫生间场景的渲染

▶俯视卫生间线框显示

▶卫生间俯瞰效果

▶竖构图人视效果

FULL COLOR
EDITION
全彩版

中文版
3ds Max
+VRay
效果图制作
完全学习教程

贾琳 朱国忠 编著

中国青年出版社
CHINA YOUTH PRESS
中青雄狮

律师声明

北京市中友律师事务所李苗苗律师代表中国青年出版社郑重声明：本书由著作权人授权中国青年出版社独家出版发行。未经版权所有人和中国青年出版社书面许可，任何组织机构、个人不得以任何形式擅自复制、改编或传播本书全部或部分内容。凡有侵权行为，必须承担法律责任。中国青年出版社将配合版权执法机关大力打击盗印、盗版等任何形式的侵权行为。敬请广大读者协助举报，对经查实的侵权案件给予举报人重奖。

侵权举报电话

全国"扫黄打非"工作小组办公室　　　　中国青年出版社

010-65233456 65212870　　　　　　010-50856028

http://www.shdf.gov.cn　　　　　　　E-mail: editor@cypmedia.com

图书在版编目（CIP）数据

中文版3ds Max+VRay效果图制作完全学习教程 / 贾琳，朱国忠编著.

— 北京: 中国青年出版社，2016.1

ISBN 978-7-5153-3923-8

I.①中… II.①贾… ②朱… III.①三维动画软件-教材 IV.①TP391.41

中国版本图书馆CIP数据核字（2015）第248520号

中文版3ds Max+VRay效果图制作完全学习教程

贾琳 朱国忠 编著

出版发行： 中国青年出版社

地　　址： 北京市东四十二条21号

邮政编码： 100708

电　　话： (010) 50856188 / 50856199

传　　真： (010) 50856111

企　　划： 北京中青雄狮数码传媒科技有限公司

策划编辑： 张　鹏

责任编辑： 刘冰冰

封面设计： 彭　涛　吴艳蜂

印　　刷： 北京九天众诚印刷有限公司

开　　本： 787×1092　1/16

印　　张： 26.5

版　　次： 2016年03月北京第1版

印　　次： 2017年07月第2次印刷

书　　号： ISBN 978-7-5153-3923-8

定　　价： 79.90元（附赠1DVD，含语音视频教学＋案例素材文件）

本书如有印装质量等问题，请与本社联系

电话: (010) 50856188 / 50856199

读者来信: reader@cypmedia.com

投稿邮箱: author@cypmedia.com

如有其他问题请访问我们的网站: http://www.cypmedia.com

前言

PREFACE

Autodesk公司推出的3ds Max 2015这款大名鼎鼎的软件分为两个生产线来生产和发行：3ds Max 2015和3ds Max Design 2015。前者更面向娱乐专业人士，后者则更适合建筑师、设计师和可视化专业人士。为了方便全世界用户，该软件专门从3ds Max 2013版本开始提供了6种语言：英文、法文、德文、日文、韩文、中文，软件安装成功之后可以任意切换不同的语言版本。

本书特色

（1）本书以案例来讲解软件知识，注重软件技术的实际应用。

（2）本书以模型——材质——灯光渲染——完整实例为主线来构建全书框架，针对当前流行的室内表现来安排学习方向，让读者学习之后能够很快转化为工作能力，学以致用。

（3）通过经典实例的学习，让读者学习到最流行的效果图制作技术。

（4）本书前四章以建模技术为主，把室内表现和建筑表现常用的建模技术逐一呈现。

（5）本书第五章以常用标准材质为主线讲解常用的材质与贴图知识。

（6）本书第六章和第七章讲解了VRay渲染器的操作技术，第七章是用一个玩具场景系统讲解从建模、材质、灯光到渲染后期的全部过程。

（7）本书第八章到第十一章全部安排成了室内效果图表现的经典实例，讲解最实用的制作技术，让读者学以致用。

内容提要

第01～04章主要介绍了3ds max Design 2015的工作界面与基本操作、室内表现和建筑表现的常用建模技术。第05～07章主要介绍了VRay渲染器的渲染技术以及制作完整场景的整套核心技术。第08～11章主要介绍了室内设计效果图的制作技术，使用VRay渲染器如何渲染出照片级别的效果图和使用Photoshop进行图像后期处理的制作方法。

适用读者群

● 室内外效果图制作人员与学者

● 装饰装潢培训班学员与大中专院校相关专业师生

● CG艺术爱好者

本书在编写过程中力求做到选例经典、讲解精细，但由于时间仓促和作者水平有限，一些错误与不足在所难免，如遇到技术性问题可以加3ds Max技术交流QQ群：16113691，随时交流。

编 者

目 录
CONTENTS

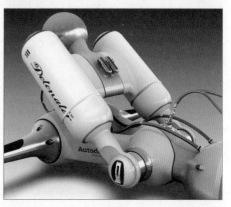

Chapter 03　修改器建模

修改器是3ds Max Design 2015中一类使用频率非常高的命令，可用来修改模型外形，控制贴图显示，设置动画生成等，所有修改器都位于【修改】面板的修改器列表中，单击鼠标就可找到。为提高工作效率，3ds Max仅显示可对当前模型使用的修改器。

Chapter 04　中式座椅家具建模

利用3ds Max Design 2015中的【多边形建模】方式，可以建立相对复杂的家具模型，再配合【基础建模】和【修改器建模】，就可以实现用3ds Max Design 2015制作任何风格与要求的家具模型。

Chapter 05 标准材质贴图基础

材质编辑器是3ds Max Design 2015的一个重要模块，它可以让枯燥的模型产生栩栩如生的质感，从而模拟现实中的物体，如坚硬的钢铁、柔软的布料、细腻的水流、透明的玻璃等。

Chapter 06 VRay渲染器和VRay材质

【默认扫描线渲染器】是3ds Max软件使用的原配渲染器，由于该渲染器在3ds Max 5版本之前没有自动的全局光照计算，因此在场景中建立灯光就是一件非常费事的过程。即使在【光能传递】和【光跟踪器】计算引擎出现之后，3ds Max的材质中模拟模糊反射也是一件不容易的事情，从而让场景的真实度大大降低。这一尴尬情况直到VRay渲染器的普及才得到有效解决。

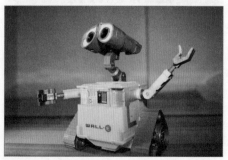

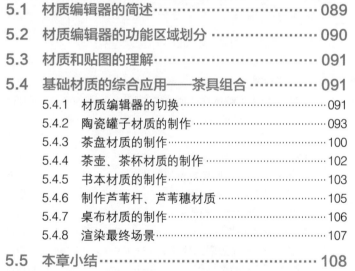

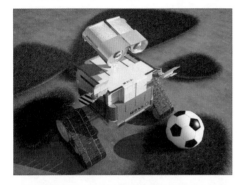

Chapter 07 玩具模型的创建与渲染

80后的朋友小时候大多都玩过积木和小火车等玩具，在那个时代这是大家最好的小伙伴，本案例将使用3ds Max Design 2015和VRay Adv 3.00.07来重现大家童年的场景。

Chapter **08** 客厅模型的创建与渲染

家装设计是一门重要的学科，而一套房子中最需要设计师去斟酌的则是客厅空间，客厅代表了一个家庭的门面，体现了主人的审美品位和社会地位，本案例就带领大家制作一个中式风格的客厅效果。

Chapter 09 地铁车厢场景的渲染

都市的地铁成就了快速交通，成了很多上班族每天必须乘坐的有效工具。每天末班的地铁载满了沉沉的疲惫感，当旅客都下车之后，在车厢内可以看到的是剩余的工作压力、紧张以及一丝对家的港湾的期待。

Chapter 10 小型酒吧场景渲染

酒吧是一个让人在忙碌一天之后可以得到释放的场所，配合悠扬的音乐和各式各样的美酒，休闲放松的目的就可以轻松达到。

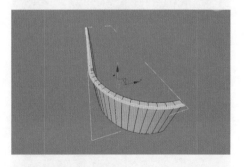

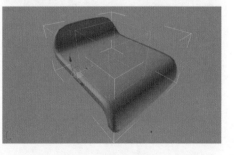

Chapter 11 主卧室卫生间场景的渲染

本案例的材料色彩搭配是一大亮点，其整体效果清晰亮丽，因此在渲染的时候设置了阴天的气氛，重点突出其优秀的色彩搭配。

3ds Max Design 2015
功能概述

本章主要引领读者初步认识和了解3ds Max Design 2015软件，从软件界面中各部分的名称到各项功能都给出了详细的讲解。

1.1 软件发展概述

　　3ds Max是一款目前在世界各地的工作站、家用电脑上最流行的三维动画软件，其前身是运行于DOS系统下的3D Studio，1996年随着Windows系统的全面到来，推出了全新的可在Windows系统环境下运行的3D Studio MAX 1.0，2001年软件正式更名为3ds Max 4.0，2014年，Autodesk推出了第17个版本——3ds Max 2015和3ds Max Design 2015，本版本相较于以前的版本，在继承前者优势的前提下，提供了全新的工作界面、工具集以及图形加速的核心，这些设置可以极大地提高用户的工作效率。

　　3ds Max自从问世以来，经历了许多重大的版本变化，每次升级都会带给用户许多惊喜，它在全世界的电影制作、建筑可视化、室内设计、电视包装、游戏创作等领域起到了举足轻重的作用。下图所示的是一些使用3ds Max制作出的经典场景。

电影《阿凡达》中有大量的3ds Max参与的制作

游戏《古墓丽影》里的劳拉是使用3ds Max的
Polygon（多边形）方式创建的

📍 提示 3ds Max的坐标轴向

在3ds Max视图中有X、Y、Z三个轴向，分别代表了计算机虚拟空间中的三个方向，系统允许我们沿着物体的某一个或者多个轴向进行移动、旋转、缩放的操作。

电影《功夫》里的特效制作也是3ds Max的功劳

相对于原来的版本来说，3ds Max Design 2015可以满足用户更广泛的要求，3ds Max Design 2015 ActiveShade交互式渲染流程对Mental Ray渲染器有了更好的支持，在新版本中可以看到其更名为了NVIDIA Mental Ray渲染器。

3ds Max Design 2015借助新的对Python脚本的支持，还提供了强大的核心工具集，可更轻松地扩展和自定义，满足每个工作室的独特需求。

同时增加了NVIDIA iray和NVIDIA Mental Ray渲染器的实时渲染效果，可以实时地显示大致的效果，并且会随着时间不断更新，效果越来越好。

新版3ds Max Design 2015的脚本语言已经改成了python语言。这是一种流行的计算机脚本语言，采用它可以快速生成程序的结构，从而可以大大提升脚本的工作效率。

从3ds max 7开始，官方推出了中文版本，而3ds Max Design 2015安装成功之后，可以使用6种语言来进行显示，选择起来非常方便，3ds Max Design 2015中文版的启动界面如下左图所示，工作界面如下右图所示。

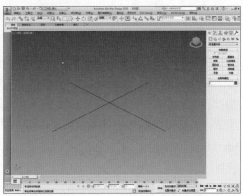

1.2　功能区域的细分概述

初次打开3ds Max Design 2015往往会被眼花缭乱的按钮和菜单吓到，读者会发现满屏幕都是可点击的地方，因此有必要把软件的界面功能区域进行一个大致的功能划分。

1.2.1　菜单栏

菜单栏包括了【文件】、【编辑】、【工具】、【组】、【视图】、【创建】、【修改器】、【动画】、【图形编辑器】、【渲染】、【照明分析】、【Civil View】、【自定义】、【MAXScript】、【帮助】等15个下拉菜单，如下图所示。

虽然菜单栏几乎包含了3ds Max Design 2015的所有工具命令，但由于习惯原因，对于一些工具的使用操作，本书还是放在了命令面板当中讲解。从3ds Max 2010版本开始，【文件】菜单被设计成了界面左上角的标志按钮，而且把一些诸如【保存】和【打开】等命令以按钮的方式设计到了左上方，如下图所示。

1.2.2 主工具栏

在3ds Max Design 2015菜单栏的下方就是主工具栏，对于大多数常用的工具，Autodesk将其放置到了这里；为了提高工作效率，这些工具的图标大多设计得非常形象，并且和AutoCAD中的一些工具按钮有着相当的相似性，这可以让习惯于使用AutoCAD的用户快速上手，如下图所示。

1.2.3 视图和视图控制区

3ds Max Design 2015默认为单视图显示，如下图所示。

习惯于旧版本的用户可以按下【Alt+W】组合键切换为3ds Max家族经典的四视口显示方式，即顶视图、前视图、左视图、透视视图，如下图所示。另外，3ds Max的视图区域的大小是可以自由调整的。

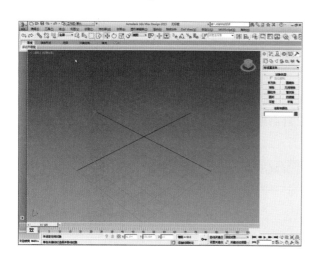

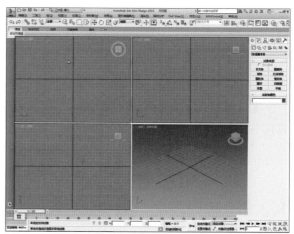

视图控制区位于软件界面的右下方，用来控制视图的操作，如常用的视图放大、缩小，单视图显示，视图偏移和旋转等，如右图所示。

1.2.4 命令面板

命令面板在默认界面下位于屏幕的右侧，命令面板由六大面板构成，从左到右分别是 【创建】、【修改】、【层级】、【运动】、【显示】、【工具】，各个命令面板各司其职，让用户的操作更加条理清晰，如右图所示。

1.2.5　动画控制区

动画控制区位于用户界面的底部，包括【动画时间滑块】、【关键帧设置按钮】和【动画播放控制】按钮，这里可以控制动画关键帧的产生，动画视频制式的更改，物体运动方式的转换等，如下图所示。

动画的时间轴则位于视图的下方，如下图所示。

1.2.6　状态行与提示行

状态栏位于视图区域的下部，状态栏包括状态行和提示行。状态行显示了所选择对象的数目、对象的锁定状态、当前鼠标光标的坐标位置、当前使用的栅格距离等；提示行显示了当前使用工具的文字提示，如下图所示。

1.2.7　工具收缩栏

工具收缩栏可以展开和收缩，把一些常用的建模、自由形式、选择、对象绘制、填充等工具命令设置其中，方便用户的使用，如下图所示。

1.2.8　视口布局选项卡

屏幕的左侧是视口布局选项卡，用户可以自由定义整体视口的布局方式，系统允许用户切换为不同于默认的视图配置方式，比如可以切换为三个视口的显示方式，如下图所示。

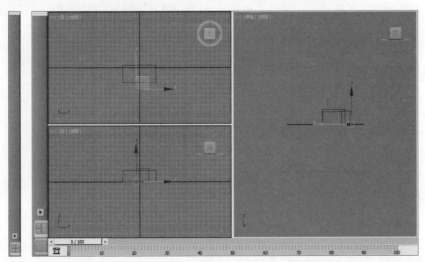

1.3　画室的石膏教具

大家在高中的时候很多同学都是美术生，面对高考压力我们选择了绘画，还记得最初的几何体素描吗？那白色的石膏模型，虽然简单也体现了素描中体面关系的根本理念，使用3ds Max制作效果图和动画需要美术功底和审美理念的支撑，因此本节将从石膏几何体开始制作，让大家熟悉软件的一些最基本操作。下左图是一些石膏几何体的模型，下中图是一张画好的石膏体素描作品，下右图是使用3ds Max Design 2015制作出来的效果。

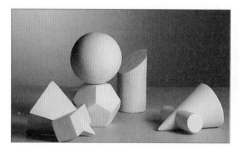  

1.3.1　标准几何体场景的建立

标准几何体是3ds Max Design 2015的最简单最根本的模型体，它们通常都是一些基本的几何模型，但许多复杂的模型都是通过它们来进行不断修改来完成的。

01 在命令面板依次单击【 ✿创建> ◎几何体> 长方体 】，在顶视图中拖动鼠标建立一个盒子，大小先不确定。注意长方体的颜色是系统随机产生的，可以更换，且在赋予材质之后，物体颜色的意义很小，渲染出的都是物体调配好的材质。命令面板的【长方体】按钮的位置如下左图所示，长方体在视图中的样子如下图所示。

02 建立模型之后，系统自动将模型命名为Box 001，保持Box001的选择状态，进入☑【修改】命令面板，可以看到其长宽高的参数，然后手动输入都设置为150，结果Box001变成了一个立方体。如果模型超过了视口显示，可以按键盘上的【Ctrl+Shift+Z】组合键，使其各个视口最大化显示。【修改】命令面板参数如下左图所示，立方体在视图中的样子如下图所示。

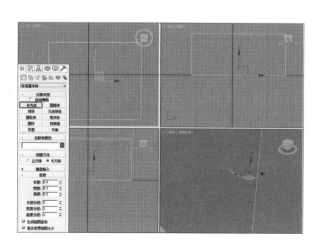 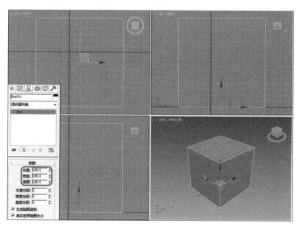

03 在命令面板依次单击【 ◈创建>◎几何体> 球体 】，在透视视图中拖动鼠标建立一个球体，然后在【修改】面板中设置【半径】为60，如下左图所示，创建的球体在视图中的样子如下图所示。

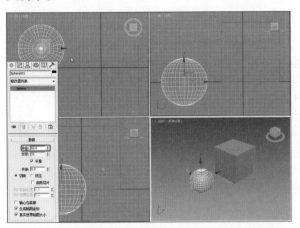

04 在命令面板依次单击【 ◈创建>◎几何体> 圆柱体 】按钮，在透视视图中拖动鼠标建立一个圆柱体，这次具体参数不做要求，只要和刚才建立的两个模型看起来匹配就可以，如下图所示。

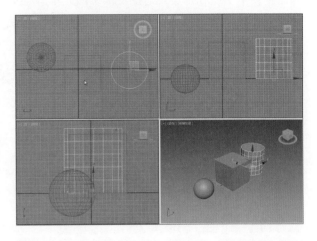

05 调整模型之间的位置，在主工具栏中找到 ✛【选择并移动】工具并按下该按钮，来到前视图沿着【Y】轴向调整球体的高度，使三个模型可以放置到一个平面上，如下图所示。

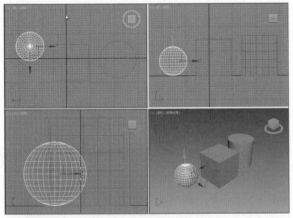

06 使用同样的方法建立【圆环】、【茶壶】、【四棱锥】、【管状体】、【几何球体】、【圆锥体】，参数设置合适就可以，如下图所示。

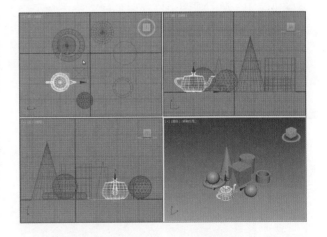

📍 提示 3ds Max的轴向与显示

系统默认的轴向，在不同的视图会以不同的坐标字母显示，若要在透视视图中调整高度，就要调整Z轴向。3ds Max中默认以黄色代表被激活的轴向。

默认情况下，透视视图采用【明暗处理】方式显示模型，也就是3ds Max早期版本中的【平滑+高光】方式，前视图则采用【线框】方式显示模型，通过键盘上的【F3】键可以进行这两种显示方式的切换。

07 最后建立一个【平面】作为地面，大小合适即可，注意【渲染倍增】参数区域的【缩放】参数的功能使用，修改面板的参数及视图中的平面如右图所示。

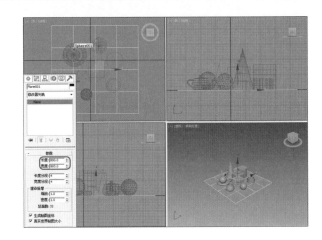

> **提示** 平面的渲染增倍
>
> 平面物体有一个参数叫做【渲染倍增】，这个参数可以控制在渲染时平面的大小面积，而在视图中则没有面积变化，这个过程通过调整【缩放】参数来实现。

1.3.2　场景摄影机的建立

摄影机决定了场景的构图角度，因此在建立的时候可以首先参考一些摄影照片来学习其构图的方法，目前比较流行的是三角形构图，这种构图整体看起来饱满且稳定。

01 在命令面板依次单击【 创建> 摄影机> 目标 】按钮，在顶视图中拖动鼠标建立一架目标摄影机，然后使用移动工具调整观察位置到合适的构图，然后选择一个任意的视图，按【C】键进入摄影机视图，摄影机视图的名称是Camera001，创建面板的摄影机位置和场景中摄影机的位置如下图所示。

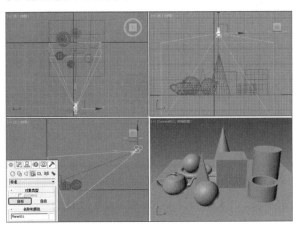

> **提示** 如何调整摄影机角度
>
> 在非摄影机视图中，对摄影机进行移动、旋转等操作可以直接调整摄影机的角度。在摄影机视图被选择的情况下，屏幕右下角的八个按钮则变为可控制摄影机视图的工具，可以单击 工具对摄影机视图进行平移操作，可以单击 工具对摄影机视图进行旋转调整。

02 激活摄影机视图，按键盘上的【F9】键进行快速渲染，可以看到渲染窗口以及目前的效果，注意当前的渲染器为【默认扫描线渲染器】，如下图所示。

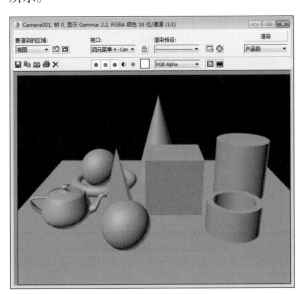

> **提示** 如何切换渲染器
>
> 按【F10】键可以打开渲染设置窗口，在【公用】选项卡下可以找到【指定渲染器】卷展栏，单击【产品级】右侧的...按钮，在弹出对话框中双击所需渲染器选项，即可完成切换。

1.3.3 场景灯光的建立

场景灯光分为主光源和辅助光源，主光源负责产生阴影和决定画面主要的明暗关系，辅助光源一般用来模拟反光和边缘光等。

01 在 ✿【创建】面板找到 ⬦【灯光】按钮，切换灯光类型为【标准】并单击 目标聚光灯 按钮，在前视图中拖动鼠标建立一盏【目标聚光灯】Spot001，使用移动工具调整灯光的位置，【创建】面板中的【目标聚光灯】按钮的位置以及灯光在场景中的位置如下图所示。

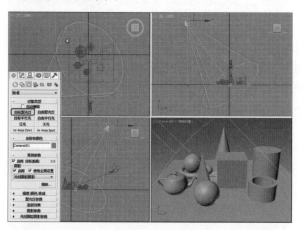

> 💡 提示 什么是聚光灯以及照明效果

聚光灯是从一个中心朝着一个方向发射光线的灯光，可以用来模拟射灯、路灯以及太阳的照明效果。聚光灯的照射范围是一个锥形区域，可以是圆锥，也可以设置为方锥。

02 选择灯光进入 ☑【修改】面板，在 常规参数 卷展栏中保持阴影类型为【光线跟踪阴影】；在 － 强度/颜色/衰减 卷展栏中保持默认的【倍增】为1.0，这个参数用于控制灯光的强度，如下左两图所示。渲染摄影机视图，可以看到光影效果，如下右图所示。

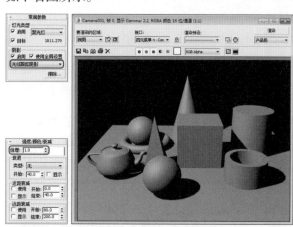

> 💡 提示 什么是灯光的【倍增】数值

标准灯光的【倍增】参数用来控制灯光的强度，这个数值越大，灯光会越亮。可以设置为负值，为负值的时候，灯光为吸光灯，常用来表现室外建筑楼板在白天的退晕关系。

03 此时在摄影机视图中，所有物体的暗部都是一片死黑，没有现实中光线的反光现象。例如右图所示的逆光摄影作品中，园林建筑的背光部位同样有天光的漫反射和反光现象，因此我们就要建立新的光线来模拟反光。

04 再次建立一盏目标聚光灯，同时适当调整上一步骤的主光源位置。补光不开投影，在 常规参数 卷展栏中取消阴影，在- 强度/颜色/衰减 卷展栏中设置【倍增】为0.2，具体参数设置和灯光在场景中的位置如下图所示。

05 在 【创建】面板单击 泛光 按钮，在场景中建立一盏泛光灯。在- 常规参数 卷展栏中取消阴影，在- 强度/颜色/衰减 卷展栏中设置【倍增】为0.1，其具体参数设置以及泛光灯在场景中的位置如下图所示。

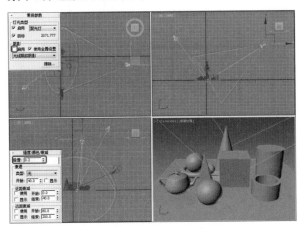

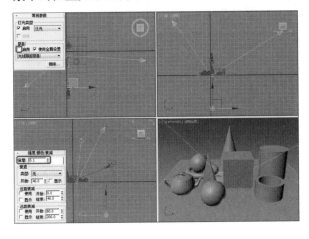

提示 什么是泛光灯

泛光灯是一种从一个中心往四周发射均匀光线的灯光，属于点光源类型，通常可以用来模拟现实中的灯泡效果。

1.3.4 场景材质的建立

材质编辑器是3ds Max Design 2015中编辑材质的功能模块，现实中的玻璃、钢筋、水泥、烟雾等材质都可以通过它来进行实现，本例仅仅使用到了材质编辑器的简单基本设置，关于复杂材质的使用，后面章节中另有叙述。

01 按【M】键打开材质编辑器，选择一个空白的样本球，设置为 Standard 【标准】材质，颜色【漫反射】调整为白色，命名为【白色石膏】；在场景中选择所有模型，单击 【将材质指定给选定对象】按钮，把石膏材质赋予所有的物体。材质编辑器中的情况如下左图所示，场景中的物体颜色如下右图所示。

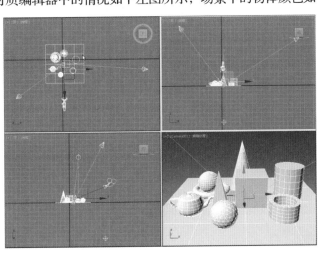

提示 什么是材质类型

在3ds Max Design 2015中，材质和贴图是一个重要的模块，材质类型可以理解为物体的基本质地，在材质编辑器中单击【Standard】按钮可以切换不同的材质类型，如下左图所示。

在3ds Max Design 2015中，材质和渲染器有着紧密的关系，用户只能使用当前渲染器工作环境下支持的材质类型，对于不支持的材质类型，材质编辑器会以黑色显示材质样本球，如下右图所示。

02 选择Plane001，在 【修改】面板中设置【缩放】参数为5，再次渲染可以看到地面宽阔了很多，且模型都是白色的材质，其具体参数设置及渲染效果如下图所示。

1.3.5 场景的最后调整

场景最后的调整需要对一些不满意的细节进行修补，也需要对整体的效果进行宏观调控，这需要操作者有一定的软件操作技术和深厚的美术功底。

01 提高模型的精度，观察场景模型。按【P】键切换到透视视图，调整角度观察茶壶模型，可看到茶壶物体的精度不够，像是用刀切过，并且透过壶嘴部位可以看到地板。这是由于模型的精度不够和默认的单面显示造成的。透视视图中茶壶效果如下左图所示，透视视图的渲染效果如下右图所示。

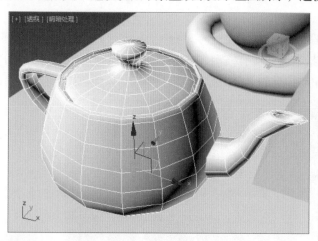

提示 3ds Max中模型的单面显示问题

早年间计算机配置远远没有现在好，因此早期的3ds Max版本中物体默认为单面显示，即与物体表面法线相反的面渲染不出，不过随着计算机硬件水平的提高，3ds Max的新版本中已经默认物体为双面显示了。

02 选择茶壶来到 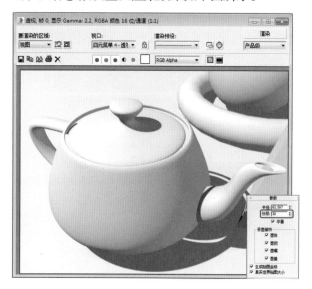 【修改】面板，设置【分段】为30。再次渲染可以看到茶壶的表面已经非常平滑，具体参数设置及渲染效果如下图所示。

03 茶壶嘴透光现象可以通过材质来修改，在材质编辑器上勾选【双面】复选框即可纠正，其在材质编辑器中的位置及渲染效果如下图所示。

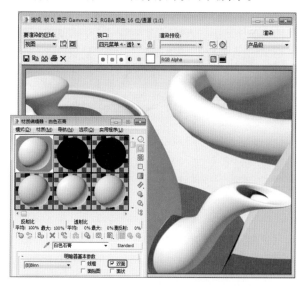

04 加大聚光灯衰减区，选择有投影的主灯光，切换到 【修改】面板设置合理的【聚光区】和【衰减区】，设置【聚光区】为10，设置【衰减区】为45，场景主光位置及【修改】面板中参数设置如右图所示。

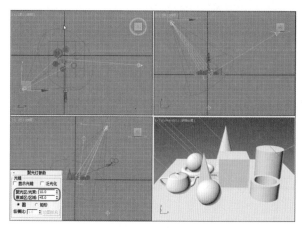

05 再选择辅助光，把【聚光区】和【衰减区】也进行合理调整，设置【聚光区】为10，设置【衰减区】为45，场景辅助光位置及【修改】面板中参数设置如右图所示。

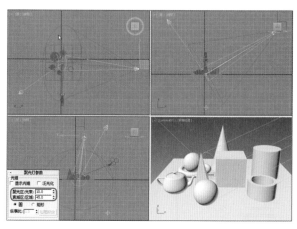

📍 **提示** 什么是灯光的聚光区和衰减区

聚光灯是由【聚光区】和【衰减区】来共同作用于场景进行照明的，如下图所示。

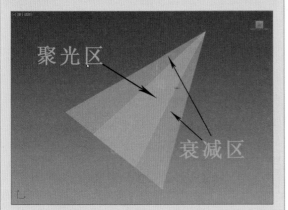

【聚光区】指灯光强度不发生变化的区域，如上图中的黄色部分；【衰减区】指灯光的强度逐渐变弱以至于变为0的区域，如上图中的蓝色部分。从黄色部分的边缘到外侧蓝色部分的边缘，灯光的强度逐渐变为0，超过蓝色部分的外边缘，灯光照射不到。

06 当前摄影机视图构图不够饱满，需要调整摄影机视野，选择摄影机，在摄影机视图中单击屏幕右下角的 ⏣.【推拉摄影机】工具和 👋.【平移摄影机】工具，按住鼠标左键不放，在摄影机视图中把摄影机向前推进和左右平移，使构图看起来饱满一些，然后再次渲染摄影机视图，可以看到构图得到了纠正，同时对于一些不满意的地方可以自由进行适当调整，渲染效果如下图所示。

1.3.6 场景的渲染

渲染是把一个三维场景变成一个二维图像的过程，渲染需要借助于渲染器，而3ds Max Design 2015的默认渲染器是【NVIDIA mental ray】渲染器，本例中使用之前切换成的【默认扫描线渲染器】来进行创作。

01 按键盘上的【F10】键打开【渲染设置】窗口，设置图像的大小为【2000×1500】，如下左图所示，然后设置抗锯齿过滤器，如下右图所示。

02 选择摄影机视图进行渲染可以看到最后大图的效果，如下图所示。

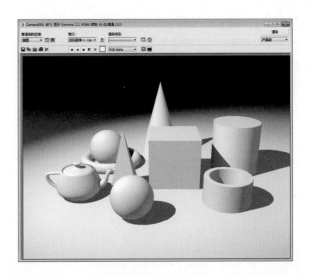

03 在渲染窗口上单击▣【保存】按钮，对渲染好的大图进行保存，设置图像格式为JPEG、名称为【石膏静物写生】，如下图所示。

04 在弹出的【JPEG图像控制】对话框中设置质量为【最佳】，然后单击【确定】按钮保存图像，如下图所示。这样，这个场景的练习就圆满完成了。

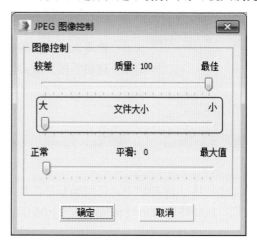

1.4　本章小结

本章系统讲述了3ds Max Design 2015的整体功能分类，通过一个简单的例子完成了建模、材质、灯光、渲染的整体流程。作为大制作前的热身练习，这个例子可以让读者在实践中体会到使用3ds Max Design 2015的制作乐趣。

静物组合建模

使用3ds Max的修改器来完成场景建模是一种在实际工作中非常实用的建模手段，本实例就专门讲解了几个常用的修改器。

在3ds Max Design 2015中，任何场景都需要首先建立合格的模型，这个过程从无到有，需要多样化的操作技术。从1996年的3ds Studio MAX 1.0到现在的3ds Max Design 2015，各个版本都有建模的专业模块，下图是使用3ds Max Design 2015建立的一些模型。

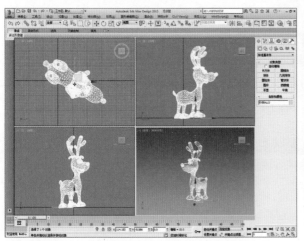
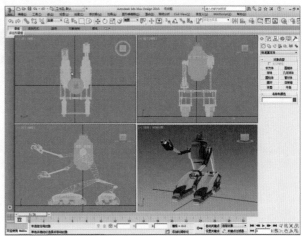

2.1 建模技术概述

当今CG行业软件众多，很多软件都有自身的建模系统，还有一些软件是专门用来建模的，建模方法可以归纳为三大类建模技术，也就是Polygon【多边形】、Patch【面片】和NURBS。

就3ds Max Design 2015而言，上述三类建模技术都具备，只是各有优缺点，Polygon【多边形】建模方式是3ds Max Design 2015的强项，各种复杂的生物模型、产品模型都可以使用这种方法来创建。在早期的3ds Max版本中，Patch【面片】只是作为一个插件而存在，后来被并入3ds Max中，如果读者做过灯笼，你大概就可以理解到这种建模方式的思路了。NURBS建模的全称是Non-Uniform Rational B-Splines，是【非统一有理B样条】的意思，简单地说，NURBS就是专门做曲面物体的一种造型方法，但3ds Max的NURBS建模系统不很稳定，在调节【曲线CV】的时候会出现跳出的情况。下图是使用NURBS方法建立的模型。

除了这三种建模方式之外，在3ds Max Design 2015中还可以使用修改器、合成物体、Displacement材质置换以及MassFX动力学来进行模型的创建和外形的修改，这些方法中的一些相对简单，另外一些使用频率相对比较少，在室内外建模中，往往使用最多的就是修改器建模、可编辑样条曲线建模和可编辑多边形建模。

2.1.1 可编辑样条曲线

【可编辑样条线】是3ds Max Design 2015对二维线的复杂编辑方式，在 ⚙ 【创建】面板中所有的二维线都可以通过这个方式进行编辑，下左图是3ds Max Design 2015的样条线面板。

3ds Max Design 2015提供了12种基本样条线，其中 线 、 螺旋线 、 截面 这三种是与众不同的。 线 的修改面板参数不是设置长度，而是复杂的样条线编辑； 螺旋线 是三维的样条线； 截面 是从某个物体穿过从而切割出剖面的工具，而切割出来的线是以可编辑样条线的形式而存在。

而别的样条线的修改参数只是简单的设置，如 圆 图形的参数除了通用的渲染与插值之外，就只有一个半径的参数，仅仅可以控制它的大小，而不能进行复杂的编辑，下中图是圆形在透视视图中的样子及其参数。

如果要对圆形进行复杂编辑，就需要为圆形添加入一个【编辑样条线】修改命令，或者通过右键菜单命令把圆形转化为【可编辑样条线】。通过修改堆栈面板可以看到区别，下右图中，左侧是右键转化之后的堆栈面板，右侧是添加编辑样条线之后的修改面板，右侧可以回到【Circle】层级进行修改，而左侧则是一个不可逆转的塌陷过程，具体参数上两者则基本一致。

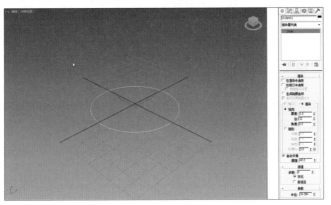

可编辑样条线的参数众多，功能强大，其一共包含了 ＋ 渲染 、＋ 插值 、
＋ 选择 、＋ 软选择 、＋ 几何体 5个卷展栏，其中前两个是所有样条线都具有的，用于设置可渲染属性和曲线的平滑度，可编辑样条线建模的全部面板展开之后如下左图所示。

可编辑样条线有3个子层级，分别是 ∷【顶点】、⁄【线段】、⌐【样条线】，在修改面板的
－ 选择 卷展栏中可以看到，在修改堆栈面板中也可以看到，在鼠标右键菜单中也可以看到，可以通过这三个地方进入样条线的子层级，同时通过键盘上的数字键【1】、【2】、【3】也可以快速进入这三个子层级，如下右图所示。

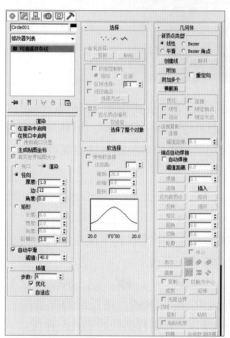
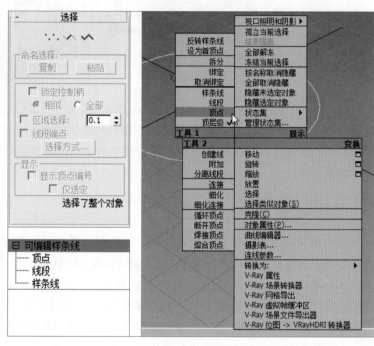

　　∷【顶点】是样条线上的一个个节点，如下左图所示。⁄【线段】是样条线上两个顶点之间的部分，如下中图所示。⌐【样条线】是整根样条线，以这个圆形为例子，整个图形就是一个样条线，选择之后系统以红色方式显示，如下右图所示。

　　当进入不同层级的时候，修改面板的不同工具会被激活，3ds Max Design 2015仅仅激活可以使用的工具，对于不可使用的工具则不激活，具体的操作方法通过下面的实例来学习。

2.2　可编辑样条曲线和修改命令建模综合使用
——静物场景

本例的静物写生主要是创建生活中的简单静物，以此来组合成一幅大学时水粉静物写生的画面。在制作之前可以构思一下需要什么样的静物，高低胖瘦都要有个准备，从绘画的构图学上来说，大多数时候人们更喜欢使用三角形构图，因为这样的画面通常可以显得稳定美观，如下图所示。

下面制作一个学过美术的同学非常熟悉的静物组合场景，本例制作主要用到基本建模、修改器建模、样条曲线的编辑等技术，最后效果如下图所示。

制作思路

首先制作二维曲线，然后使用【车削】修改器进行旋转成型，同时配合【复制】功能对【群组】进行复制，调整好构图即可使用【光跟踪器】进行GI渲染。

学习目的

1. 学习二维样条曲线的编辑方法
2. 学习【群组】的使用
3. 学习【复制】的方法以及不同复制方式的区别
4. 学习【目标聚光灯】和【天光】的使用
5. 学习【光跟踪器】的使用

2.2.1　创建剖面曲线

剖面曲线采用　线　来制作，之后通过修改顶点的类型来完成。修改顶点的类型是编辑样条线常用的操作，因此必须掌握。

01 建立苹果的剖面轮廓。在 ■【创建】命令面板单击　线　按钮，然后在前视图中建立一根直线，注意创建完成之后要单击鼠标右键结束，从而让　线　按钮弹起，不然在视图中单击鼠标会继续创建新的直线，如下图所示。

02 修改直线的外形。保持直线的选择状态，在修改面板进入其 ■【顶点】子层级，选择其中一个顶点，通过鼠标右键可以有效转换顶点的类型，本例中把顶点转换为Bezier【贝塞尔】类型，如下图所示。

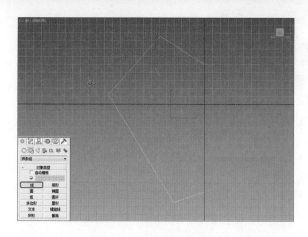

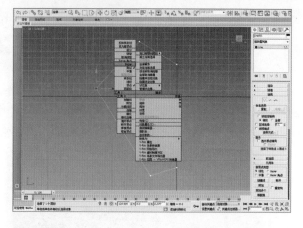

03 Bezier【贝塞尔】类型的顶点可通过调节手柄来更改曲线的弯曲程度，在视图中激活移动工具，耐心调整曲线外形，注意视图中坐标的选择，此时激活X、Y轴向最为合适，可沿上下左右4个方向移动两头的绿色手柄，如下图所示。

04 完善曲线的轮廓。使用相同的顶点类型来调整Line001的外形，注意左侧的3个点都更改为Bezier【贝塞尔】类型，右侧的两个点保持原始状态不变，如下图所示。

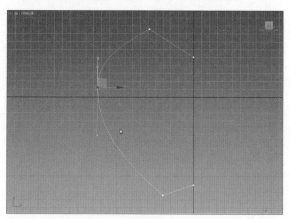

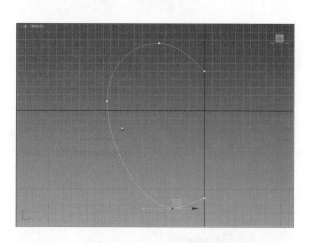

05 平滑曲线。为了使曲线更加平滑，可以展开————————插值————————卷展栏，然后开启它的【自适应】平滑选项，如右图所示。曲线开启【自适应】前的局部效果如下左图所示，开启【自适应】后的局部效果如下右图所示。

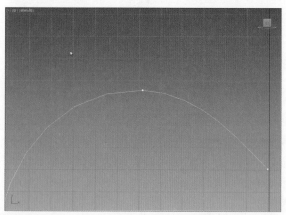

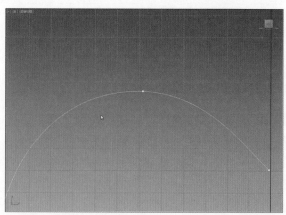

提示 样条线的平滑度如何设置

步骤05中建立的直线本质为【Spline样条曲线】，这是一种矢量图形，即使放大也不会出现马赛克和不清楚的情况，但每一条样条曲线会有自己的精度设置，更改 ——— 插值 卷展栏的【步数】数值可以控制曲线的精度，数值越大，曲线精度越高，曲线越平滑。

同时系统提供了【自适应】复选框，勾选之后系统会自动计算哪些位置应该更平滑，插补更多的点，而对于曲线相对比较直的地方则插补少一些的点，这样既可以满足曲线精度要求，又可以在一定程度上优化系统资源。

06 在修改面板回到曲线的顶层级。请读者注意这一步，因为在3ds Max Design 2015中，有时候添加修改器的前提就是在模型的子层级中，而本例要回到顶层级添加修改器，这是一种正规的做法。修改堆栈面板的样子以及卷展栏的样子如右图所示。

2.2.2 为模型加入车削修改器成型

【车削】是把二维样条线变成三维模型的常用修改器，通常用来制作上下左右都对称的模型，比如一些容器、水笔等，右图是使用【车削】修改器制作的水笔效果。

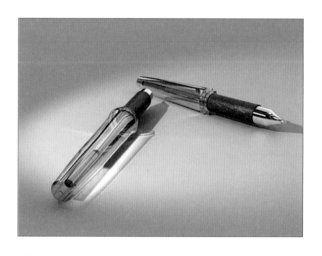

01 为曲线加入【车削】修改器。保持曲线的选择状态，在修改器列表中选择【车削】修改器，如下图所示。

02 可以看到，此时的模型像一个灯泡，这是由于对齐的轴向和位置的问题造成的。

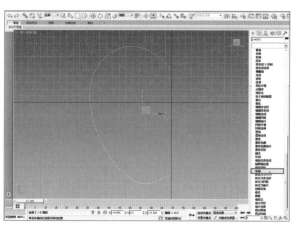

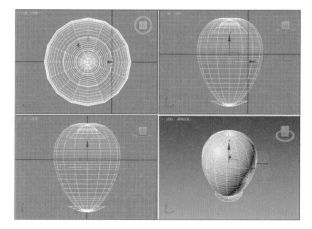

03 在 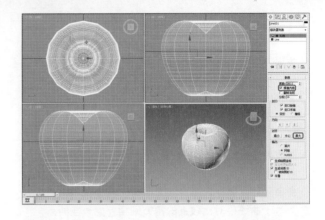 【修改】面板【对齐】参数区域里选择【最大】对齐方式，勾选【焊接内核】复选框，之后发现苹果的造型出现了，如右图所示。

04 按【F4】键，在没有选择模型的前提下用【明暗处理+边面】方式显示模型分段数。通过观察可看到苹果的水平方向精度显然不够，就像是被刀子削过皮一样，如下图所示。

05 在修改面板找到【分段】参数，提高到40，可以看到苹果的分段密集了很多，这意味着模型的精度提高了，如下图所示，但这样系统的计算量也会相应提高。

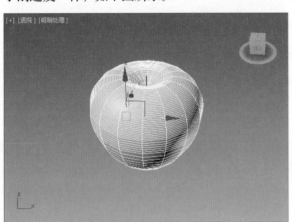

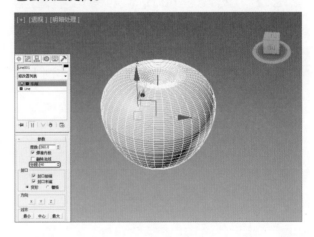

2.2.3 调整苹果外形

现实中的苹果不会绝对精确对称，因此要制作出其局部的不对称效果，使用【FFD修改器】可以轻松做到这一点。

01 为苹果加入FFD修改器。选择苹果模型，将其命名为【苹果01】，如下左图所示。为了使其外形更加自然，在【修改】面板为其加入一个【FFD 4×4×4】修改器，如下右图所示。此时视图中的苹果被橘黄色的框架包围了起来，如右图所示。

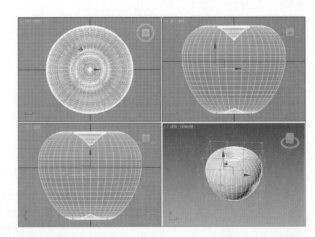

02 调整控制点。在修改堆栈面板进入修改器的【控制点】层级，然后使用 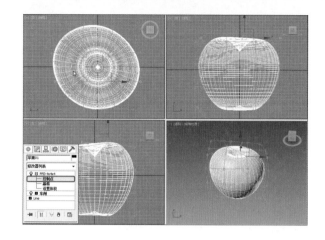 【选择并移动】工具调整视图中一些控制点的位置，从而影响模型的外形，如右图所示。

2.2.4　塌陷苹果外形

通过右键快捷菜单可以对模型进行类型的转换，但这样会把修改堆栈中的所有修改器清除掉，因此这个过程也可以称之为【塌陷】，塌陷之后的模型会占用较少的系统资源，但缺点是回不到以前的修改层级，因此这个过程要慎重。

01 塌陷模型。选择【苹果01】模型，单击鼠标右键，选择【转换为>转换为可编辑多边形】命令，把模型转换为多边形类型的物体，如下图所示。

02 观察转换之后的修改堆栈面板，发现刚才的两个修改器和Line层级都没有了，只有一个【可编辑多边形】层级，如下左图所示。这是一个塌陷的过程，可以继承最高层级的修改效果，同时减轻系统的负担，但如果想再次修改【FFD】的【控制点】是不可能了，因此这个过程需要谨慎，透视视图中的模型如下图所示。

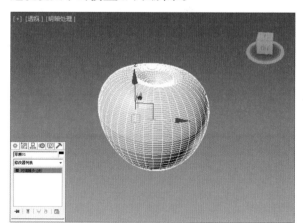

⊙ 提示 关于模型的塌陷方法

塌陷模型可以有效减少内存的使用量，可以通过右键快捷菜单命令来完成这一过程，也可以来到【工具】命令面板使用【塌陷】工具来塌陷所选择的模型，最后的结果是一个【可编辑网格】类型的模型。

2.2.5 苹果瓣模型的制作

苹果瓣主要由圆柱体来制作，之后进行外形修改，使用到锥化、弯曲修改器。

01 建立圆柱体。在透视视图中建立 圆柱体 并进入 ☑【修改】面板调整至合适的大小，之后调整圆柱体位置到苹果的中心靠上，如下图所示。

02 增大圆柱体的分段数。这一步很重要，增大圆柱体的【高度分段】至10，也就是提高圆柱体垂直方向的精度，如下右图所示，如果用户也是使用【明暗处理+边面】方式显示透视视图，可看到其高度上分段多了一些，如下图所示。

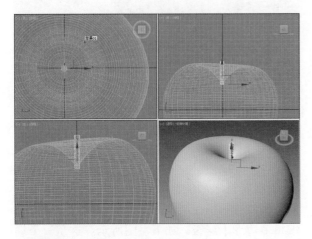

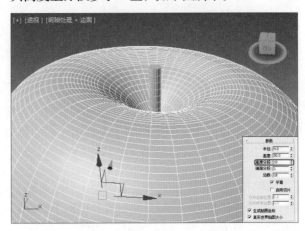

📍 【提示】 网格物体模型精度问题

下一步要使用【锥化】修改器，如果垂直方向精度不够，将不能得到平滑的锥化效果，同样的道理，也不能得到平滑的弯曲效果，读者可以尝试一下低精度的弯曲，体会一下模型精度的作用。

03 加入【锥化】修改器。保持模型的选择状态，在 ☑【修改】面板的修改器列表为模型加入【锥化】修改器，如下左图所示。设置【曲线】参数为-1.5，可以看到圆柱体出现了中间位置变细的效果，如下图所示。

04 加入【弯曲】修改器。保持模型的选择状态，为其加入【弯曲】修改器，修改【角度】为65度，可以看到模型出现了弯曲，如下图所示，之后把模型命名为【苹果瓣】，如下左图所示。

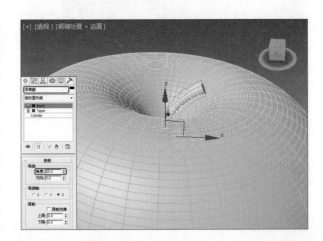

2.2.6 苹果整体群组和复制

【群组】是3ds Max Design 2015中一种群集的功能，它可以把若干个模型集结成一个单位，进行整体的调整，需要分散的时候又可以快速分散，操作起来非常灵活。

01 将模型群组。在场景中按【H】键，可以看到场景中当前有两个模型。这是非常常用的一步操作，可以通过名称进行快速选择，如右图❶所示。在窗口中选择两个模型，在菜单栏选择【组>成组】命令，系统弹出【组】对话框，可以设置当前组的名称，这里设置为【苹果01】，如右图❷所示。【群组】之后观察☑【修改】面板，可以发现模型的名称字体加粗了，这是群组名称和普通模型名称的显示区别，如右图❸所示。

📍 【提示】 **模型的结合方式**

如果需要分解群组，只需选择菜单栏中的【组>解组】命令即可。另外需要注意的是，群组只是把若干个模型以松散的方式组成一个单位，但并非使其变成一个物体，真正能把若干模型变为一个模型的操作是【可编辑样条线】以及【可编辑多边形】中的【附加】操作，更进一步连模型内部结构也结合的是【布尔运算】中的并集运算。

02 复制模型。选择群组，按住【Shift】键进行移动操作，即可复制群组，此时会弹出对话框，这里选择以复制方式进行复制，如下图所示。

在3ds Max Design 2015中，复制的类型有三种，分别是【复制】、【实例】、【参考】，其不同含义介绍如下：

（1）以【复制】方式复制出的模型与原始模型互不影响；

（2）以【实例】方式复制出的模型与原始模型相互影响，修改一个另一个也进行一样的变化；

（3）【参考】方式是前两个方式的结合。

03 修改第二个苹果。选择新复制出的苹果群组，选择【组>打开】命令，选择苹果果肉部分，新加入一个【FFD 4×4×4】修改器进行外形调整，突出两个苹果间外形的差异，如下图所示。

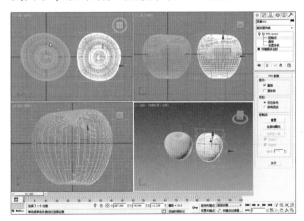

📍 【提示】 **什么是群组的打开**

【打开】命令不是解组，只是暂时进入群组内部对模型进行修改。此时的群组仍然存在，会以粉红色直线显示在模型的四周。

04 继续复制苹果。在菜单栏中选择【组>关闭】命令，关闭当前群组，然后使用相同的方法复制模型，最后结果如右图所示。

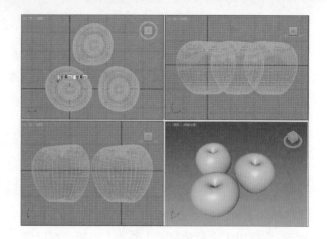

📍 **提示 关于模型的色彩**

> 在3ds Max Design 2015中，当建立一个模型之后，系统会自动赋予模型一种色彩，这种颜色是随机生成的，可以随时做出修改，因此如果读者的苹果色彩与笔者的不同，不必强制修改，等到后面的步骤赋予材质之后模型本身的色彩就不起作用了。

2.2.7 水果托盘模型的制作

水果托盘的制作思路和苹果部分基本一致，只是会在曲线编辑上更加复杂一些。

01 在前视图中绘制曲线，注意画线的时候如果按住【Shift】键可以启动【正交】模式，从而能够绘制出水平和垂直的直线，如右图所示。

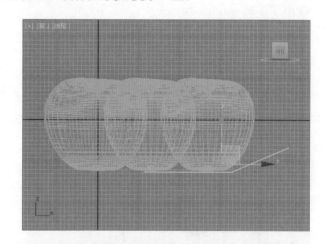

02 修改直线为双线。保持直线的选择状态，进入 ☑【修改】面板，按键盘数字键【3】进入直线的 ◠【样条线】层级，然后单击 轮廓 按钮，在视图中拖动鼠标对单线进行轮廓操作，可以看到单线变成了双线，如右图所示。

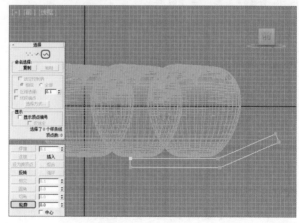

03 在 ☑【修改】面板按数字键【1】进入模型的【顶点】层级，选择曲线右侧的4个点，然后进行 圆角 操作，如下左图所示。操作之后可以看到直角变成了圆滑的弧线，如下右图所示。

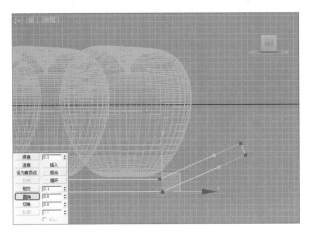
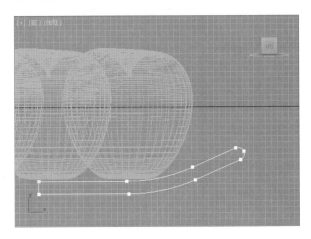

04 在【修改】面板按数字键【2】进入曲线的 ☑【线段】层级，选择曲线最左侧的垂直线段，如下左图所示，然后按Delete键进行删除，如下右图所示。

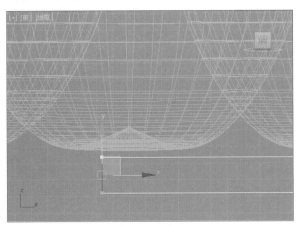
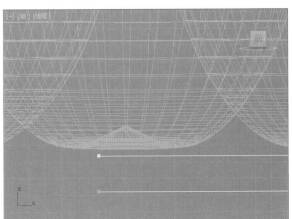

05 回到模型的顶层级，为曲线添加一个【车削】修改器，调整至合适的轴向，设置合适的精度，如下左图所示，此时观察透视视图可以看到托盘的模型已建立完成，如下图所示。

06 渲染当前的场景，会发现托盘的样子很奇怪，其外表面看不到，而内表面可见，如下图所示。

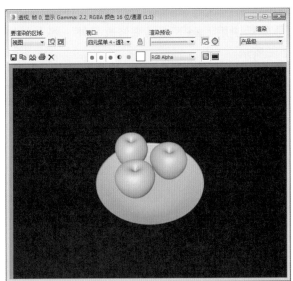

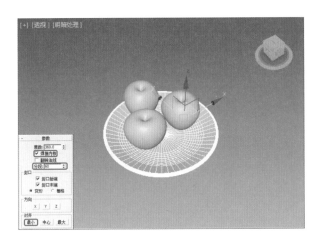

在3ds Max Design 2015中，模型内部都是空的，模型仅仅有一个无厚度的蒙皮，但这层蒙皮在渲染时是单面显示，因此可能就会出现有些蒙皮显示方向反了的情况，这就是所谓的法线反了。

车削修改器内部有法线翻转的功能，在  【修改】面板单击勾选【翻转法线】复选框即可轻松翻转法线，然后增大盘子的【分段】为80，如右图❶所示。至此，托盘制作完成，渲染后的结果如右图❷所示。

2.2.8 容器模型的制作

容器模型的制作思路和托盘一致，只是外形不同。

01 使用 线 工具在前视图中绘制轮廓线，注意结合使用【Shift】键，让直线沿水平方向和垂直方向绘制，结果如下图所示。

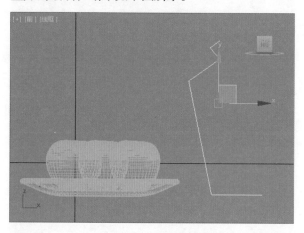

02 使用前面讲过的方法来修改曲线的外形，首先使用Bezier【贝塞尔】类型顶点来修改，如下图所示。

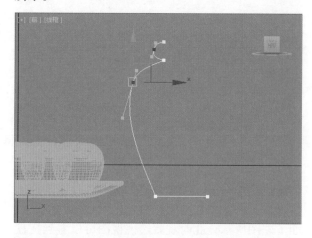

03 然后使用 圆角 工具来修改另外一些点，如下图所示。

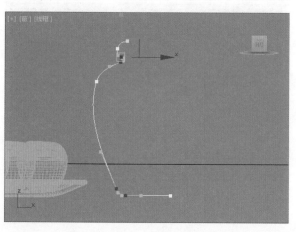

04 使用 轮廓 工具修改曲线，如下图所示。

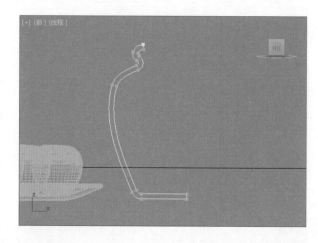

05 放大瓶口部分的曲线，发现由于轮廓操作，曲线的一些点距离比较近，选择这些点，如下左图所示，在 ☑【修改】面板单击 ▭熔合▭ 按钮，结果两个被选择的点完全重合了，如下右图所示。

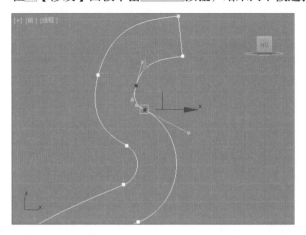 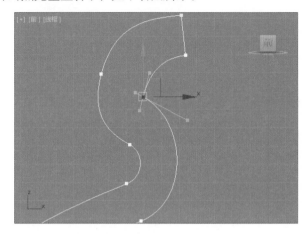

06 紧接着当前的选择状态，在 ☑【修改】面板单击 ▭焊接▭ 工具按钮，这是将两个点彻底焊接成一个点的操作，效果如下左图所示，然后使用 ▭圆角▭ 工具对点进行调整，如下右图所示。

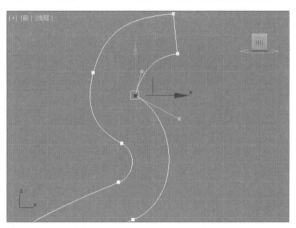 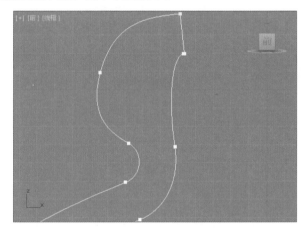

07 接着使用 ▭熔合▭ 和 ▭焊接▭ 工具调整点，将下左图中重合的两个顶点焊接成一个，之后使用 ▭圆角▭ 工具来使容器的口部变得圆滑，如下右图所示。

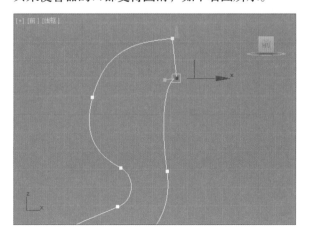 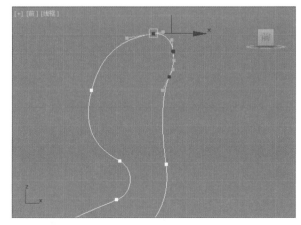

08 完善曲线，车削成型。首先删除下左图中选中的线段。为曲线添加一个【车削】修改器，设置合适的参数，最终得到下右图所示的效果。

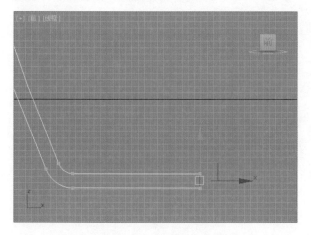
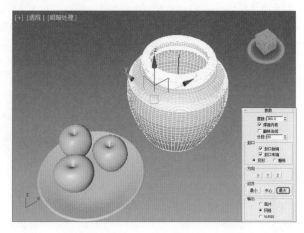

2.2.9 茶杯模型的制作

　　接下来的静物是一个中式的茶具，中式茶具大多对称，表面有图案，多以青花为主，整体感觉含蓄淡雅，体现了庄重沉稳的风格，其效果如右图所示。

01 使用鼠标右键隐藏前面建立的模型，然后在前视图中绘制曲线，首先绘制杯体的曲线，如下图所示。

02 在【修改】面板展开 ——————选择——————卷展栏，进入【顶点】的层级，勾选【显示顶点编号】复选框，如下左图所示，此时视图中开始显示顶点的数目，如下图所示。

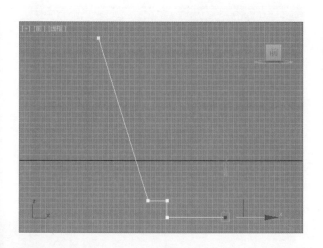
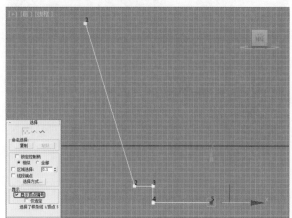

03 把1号顶点修改为【Bezier角点】类型，然后调整控制杆，更改曲线的外形，如下图所示。

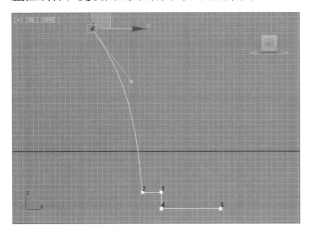

04 对2、3、4号顶点分别进行 圆角 操作，可以看到曲线的顶点变成了8个，如下图所示。

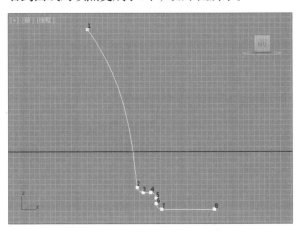

05 使用 轮廓 工具对曲线进行修改，然后删除8号点最近中间的垂直线段，并再次圆滑杯口位置的点，如下图所示。

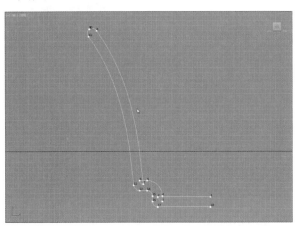

06 修改杯子内部的点，可使用 熔合 和 焊接 工具并配合 工具来调整点，遇到多余的点可直接删除，不用担心线段会断，如下图所示。

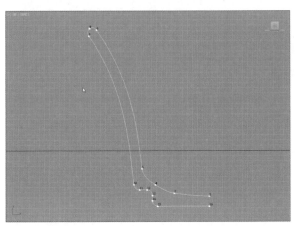

07 对杯口的曲线也进行调整，选择杯口的两个位置重合的点，如下左图所示，然后进行 熔合 和 焊接 操作，然后配合 工具把杯口调整得薄一些，如下右图所示。

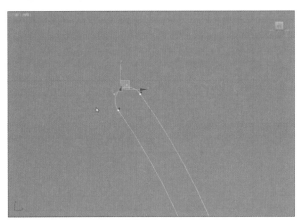

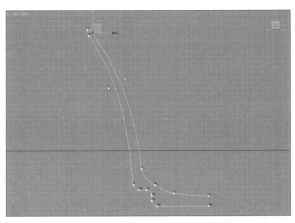

08 为曲线加入【车削】修改器成型，注意设置合适的轴向和旋转轴，如下图所示。

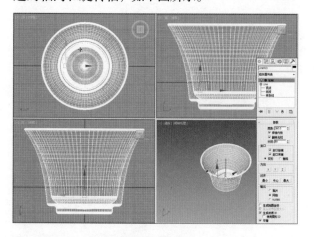

10 调整点的类型并使用 圆角 工具去修改点，最后的曲线如下图所示。

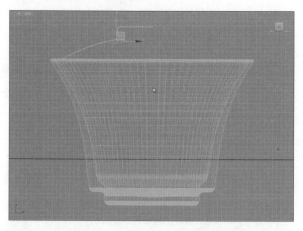

12 若出现杯盖大小和杯子大小不吻合的情况，可选择杯盖，在修改面板进入车削修改器的【轴】层级，调整杯盖的大小，如下图所示。

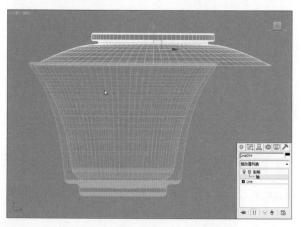

09 使用上一节的方法在前视图中绘制茶杯盖的曲线，如下图所示。

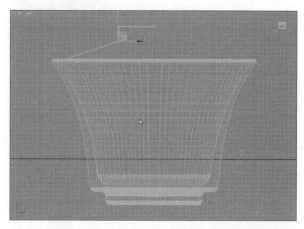

11 为曲线加入【车削】修改器并设置合适的参数，可以看到模型已经成型，如下图所示。

13 使用相同的方法制作茶盘，首先绘制出曲线，如下图所示。

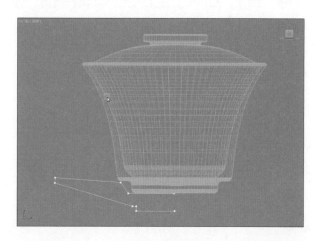

14 使用 圆角 工具对曲线外形进行修改，如下图所示。

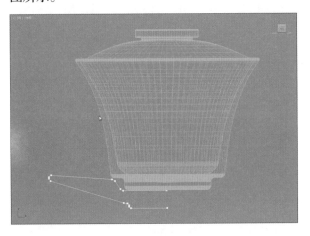

15 最后为曲线添加【车削】修改器成型，设置合适的参数，最终效果如下图所示。

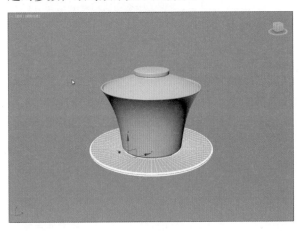

2.2.10　酒杯模型的制作

酒杯的外形采用了高脚杯的样式，其制作方法和前面讲过的方法一样，区别仅仅是样式的不同。

01 使用上一节的方法制作酒杯，首先在前视图中绘制曲线，如下图所示。

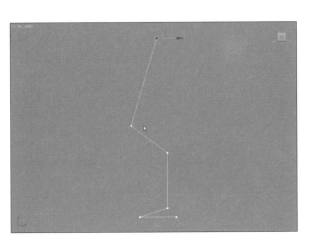

02 用前面讲解的方法修改曲线的样子，注意右侧一些线段由于车削时旋转360°会有重合面，因此需要删除，曲线最后的样子如下图所示。

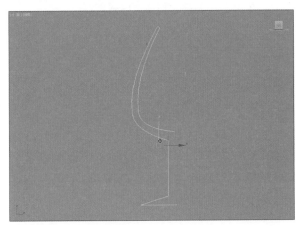

03 为模型添加【车削】修改器成型，设置合适的参数，效果如右图所示。

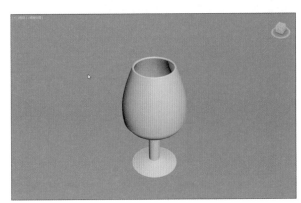

2.2.11 完善场景模型

丰富场景模型，建立摄影机，确定最后的构图，遵循绘画的理念，构图要饱满，通过采用三角构图来稳定画面。

01 使用 ⊹、◎、🗗 和【复制】等方法对场景进行丰富。调整好透视视图角度，按【Ctrl+C】组合键建立摄影机，如下图所示。

02 使用 ▢平面▢ 建立一个地平面，并将其调整至合适的位置，如下图所示。

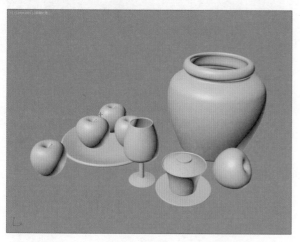

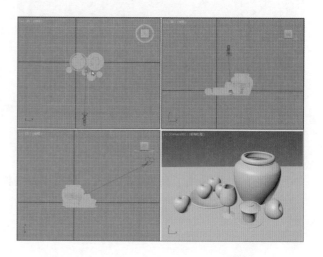

2.2.12 场景材质灯光的建立

一个3ds Max场景如果没有材质和灯光，就会显得没有生气，同时材质和灯光也是三维软件中非常重要的模块，需要进行深入的研究和理解，本例以建模为主要练习目的，因此材质与灯光的设置在本例中不是重点。

01 按【M】键打开材质编辑器，设置一个 ▢Standard▢
【标准】材质，调整一个灰度为【R220 G220 B220】的【漫反射】，然后赋予所有的模型，【漫反射】参数的位置如右图所示，【颜色选择器】对话框设置如下图所示。

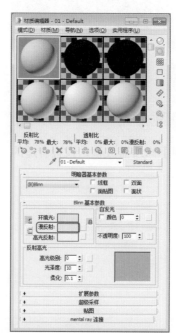

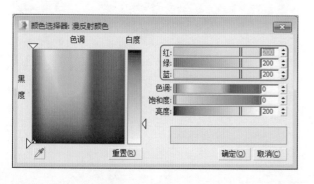

02 在摄影机视图中按【Shift+F】组合键，显示【安全框】，这样可以观察到实际的渲染长宽比，如下左图所示，按【F9】键可以渲染摄影机视图，如下右图所示。

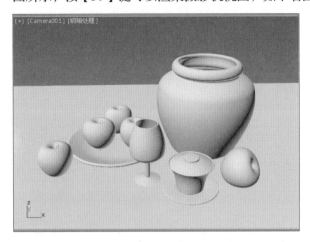

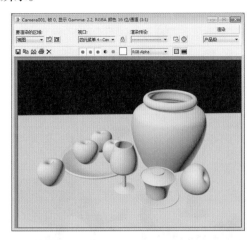

03 在场景中建立【目标聚光灯】，其在命令面板的位置如下左图所示。在顶视图中可以将其与摄影机的方向控制在45°左右，这样可以产生较好的明暗部比例关系，如下图所示。

04 在 【修改】面板设置聚光灯的投影为【区域阴影】，这是一种真正符合真实世界情况的阴影，如下左图所示。选择平面物体来到 【修改】面板，将【渲染倍增】中的【缩放】设置为5，如下右图所示。

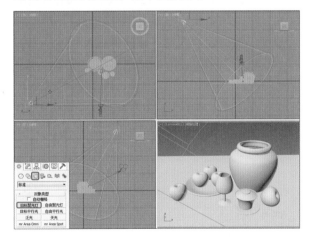

05 选择聚光灯，在 【修改】面板调整灯光的【聚光区/光束】和【衰减区/区域】，加大两者的距离，这样可以避免灯光产生的圆弧形照明边缘，如右图❶所示，场景中的灯光范围如右图❷所示。

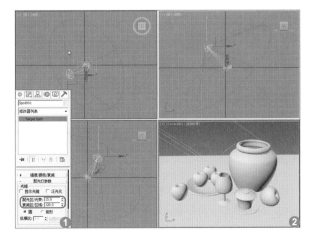

06 渲染摄影机视图可以看到如下图所示的效果。

07 此时场景的亮部和暗部的比例比较合适，但与现实世界不符合的是场景中没有光线的反弹，也就是没有反光和环境光，在 【创建】面板单击 天光 按钮，如下左图所示，在透视视图中任意位置单击鼠标，建立一盏天光，如下图所示。

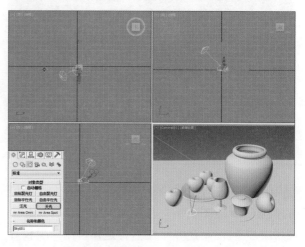

08 按键盘上的数字键【9】，打开【高级照明】面板，设置【光跟踪器】计算方式为当前计算方式，如下左图所示。渲染摄影机视图，可以看到渲染结果，如下图所示。

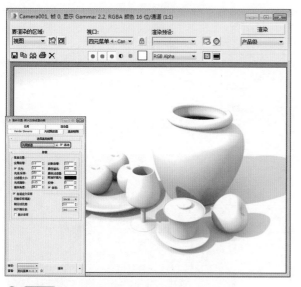

09 从当前渲染结果可以看到物体的暗部有自然的反光，只是场景亮度过量。选择目标聚光灯，降低强度，然后选择天光，也降低强度，如下左图所示。再次渲染可以看到正确真实的效果，如下图所示。

📍 提示 标准灯光的强度问题

由于3ds Max标准灯光不是基于物理属性而设定，因此其强度是由【倍增】参数控制的，该参数值越大灯光越亮，也可以是负数，负数表示是吸光灯。

2.2.13　渲染最终场景

渲染最终场景的时候要把场景的精度提上去，不过由于图像精度比较高，渲染时间会比较久。

01 按键盘上的【F10】键打开渲染面板，设置图像尺寸为【1500×1125】，如右图❶所示。设置图像抗锯齿过滤器为【Mitchell-Netravali】方式，如右图❷所示。开启【全局光线抗锯齿器】，参数保持默认，如右图❸所示。

02 渲染最终的场景，可以看到最后的效果如右图所示。

2.3　本章小结

本章综合性比较强，从最初的画线到可编辑样条曲线，再到【车削】、【锥化】、【弯曲】等修改器的使用，最后使用到了简单的【GI】计算——【光跟踪器】来计算出真实的照明。虽然本章模型难度不大，但使用到了很多常用的命令，值得初学者反复练习。

CHAPTER 03

修改器建模

修改器是3ds Max Design 2015中一类使用频率非常高的命令，可用来修改模型外形，控制贴图显示，设置动画生成等，所有修改器都位于 【修改】面板的修改器列表中，单击鼠标就可找到。为提高工作效率，3ds Max仅显示可对当前模型使用的修改器。

3.1 修改面板概述

在3ds Max Design 2015中初步建立了模型之后，系统允许用户对模型进行一定程度的修改，这一过程就使用到了3ds Max的修改命令，而3ds Max的修改命令都集中在【修改】面板中，比如我们建立一个茶壶，进入【修改】面板可以看到其参数，如下左图所示。

通过观察可以看到，修改面板上有一些工具按钮，这些按钮对于修改操作是有相当大的作用的，因此这里有必要详细解释一下。

【修改】面板的最上方是当前模型物体的名称和颜色，系统允许用户对模型的名称进行任何文字的修改，中文、英文都可以，直接在名称栏中修改输入即可，而模型的颜色同样允许用户随意设定，只要用鼠标单击颜色块，系统会弹出【对象颜色】对话框，然后在此对话框上通过单击相应的颜色块即可随意选择颜色，选择之后单击【确定】按钮就能完成操作，现在将茶壶Teapot01改名为【茶壶】，颜色改成红色，如下右图所示。

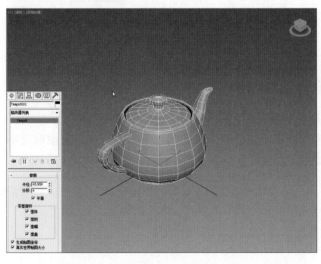

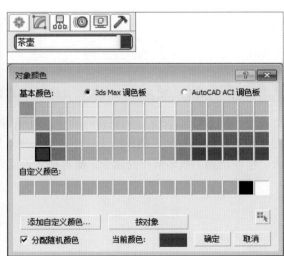

此时视图中的茶壶就变成了红色，如下左图所示。

物体的名称和颜色栏下方就是【修改器列表】了，这里集中了所有的可以使用的修改命令，而且系统已经对修改命令进行了分类，初始状态下划分成了三类：【选择修改器】、【世界空间修改器】和【对象空间修改器】，添加每一类中的修改命令会出现不同的修改效果，如下中图所示。

　　修改命令可以让模型朝着想要的样子变化，下右图所示的这就是一些修改命令的效果。图中从左到右三个相同的茶壶分别使用了【融化】、【FFD长方体】、【弯曲】修改命令。

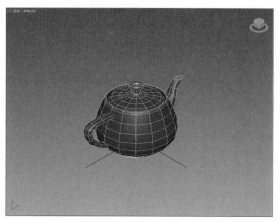

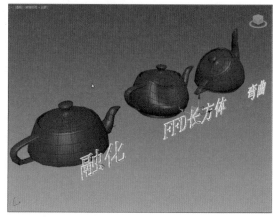

　　在修改下拉列表下面是一个修改堆栈，这是从3ds Max 4版本开始出现的一个窗口，该窗口中从上至下罗列着使用过的修改命令，可以让用户方便地在每个修改命令间进行切换，这与Photoshop的【历史记录】面板有异曲同工之妙，如下左图所示，场景中的茶壶如下中图所示。

　　修改堆栈的下方有一排工具按钮，它们是用来控制修改命令的一些实用工具，下面分别进行介绍。

- 锁定堆栈：锁定当前的修改命令显示。
- 显示最终结果的开启和关闭按钮：当修改堆栈里修改层级很多的时候，按下这个按钮会永远保持最上层修改命令的作用结果。
- 使惟一：3ds Max的复制操作有三种方式：【复制】、【实例】、【参考】。当用户使用【实例】复制方式的时候，【使惟一】按钮才会被激活，如果按下这个按钮，那么物体之间的关联关系将会被取消。
- 从堆栈中移除修改命令：本按钮的外形是一个垃圾桶，功能也一样，即对不需要的修改命令进行删除，在修改堆栈中选择要删除的修改命令后单击此按钮即可。
- 配置修改集设置：此按钮包含了一个快捷菜单，主要功能是对修改面板的配置进行设置，如下右图所示。

　　该快捷菜单中命令可分成3大类：第一大类是对修改命令进行配置；第二大类是控制是否把修改命令显示成按钮；第三大类是控制如果显示修改按钮的话显示哪一类的修改命令。这三大类命令在菜单中用凹陷的线段进行了划分。

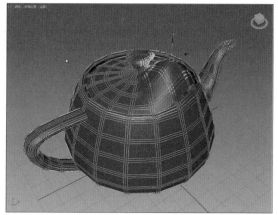

3.2 可编辑样条曲线和修改器的综合应用
——Flower文字模型

在上一章中我们使用过了【可编辑样条曲线】的建模技术，本节会继续更加深入使用它，下面制作一个与【文字】工具有关的场景模型，并且为场景设置了相对丰富多彩的材质，请大家在制作过程中用心体会，最终效果如下图所示。

本案例详细地讲解了可编辑样条曲线和修改器列表中命令的使用方法，以及材质贴图的制作方法，最终渲染大图的设置修改，本案例虽比较简单，但实用性很强，知识点也是比较多的。

制作思路

首先制作二维样条线的文字，然后使用四种方法进行三维成型，最后赋予不同的四种材质，建立灯光之后使用光跟踪器进行GI渲染。

学习目的

1. 学习二维文字的建立
2. 学习【可编辑样条线】的常用编辑命令
3. 学习标准材质和贴图的使用
4. 学习【光跟踪器】的计算方式

3.2.1 创建文字

在3ds Max软件的二维图形中有文本工具，文本工具是一个非常实用的工具，笔者可以在文本工具中随意使用其他的文字符号、变换字体等，以后的工作中都有用到此工具，在其他的软件中基本都有文本工具，所以此工具现已被广泛运用了。

01 建立二维文字。在⚙【创建】面板单击◎【图形】按钮，然后单击 文本 按钮，在前视图中单击鼠标建立一个文本图形，系统默认的内容是【MAX文本】，如下图所示。

02 修改文字的外形。保持文字的选择状态进入 【修改】面板，设置合适的文字内容以及字体和尺寸大小，如下左图所示。此时视图中的文本图形如下图所示。

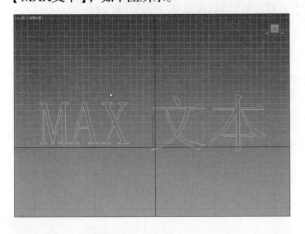

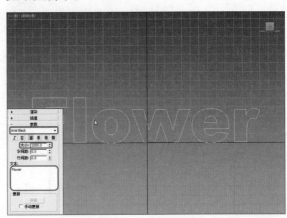

03 丰富曲线的轮廓。回到 【创建】面板，在前视图建立一个星形，然后在【修改】面板修改其参数，最后使用移动工具调整其位置，如下图所示。

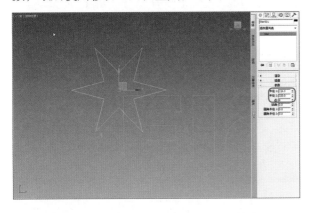

04 使用【复制】方式复制一个星星，如下左图所示。使用 工具调整星星位置，在 【修改】面板中设置合适的大小，如下图所示。

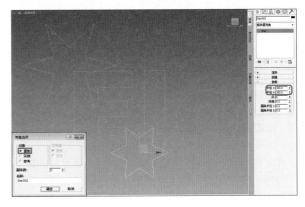

05 再次使用【复制】方式复制，然后使用 工具调整位置，在 【修改】面板中设置合适的大小，如下图所示。

06 再次使用【复制】方式复制，然后使用 工具调整位置，在 【修改】面板中设置合适的大小，如下图所示。

07 再次使用【复制】方式复制，然后使用 工具调整位置，在 【修改】面板中设置合适的大小，如右图所示。

3.2.2 利用可编辑样条曲线修改图形

【可编辑样条曲线】在前期建模中是一个使用非常广泛的命令，此命令中设置了很多工具可以对样条线图形进行修改，如【圆角】、【切角】、【焊接】、【附加】、【融合】、【修剪】、【轮廓】等常用的工具，在以后的工作中用到此命令的机会还是很多的。

01 把文字转换为可编辑样条曲线。选择文字，通过单击鼠标右键将其转换为【可编辑样条曲线】，如右图所示。

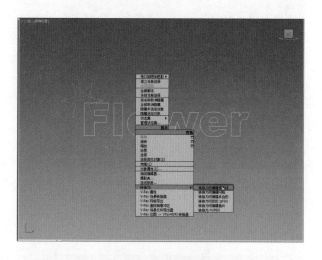

📍 **提示** 塌陷为可编辑样条曲线时的注意事项

此时的修改堆栈中已经没有了Text层级，因此转换的时候一定要明白，这个过程是一个塌陷的过程，不可逆转，如果对于这一步没有把握，可以选择【编辑→暂存】菜单命令，或者按【Ctrl+H】组合键将场景暂存，这样的话一旦需要返回，可以选择【编辑→取回】命令，或者按【Alt+Ctrl+F】组合键，系统会恢复到暂存时的状态。

02 合并图形。选择【Flower】图形，在【修改】面板中的 - ▢ 几何体 ▢ 卷展栏中单击 ▢ 附加 ▢ 命令，然后在场景中单击另外几个星星，这样可以把所有的二维图形结合成一个图形，注意完成之后一样要单击鼠标右键结束操作，让 ▢ 附加 ▢ 按钮弹上来，如右图所示。

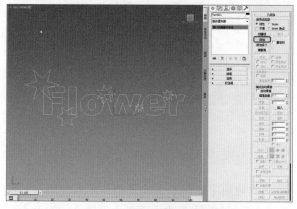

03 修剪图形内部线段。按键盘上的数字键【3】，进入图形的 ∧【样条线】层级（注意在修改堆栈和【修改】面板里都可以进入【样条线】层级），然后在 - ▢ 几何体 ▢ 卷展栏中找到并单击 ▢ 修剪 ▢ 按钮，其位置如右图❶所示。在视图中单击图形交叉的部分，可以快速修剪图形，注意完成之后一样要右击结束操作，让按钮弹上来，修剪前的局部图形如右图❷所示，修剪之后的局部图形如右图❸所示。

04 焊接断点，使用 [修剪] 之后的交点是断开的，按键盘上的数字键【1】，快速进入图形的 [顶点] 层级，框选相关顶点，单击【修改】面板的 [焊接] 工具进行焊接操作，如下图所示。

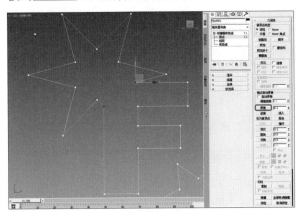

05 使用上述方法完成整体的图形，如下图所示。

3.2.3　文字外形三维化

在下边的操作中会使用到【挤出】修改命令，可以使二维图形转换成三维立体图形，让其不再仅仅是一个二维图形，而是一个具有厚度的立体图形，并且可根据【数量】参数值来决定模型的高度或者是厚度，【挤出】修改命令是一个很常用的命令设置。

01 挤出文字外形。在修改堆栈面板回到顶层级，然后为图形添加一个【挤出】修改器，设置【数量】为2000，如下图所示。

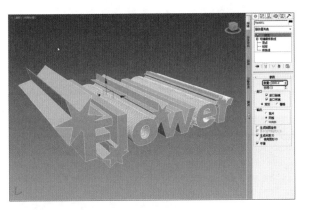

02 调整分段数。按键盘上的【F4】键以【边面】方式显示模型，这样可以在以实体显示的同时看到模型的分段数，在【修改】面板设置模型的【分段】为25，如下图所示。

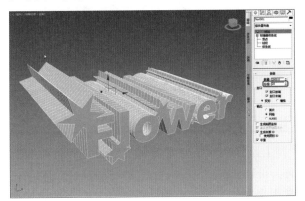

💡 [提示] 关于模型的分段数问题

模型的分段数可以理解为模型表面的精度，分段数越高精度越高，尤其在后面为模型设置【弯曲】、【FFD】等修改器的时候，如果模型精度不够则不能有效变形。

3.2.4 弯曲模型

在对模型实行挤出操作以后，添加一个【弯曲】修改器可使模型有弯曲效果。【弯曲】修改器可使模型有一定的弯曲效果，并可同时设置弯曲方向，【弯曲】修改器也是在前期建模中很常用的一个命令工具。

01 在左视图中配合 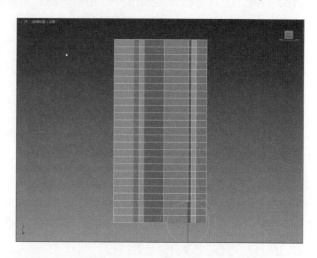【角度捕捉切换】工具把模型旋转-90°，使其直立起来，如右图所示。

提示 角度捕捉切换工具解析

角度捕捉默认角度为5°，开启之后可以保证模型整5°、整10°进行旋转，角度捕捉切换的快捷键是A。

02 保持模型的选择状态，在修改器列表中加入一个【弯曲】修改器，设置【角度】为90°，如下图所示。

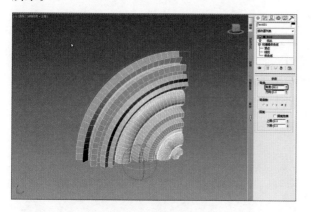

3.2.5 沿路径旋转模型

【路径变形】修改器属于空间变形扭曲的一种，可以让模型沿着设置好的路径去生长和移动，常用来制作列车的运动，霓虹灯的生长运动等动画效果。

01 绘制路径，在 【创建】面板单击 【图形】中的 螺旋线 按钮，来到顶视图中，拖动鼠标建立一个螺旋线，如右图所示。

03 修改模型弯曲方向。在【修改】面板设置【方向】为90，设置模型弯曲方向为90°，成型之后把模型命名为【Flower-弯曲】，如下图所示。

02 进入 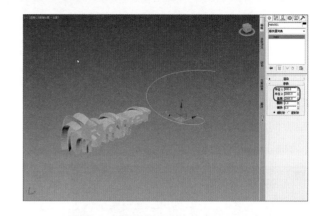【修改】面板调整螺旋线的样子。注意参数控制着螺旋线的旋转周数，如右图所示。

03 选择弯曲的Flower模型，配合键盘上的【Shift】键沿着X轴方向进行【复制】方式的复制，在修改堆栈中单击按钮删除【弯曲】修改器，在【挤出】修改层级里修改【分段】为50，如右图所示。

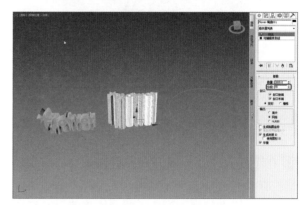

04 添加【路径变形绑定（WSM）】修改器。保持模型的选择状态，在修改器列表中找到并加入【路径变形绑定（WSM）】修改器，在 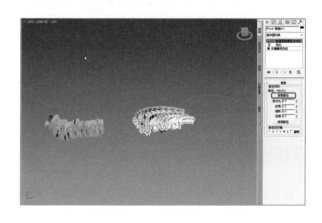【修改】面板单击【拾取路径】按钮，在任意视图中单击刚才创建的螺旋线，可看到模型沿着螺旋线进行变形，如右图所示。

05 保持上一步的选择状态，在【修改】面板设置【拉伸】为5.5，单击【转到路径】按钮，让模型精确沿着路径延伸，进而控制模型的旋转方向和角度。最后将模型命名为【Flower-路径跟随】，如右图所示。

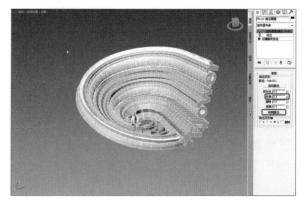

3.2.6 文字双面倒角效果的制作

双面倒角效果在产品造型中使用非常广泛，其可使二维的样条线变成三维立体且有倒角效果，此命令可使模型有一个双面倒角效果，制作出来的模型效果非常好。

01 复制模型。选择弯曲的Flower模型，沿着X轴方向再次向右进行【复制】方式的复制，删除【弯曲】和【挤出】修改器，如下图所示。

02 在修改器列表中添加一个【倒角】修改器，此时默认状态下模型是一个没有厚度的面片，如下图所示。

03 在【修改】面板展开—————倒角值————卷展栏，激活【级别2】和【级别3】，分别设置合适的数值，可以看到模型产生了双面倒角效果，这在大部分电视包装动画中是经常出现的。把模型命名为【Flower-倒角】，如右图所示，之后在左视图中把模型旋转直立。

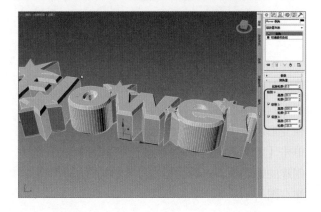

📍 提示 倒角命令注意事项

通常情况下，字体前后应该是对称的，因此级别1和级别3的参数里，通常【高度】数量是相同的，而【轮廓】数量为绝对值相同而正负相反。

3.2.7 圆角模型的制作

【倒角剖面】修改器可以让图形按照自己设置的曲线产生剖面厚度，在三维模型生成之后，还可以通过控制曲线来控制三维模型的最终效果，此过程可以记录为动画，因此在一些产品建模中可以快速生成模型边缘的倒圆角效果。

01 绘制剖面曲线，进入 ⚙【创建】面板，单击 ◎【图形】→ 矩形 按钮，在顶视图中建立一个矩形，设置合适的参数大小，如下图所示。

02 通过右键快捷菜单命令将图形转换为【可编辑样条线】，进入 ◢【线段】层级，删除右侧的一些线段，如下图所示。

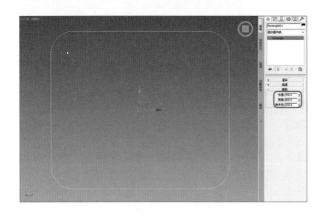

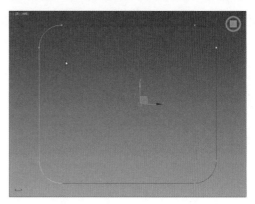

03 再次复制第一个弯曲的模型，删除【弯曲】和【挤出】修改器，在左视图中旋转垂直，然后为图形添加一个【倒角剖面】修改器，此时模型又变成了一个没有厚度的面片，如下图所示。

04 在【修改】面板单击 拾取剖面 按钮，再单击刚才的曲线，结果模型生成，其侧面厚度就是刚才编辑的曲线的轮廓，只是模型由于倒角范围不够，出现了很多的"刺"，如下图所示。

05 纠正模型错误。在顶视图中选择刚才编辑的曲线，选择所有的点，通过右键快捷菜单将其转换为【角点】类型，观察模型可以发现模型也发生了相应的变化，如下图所示。

06 在主工具栏按住【3维捕捉】按钮不放，切换捕捉工具为【2.5维捕捉】，在按钮上右击，系统弹出捕捉面板，在【捕捉】选项卡中勾选【顶点】和【端点】复选框，如下左图所示。切换到【选项】选项卡，勾选【启用轴约束】和【显示橡皮筋】复选框，如下右图所示。

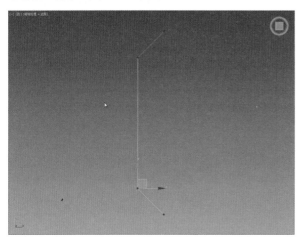

07 在顶视图中选择一个点，配合轴约束功能，沿着Y轴方向精确对齐右侧的点，如下左图所示。使用同样的方法去处理另一组点，最后的结果如下右图所示。

 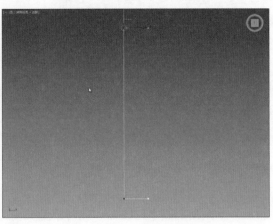

08 保持图形的点层级，使用【圆角】工具对中间的两个点进行圆角操作，注意幅度不要太大，大约30左右即可，方法是在【圆角】按钮右侧的输入框中输入30后按Enter键即可，曲线的结果如下左图所示。此时观察我们的三维模型，发现其错误仍然存在，如下右图所示。

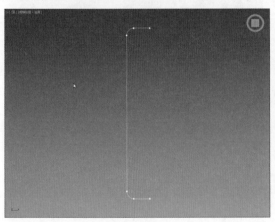 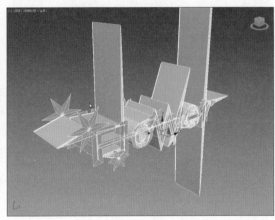

09 分析错误成因，与矩形的尺寸有关，于是删除刚才的图形，在顶视图中再次建立一个新的矩形，尺寸设置如下左图所示。接着通过鼠标右键将其转换成可编辑样条线，再进入【线段】层级进行删除右侧线段的操作，如下右图所示。

10 在【倒角剖面】修改器下再次拾取剖面，此时可以看到模型正常了，只是剖面的方向是相反的，如下图所示。

11 在修改堆栈中进入【剖面 Gizmo】层级，如下左图所示。在顶视图中框选住模型侧面的轮廓，此时轮廓以黄色状态显示，配合角度捕捉将其旋转180°，这时可看到模型显示正常，把模型命名为【Flower-倒角轮廓】，如下图所示。

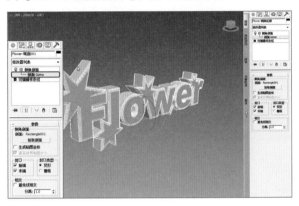

3.2.8 模型材质的制作

我们为四个模型制作四类材质，主要使用到了3ds Max的【程序贴图】。在编辑材质之前首先对场景的渲染器进行更换。

打开3ds Max Design 2015场景时，默认的渲染器是NVIDIA Mental ray，在本案例中使用【默认扫描线渲染器】就可以了，单击【F10】键，打开渲染设置面板，在【公用】选项卡中展开 指定渲染器 卷展栏，单击【产品级】右边的 【选择渲染器…】按钮，在弹出的对话框中选择【默认扫描线渲染器】，单击【确定】按钮即可，结果如下图所示。

01 选择【Flower-弯曲】模型，按【M】键打开材质编辑器，选择第一个材质样本球，将其命名为【Flower-弯曲】，切换为 Standard 材质类型，然后单击 按钮把材质赋予模型。此时样本球的四周出现了实心的三角，这说明材质与模型间建立了关联关系，该材质就可以被称为【同步材质】，如右图所示。

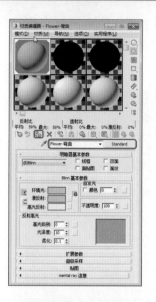

02 在材质面板的【漫反射】颜色块旁边单击 按钮，在弹出的【材质/贴图浏览器】对话框中选择【渐变】贴图，单击【确定】按钮确认，如右图所示。

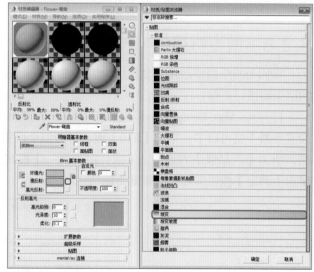

03 在材质编辑器的【渐变】贴图层级取消勾选【使用真实世界比例】，并设置UV方向的【瓷砖】都为1，如下左图所示。在 渐变参数 卷展栏中设置颜色#1为【R255、G163、B101】、颜色#2为【R188、G159、B0】、颜色#3为【R253、G0、B0】，这三个颜色控制了渐变的颜色，如下中图所示。单击 【返回父层级】按钮，返回材质的上个层级，发现刚才加入贴图的按钮上多了一个字母M，这表示此通道中有了贴图，如下右图所示。

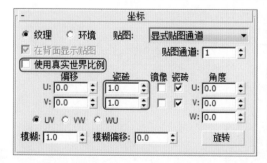
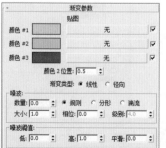
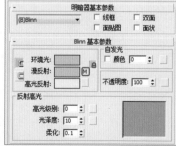

04 为材质添加高光效果。设置【高光级别】为150、【光泽度】为80，此时可以看到材质样本球上出现了高光效果，如下图所示。

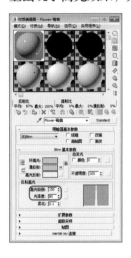

06 设置第二个样本球的名称为【Flower-路径跟随】，将其赋予【Flower-路径跟随】物体，再为【漫反射】通道添加一个【漩涡】贴图，如右图所示。

07 在材质编辑器的【漩涡】贴图层级取消勾选【使用真实世界比例】，并设置UV两个方向的【瓷砖】均为1，如右图❶所示。其他参数保持默认即可，设置【高光级别】为80、【光泽度】为40，如右图❷所示。展开 扩展参数 卷展栏，在【高级透明】参数区域设置【衰减】方式为【外】、【数量】为100、【类型】为【相加】，此时观察材质样本球效果，可以看到其绚烂的质感，如右图❸所示。

05 选择【Flower-弯曲】模型，在修改器列表中添加一个【UVW 贴图】坐标修改器，取消勾选【真实世界贴图大小】，保持默认的【平面】方式，在【对齐】选项组中选择【Y】轴即可，如下图所示。至此，第一个材质制作完毕。

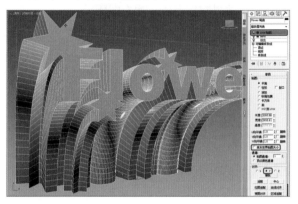

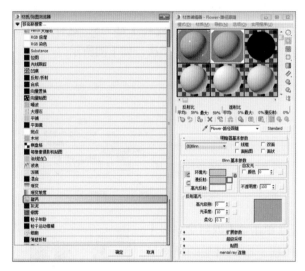

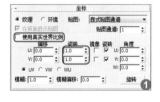

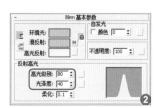

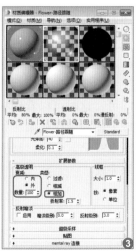

08 现在开始制作【Flower-倒角】材质。首先在 明暗器基本参数 卷展栏里设置阴影着色方式为【(M)金属】方式，设置【高光级别】为129、【光泽度】为84，如下图所示。展开材质的 贴图 卷展栏，在【反射】通道里贴入一张【光线跟踪】贴图，金属效果制作完成，如右图所示。

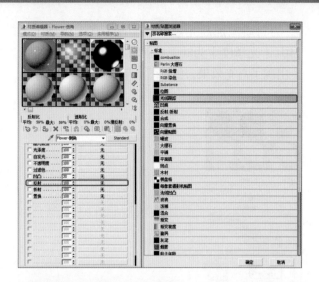

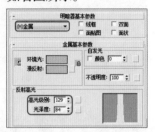

09 制作【Flower-倒角轮廓】材质，在【漫反射】通道里贴入一张【棋盘格】贴图，如右图所示。然后在- 坐标 卷展栏下设置UV方向的【瓷砖】都为5，这样贴图在水平和垂直方向都重复5次，如下图所示。

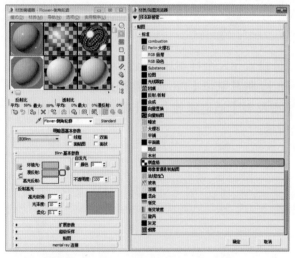

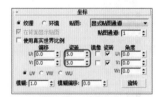

10 单击 【返回父层级】按钮，回到材质的顶部层级，设置合适的高光，如右图❶所示。在材质的 贴图 卷展栏中为【凹凸】通道贴入一个【噪波】贴图，参数保持默认即可，这时可以看到材质球表面的起伏效果，如右图❷所示。至此，材质效果完成。

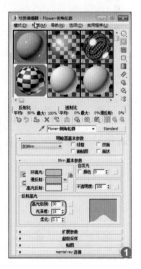

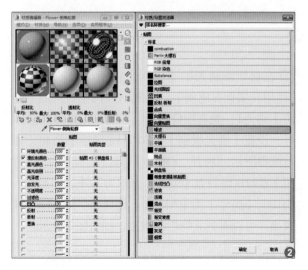

11 在修改器列表中，为【Flower-倒角轮廓】模型添加一个【UVW 贴图】修改器，取消勾选【真实世界贴图大小】，设置贴图类型为【长方体】模式，设置【长度】值为1000mm、【宽度】值为1000mm、【高度】值为1000mm，如右图所示。

3.2.9 完善场景

最后对场景进行完善修改以及整体的调整，以达到更好的效果。以后的制作中，建议读者在场景制作到最后的时候，一定要对场景有一个整体的调整或者局部的调整，整体观察场景有没有更改的需要。

01 在左视图中绘制一根折线【Line001】，注意其垂直和水平的精准度，配合【Shift】键可以完成水平和垂直线的绘制，如下图所示。

02 单击键盘上的【1】键进入直线的 【顶点】层级，选择垂足的点，使用【圆角】工具进行圆滑处理，如下图所示。

03 为曲线添加一个【挤出】修改器，设置适当的厚度，如下图所示。

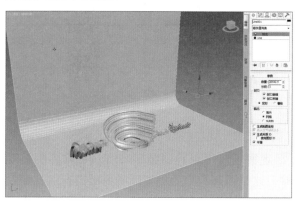

04 在左视图中沿着【Y】轴方向调整四个模型的高度，使其放置到地平面上，如下图所示。

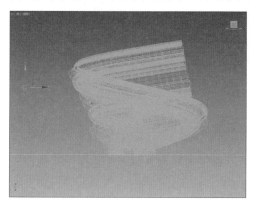

05 激活透视视图，找到一个合适的角度，按【Ctrl+C】组合键匹配视图建立摄影机，这时透视视图就变成了摄影机视图，如下图所示。

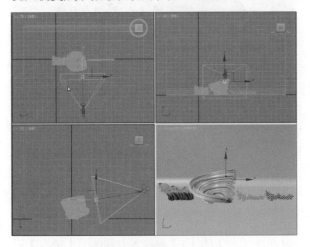

06 把地平面模型改名为【背景】，打开材质编辑器，然后调配一个【背景】材质赋予地平面，设置【漫反射】为R、G、B三个数值都是200，如下图所示。至此，场景制作完成。

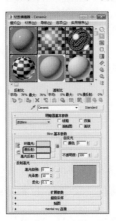

3.2.10 环境光照明的建立

建立环境光的意思就是对场景布置一些灯光效果，起到照明场景的效果，让场景模型有一个明暗层次关系，模型表面具有光源的质感。

01 在 【创建】面板 【灯光】子面板中单击 天光 按钮，在视图任意位置单击鼠标即可建立天光，注意位置不限，但数量只能是一盏。建立完成之后记得单击鼠标右键让 天光 按钮弹上来，如下图所示。

02 按键盘上的数字键【9】打开【高级照明】选项卡，这其实是渲染设置面板的一部分，在 选择高级照明 卷展栏中的列表里选择【光跟踪器】计算方式，其面板参数调整如下图所示。

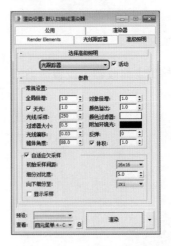

03 将【光跟踪器】计算方式的参数保持默认，单击 渲染 按钮渲染摄影机视图，得到的结果如下图所示。

04 观察场景可以看到金属的Flower质感明显不够，这是因为我们的虚拟环境里面没有供其反射的环境。按键盘上的数字键【8】，系统弹出【环境和效果】窗口，如下图所示。

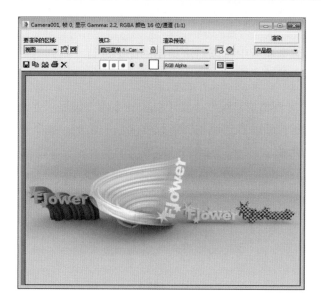

05 在【背景】参数区域中单击【环境贴图】的
[无] 按钮，在【材质/贴图浏览器】中双击【位图】，在弹出的对话框里找到本案例中的【HDR01.hdr】反射环境贴图，为场景背景加入【HDR01.hdr】贴图，如下图所示。

06 以【实例】关联方式把背景贴图拖动到材质编辑器的一个空白样本球上，在 [坐标] 卷展栏中取消勾选【使用真实世界比例】，设置贴图方式为【收缩包裹环境】，如下图所示。此时再次渲染摄影机视图，可以看到金属表面微妙的变化。

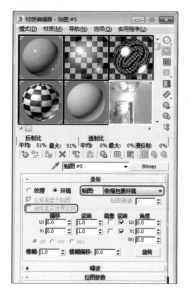

提示 什么是光跟踪器计算方式

在3ds Max 5.0版本中，为了提升渲染品质，Autodesk公司为渲染面板加入了【高级照明】选项卡，其中有【光能传递】和【光跟踪器】两个渲染引擎，前者用于渲染室内，后者用于渲染室外。【光跟踪器】计算方式是3ds Max在扫描线环境下提供的GI计算方式，只需一盏【天光】就可以做到直接光和间接光的完美计算，省去了补光的过程，大大增加了场景的真实度和可信度。

3.2.11　渲染最终场景

渲染最终场景的设置是在渲染面板中进行的，在渲染面板中可以对渲染出的图形进行一系列的更改，比如图形的尺寸、大小比例、质量、精度、图像保存的格式等。

01 设置合适的尺寸。按【F10】键打开渲染面板，设置画面的最终尺寸为1500×900，按下圆按钮锁定，这样修改一个尺寸，另一个会相应变化，从而保证图像的长宽比不变，如下图所示。

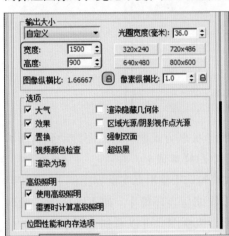

02 在摄影机视图中按【Shift+F】组合键显示安全框，可以看到调整图形尺寸之后的比例，如下图所示。

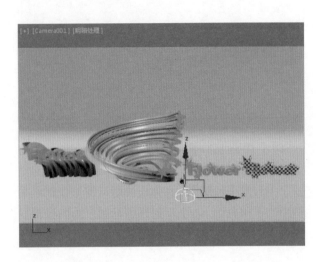

03 在渲染面板打开【光线跟踪器】选项卡，勾选【快速自适应抗锯齿】前的复选框，这样可以提高画面的质量，如下图所示。

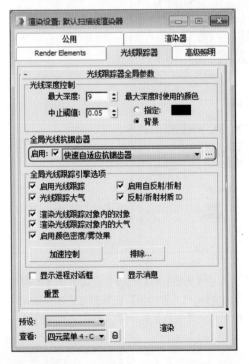

04 在【高级照明】选项卡中设置【光线/采样】为700，这样可以提高渲染精度，如下图所示。

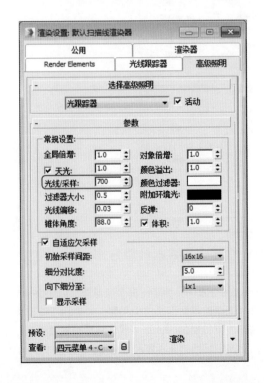

05 单击[　　]按钮渲染最终图像，得到的最后效果如右图所示。

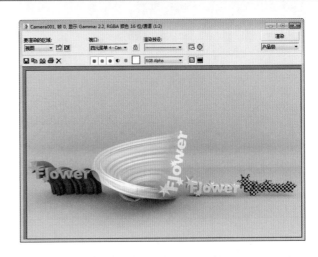

> 📍 **提示** 【光跟踪器】渲染精度设置
>
> 在【渲染设置】窗口中【光线/采样】参数控制了渲染出的图像的质量精度，数值越高图像质量越好，但所耗费的渲染时间也越长，因此我们在测试渲染时通常采用低一些的参数，等到渲染最终图像的时候再提高该参数。

06 如果使用【VRay Adv 3.00.07】渲染器来渲染场景，则可以得到如右图的效果。关于【VRay Adv 3.00.07】渲染器的使用操作，将在后面的章节中进行详细的讲解。

3.3 本章小结

　　本章讲解了可以把二维线条变为三维模型的常用的修改器【挤出】、【倒角】、【倒角剖面】以及【路径变形（WSM）】等，其中一些修改器在室内建模、建筑建模中使用频繁，建议读者在学习的过程中用心体会，慢慢领悟建模中的技法技巧。

CHAPTER 04

中式座椅家具建模

利用3ds Max Design 2015中的【多边形建模】方式，可以建立相对复杂的家具模型，再配合【基础建模】和【修改器建模】，就可以实现用3ds Max Design 2015制作任何风格与要求的家具模型。

4.1 中式设计风格以及家具风格概述

中国传统风格与中国古代哲学精神高度合一，我国传统文化的天人合一、顺应自然等思想在设计中有大量的体现。当代中式设计风格大多是指中国明清时期的建筑与装饰风格，其特点是恢宏壮丽、高大气魄、雕梁画栋、金碧辉煌，建筑群有大的进深，通常采用左右对称的布局以体现其大气庄严，下图所示的北京故宫博物院就是明清建筑的代表。

在当代室内装饰中，中式风格也被设计师们大量使用，他们通常会有机提取一些中式的元素来进行重新点缀和装饰，配合现代装饰材料和后现代主义的设计理念重新打造当代的室内空间，如下图所示。

在我国的两宋时期之前，家具使用量相对较少，文人士大夫大多在家里盘膝而坐，后来才逐渐出现了座椅等家具。中式家具风格继承了明清时期的家具设计特色，表达对清雅含蓄、端庄风华的东方传统精神境界的追求，家具上主张装饰雕花图案，多采用皇室家具的【万字纹】和【回】形纹以及【官帽】形纹，在家具腿脚的处理上多采用【马蹄】形脚，下图所示即为明清风格的家具。

4.2　可编辑多边形建模的常用工具命令

　　【可编辑多边形】是一个很强大的建模工具，在电影中很多模型角色都是用【可编辑多边形】命令制作出来的，而且效果非常逼真。

　　下面选择了【多边形建模】常用命令进行讲解，让大家了解基本的操作方法，【多边形建模】参数面板如右图所示。

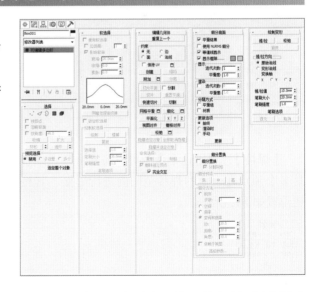

　　【挤出】：这是一个最常用的工具，可以对选择的多边形面或者线进行挤出操作。首先在视图中创建一个【几何球体】，然后通过右键快捷菜单将其转换成【可编辑多边形】，按键盘数字键【4】进入模型的▣【多边形】层级，在【几何球体】上任意选择几个面，被选中的面会呈红色显示，如下左图所示。然后使用【挤出】工具对选择的面进行操作，设置一些【挤出】数值，效果如下右图所示。

【倒角】：倒角工具可以挤出模型面并且形成缩放效果，操作的方法和挤出命令相似。首先选择模型的一个面，单击【倒角】按钮，结果模型面就发生了挤出并缩放的变化，如下图所示。

【目标焊接】：此工具的操作是将模型的一个顶点拖曳到另一个顶点的位置上进行焊接，结果是两个顶点变成一个顶点。操作方法是首先进入模型的 【顶点】层级，然后执行【目标焊接】命令，在选择一个顶点后拖动鼠标到另一个顶点上，结果就达到了目标点焊接的效果，如下图所示。

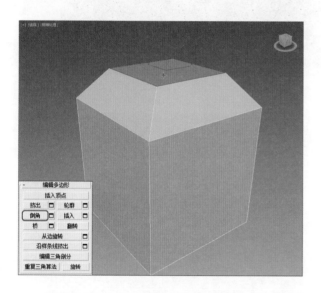

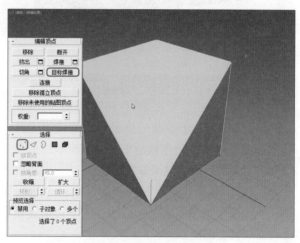

【焊接】：利用这个命令可以将两个顶点或者是多个顶点在一定的焊接范围内进行焊接，其按钮位置如下图所示。

【插入】：利用这个工具可以在一个多边形面上插入新的面，其按钮位置如下图所示。

4.3 可编辑多边形和修改器的综合应用
——中式座椅模型

本案例的中式座椅采用了很多常用的建模工具，讲述了一个经典的建模流程，最后效果如下图所示。

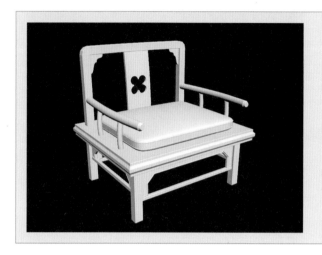

制作思路

局部建模，最后组合成整体。

学习目的

1. 深入了解物体表面分段数的概念
2. 学习【可编辑多边形】建模方法
3. 掌握【阵列】、【对齐】等常用工具的使用
4. 继续学习【可编辑样条线】建模方法
5.【布尔运算】命令的使用方法

4.3.1 椅子面的制作

椅子面由基本几何体构建而成，然后使用【可编辑多边形】方法来编辑外形，从而达到最后的模型要求。

01 在命令面板依次单击 【创建】>【几何体】>长方体 按钮，然后在顶视图创建一个长方体模型。进入【修改】面板设置长方体的参数，系统自动将模型命名为Box001，如下图所示。

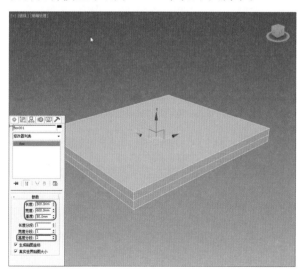

02 通过右键快捷菜单把Box001转换为【可编辑多边形】物体，然后进入模型的【边】层级，单击选择一根边，此时所选择的边就变成了红色，如下图所示。

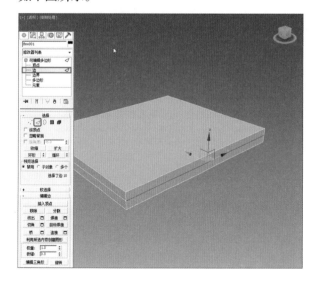

03 紧接着上一步的操作，在 ⬚【修改】面板展开 `- 选择` 卷展栏，单击 `循环` 工具按钮，如下左图所示。结果一周的边线都可以被选中，一共是4根，如下图所示。

04 在 ⬚【修改】面板展开 `- 编辑边` 卷展栏，单击 `切角` 工具按钮右侧的 ⬚ 按钮，如下左图所示。系统弹出【切角】浮动框，然后设置【切角-边切角量】为15mm，再单击绿色的对号按钮，如下图所示。

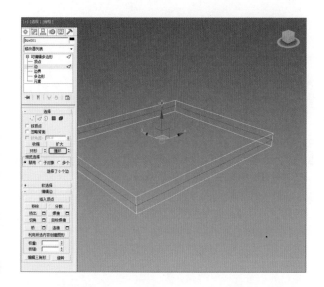

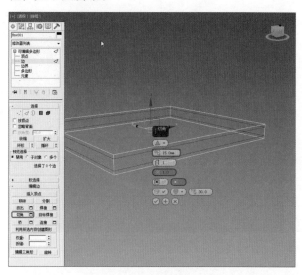

05 紧接着上一步的操作，进入模型的 ▣【多边形】层级，选择一周的多边形面，如下图所示。

06 保持选择，然后进行 `倒角` 操作，注意将【倒角-组】方式设置为【局部法线】，设置倒角高度为10mm、倒角轮廓为-9mm，如下图所示。

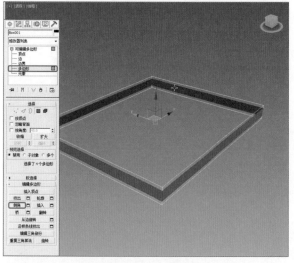

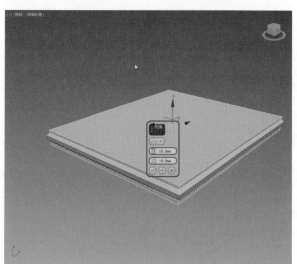

📍 提示 **工具命令的重名问题**

本页第06步中使用了【倒角】工具，这是多边形建模内部的一个工具，与前面章节中使用的【倒角】修改器虽名称相同，但性质不同，【倒角】修改器是一个独立的修改命令。

07 再次进入☑【边】层级，选择所有横向的边，然后进行 切角 操作，设置【切角-边切角量】为1mm，如右图所示。

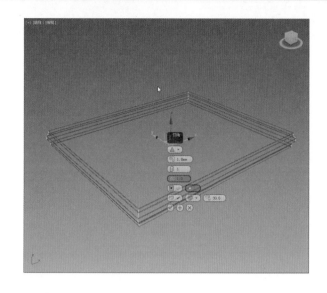

4.3.2 椅子腿的制作

椅子腿主要用长方体来建立，然后通过多边形来进行切角装饰，最后把四条腿【附加】到一起。

01 建立一个新的【长方体】模型，系统自动命名为Box002，设置【长方体】的【长度】为30mm、【宽度】为34mm、【高度】为210mm，如右图所示。

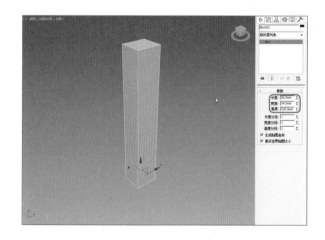

02 将两个长方体进行对齐操作，按键盘上的【P】键进入透视视图，选择Box002，在主工具栏单击🖿【对齐】工具按钮，然后单击Box001，系统弹出【对齐当前选择】对话框，然后进行参数设置。这样在前视图中观察就可以看到两个模型在高度上实现了上下对齐，如右图所示。

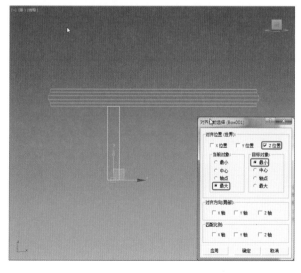

03 通过右键快捷菜单将Box002也转换为【可编辑多边形】物体，然后选择它的4根垂直边进行 切角 操作，设置【切角-边切角量】为1mm，如下图所示。

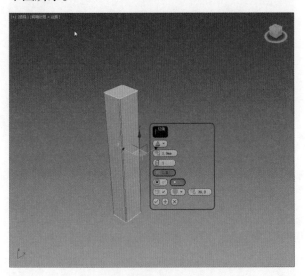

05 紧接着上一步的操作，把Box002、Box003同时选中，如右图所示。

04 紧接着上一步的操作，在 【修改】面板回到模型的顶层级，然后在顶视图里把模型向右阵列复制一个。方法是在菜单栏中选择【工具→阵列】命令，在弹出对话框中设置【X】轴向的数值为500mm、【对象类型】为【复制】、【数量】为2，如下图所示。

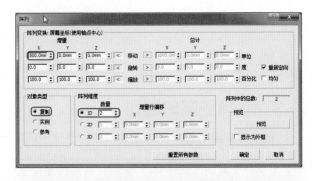

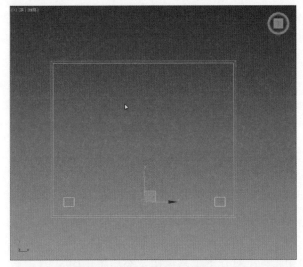

06 在顶视图向上进行【阵列】操作，设置【Y】轴数值为400mm、【对象类型】为【复制】、【数量】为2，如右图所示。

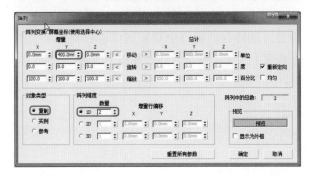

07 选择Box002模型，在 🖉【修改】面板或者右键快捷菜单中使用 [附加] 命令把另外三个椅子腿结合起来，最后把模型命名为【椅腿】，如下图所示。

08 激活透视视图，对【椅腿】和Box001进行 🖉【对齐】操作，设置【对齐位置】为XY轴向，选择【中心-中心】方式，然后把之前的Box001命名为【椅面】，如下图所示。

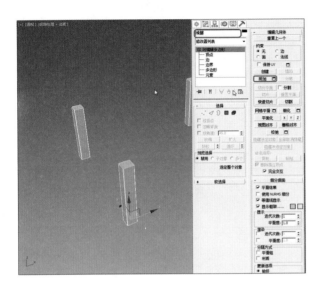

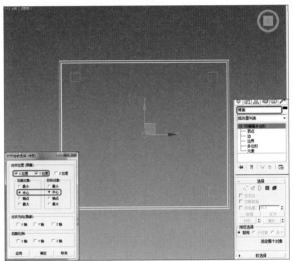

4.3.3　椅子底座结构的制作

椅子底座使用【可编辑样条曲线】进行建模，然后使用【倒角】修改器进行三维化即可成型。

01 在命令面板依次单击 ⚙【创建】> 🔘【图形】> [矩形] 按钮，在前视图里创建一个矩形，使用 🖉【选择并移动】工具调整好位置，如下左图所示。矩形的大小参数如下右图所示。

02 在命令面板依次单击 ⚙【创建】> 🔘【图形】> [矩形] 按钮，在前视图再次建立一个【矩形】。注意两个矩形要在X轴方向上中心对齐，如下图所示。

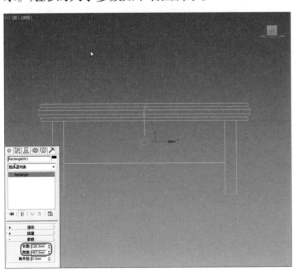

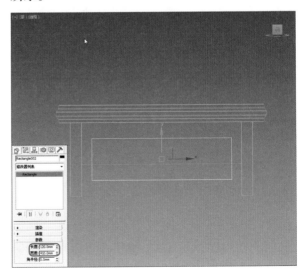

03 紧接着上一步骤的操作，通过右键快捷菜单把小矩形转换为【可编辑样条线】，然后进入它的【顶点】层级，选择顶部的2个顶点，如下图所示。

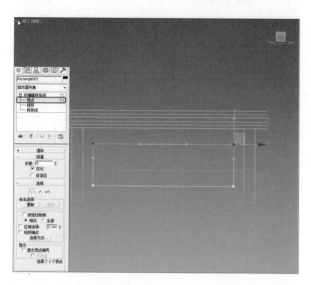

04 紧接着上一步骤的操作，在【修改】面板展开 - 几何体 卷展栏，单击 切角 工具按钮，然后对选择的点进行切角命令操作，设置【切角】值为30mm，切角效果如下图所示。

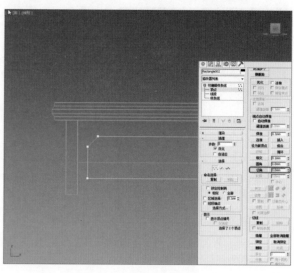

05 选择旁边的大矩形，通过右键快捷菜单也转换为【可编辑样条线】，在【修改】面板展开 - 几何体 卷展栏，单击 附加 工具按钮，如下左图所示。然后把另一个刚刚切角的矩形附加结合起来，如下图所示。

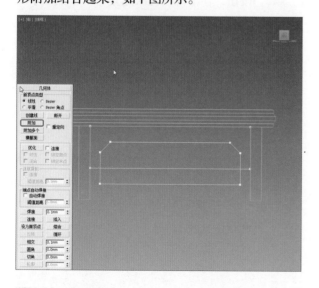

06 按键盘上的【L】键将视图转换到左视图，可以发现2根线在一个平面上，如下图所示。

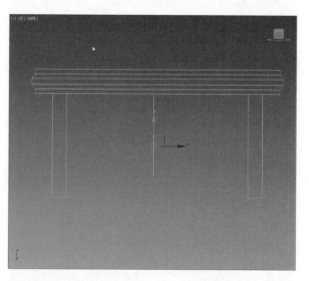

07 回到前视图，按【3】键快速进入图形的【样条线】层级，在【修改】面板单击 修剪 按钮，修剪不需要的部分线段，结束之后右击让 修剪 按钮弹上来，最后效果如下图所示。

08 按数字键【1】快速进入图形的【顶点】层级，对相交部分的点进行分别框选，然后单击 焊接 按钮，对选中的顶点进行焊接操作，最后效果如下图所示。

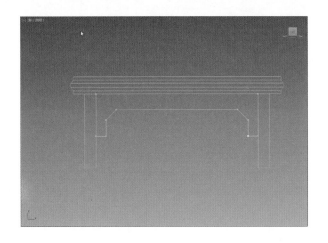

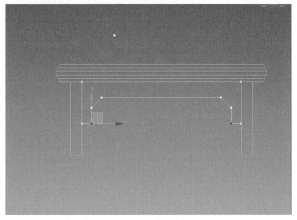

09 紧接着上一步骤的操作，在 【修改】面板回到曲线的顶层级，在修改器列表中为曲线添加一个【倒角】修改器。设置合适的参数，最后把模型命名为【1】，如下图所示。

10 通过右键快捷菜单把模型转换为【可编辑多边形】物体，然后按【4】键进入 【多边形】层级，选择模型表面的面进行【插入】操作，设置【插入-数量】为2mm，如下图所示。

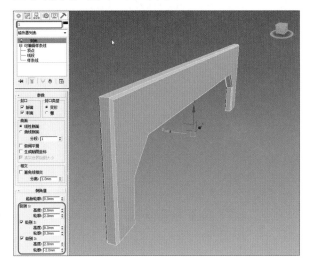

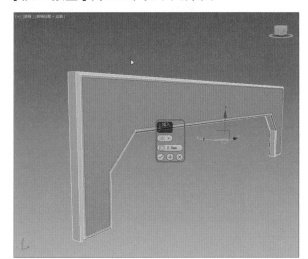

11 保持上一步骤的选择，对模型进行 倒角 操作，设置【倒角-高度】为-2mm、【倒角-轮廓】为-1mm，如右图所示。

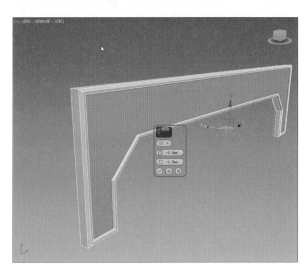

12 保持上一步骤的选择，再次进行 `倒角` 操作，设置【倒角-高度】为2mm、【倒角-轮廓】为-1mm，如下左图所示。最后对另一侧面也进行相同的命令操作，如下右图所示。

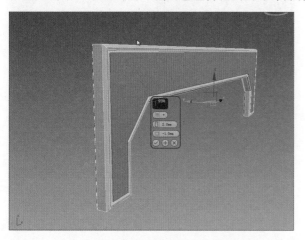 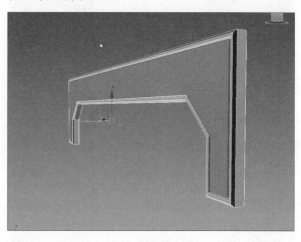

13 参考以上的方法在左视图为场景新创建一个【矩形】，然后调整场景中【矩形】的位置，设置其【长度】和【宽度】均为14mm，设置【角半径】为2mm，如下图所示。

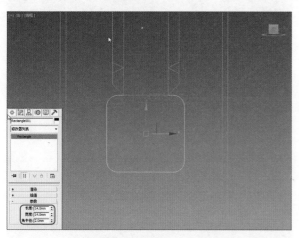

14 为矩形添加一个【挤出】修改器，设置挤出【数量】为467mm，并调整好位置，然后把模型命名为【2】，如下图所示。

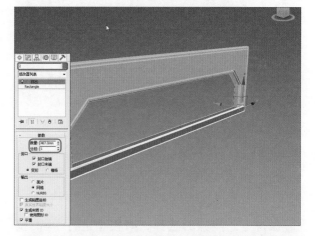

15 调整好模型的位置，选中【1】和【2】模型，然后以【复制】方式进行复制，如下图所示。注意把复制出的模型的位置调整好，结果如右图所示。

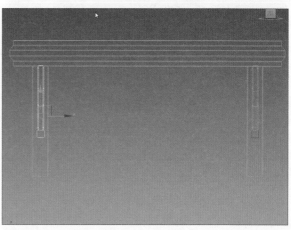

16 接着进行转旋复制，注意要配合 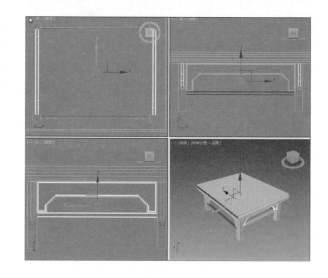【角度捕捉切换】工具，这样可以精确旋转90°。然后通过右键快捷菜单转换模型为【可编辑多边形】，进入 【顶点】层级把复制品的长短高低进行一些调整，最后的效果如右图所示。

4.3.4　椅子靠背的制作

椅子的靠背使用一个基本的【长方体】进行建立，之后通过【布尔运算】进行挖洞，最后通过【FFD 3×3×3】修改器来制作靠背的弯曲效果。

01 选择【椅腿】模型，在 【修改】面板进入其 【多边形】层级，选择两个顶部的多边形面，如下图所示。

02 紧接着上一步骤的操作，在 【修改】面板展开 编辑多边形 卷展栏，对选择的面进行 挤出 操作，设置【挤出多边形-高度】为350mm，如下图所示。

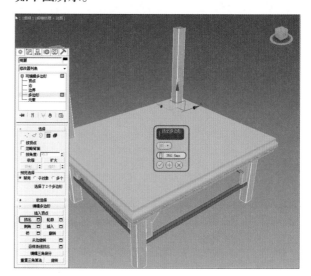

📍 提示 多边形的平滑群组问题

多边形建模有自己的平滑群组，采用这个方式建模的时候，系统经常会自动对新生成的面进行平滑，因此需要手动取消平滑群组。

03 选择其中一个【挤出】的面，在 ☑【修改】面板单击 ▢从边旋转 工具按钮右侧的□按钮，在系统弹出的浮动面板中单击 ▢▢按钮，然后选择内侧的一根水平边，保持默认的30°角度，单击两次 ⊕ 按钮，结果可得到红色的选择面旋转挤出的效果，且最后以垂直方式显示，如下图所示。

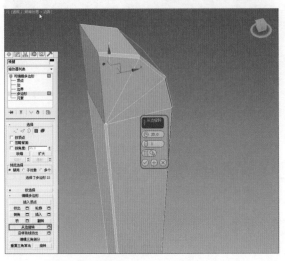

04 对另一侧的顶面也进行相同的命令操作，注意最后两个垂直的面需要是面对面、相互平行的，最后效果如下图所示。

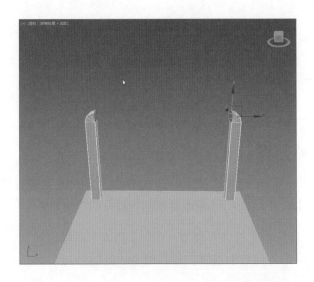

05 同时选中刚才的两个面，在 ☑【修改】面板单击 桥 工具按钮，结果两个面连在了一起，只是生成的面有自动平滑的效果，如下图所示。

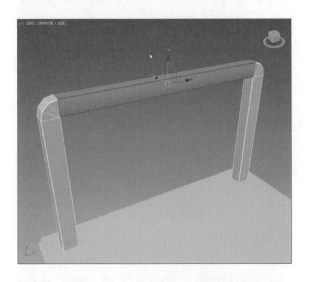

06 选中刚才接桥生成的面，在 ☑【修改】面板中展开 - 多边形:平滑组 卷展栏，单击 清除全部 按钮，如下左图所示。可以看到刚才接桥的面已经恢复正常，渲染效果如下图所示。

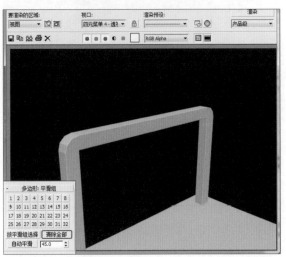

07 进入模型的 ☑【边】层级，选择倚靠模型的一周的水平边线，在 ▢面板单击 连接 命令右侧的□按钮，设置【连接边-分段】为5，单击绿色的对号，如下图所示。

08 按【W】键激活移动工具，在顶视图中沿着【Y】轴方向调整接桥面的弯曲度，注意一定要左右对称，如下图所示。

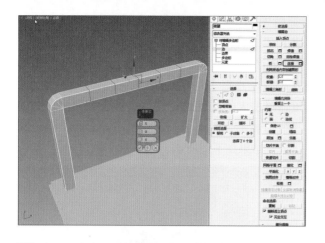

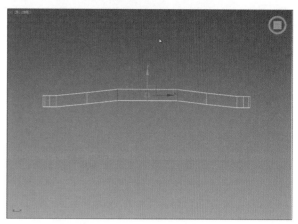

09 建立一个新的【长方体】模型，设置【长度】、【宽度】、【高度】值为341mm、126mm、10mm，设置【长度分段】为6、【宽度分段】为6、【高度分段】为1，如下图所示。

10 建立1个大的、4个小的共5个圆柱体，4个小的圆柱体的【半径】值均设置为20mm，高度随意，如下图所示。

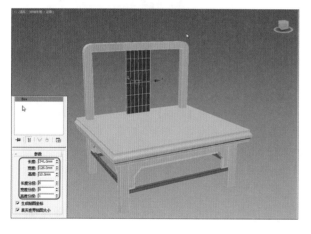

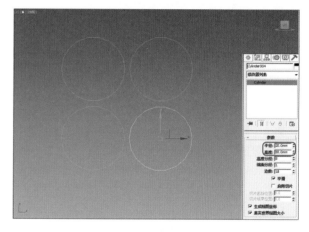

11 设置大圆柱体的【半径】值为26mm，高度比小圆柱体高一些，设置为50mm即可，如下图所示。

12 在前视图中把一个小圆柱体转换为【可编辑多边形】，然后把4个小圆柱体【附加】在一起，效果如下图所示。

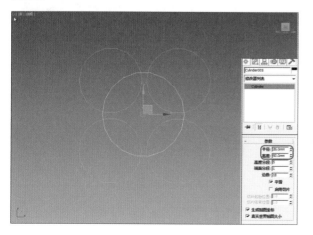

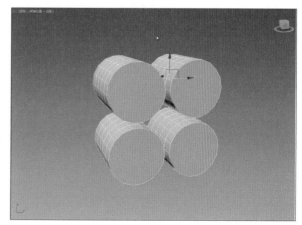

13 对4个小圆柱体和大圆柱体进行中心【对齐】操作，设置X、Y、Z三个轴向【中心–中心】对齐，如下右图所示。最后的效果如下图所示。

14 选中4个小圆柱体，在命令面板依次单击 【创建】>【几何体】>【复合对象】> 布尔 按钮，如下左图所示。在 【修改】面板设置【布尔】的方式为【并集】，再在命令面板单击 拾取操作对象B 按钮，单击大的圆柱体。然后就可以看到模型的内部结构真正合并到了一起，模型表面的颜色也统一了，结果如下图所示。

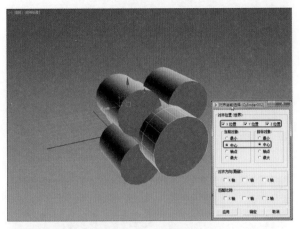

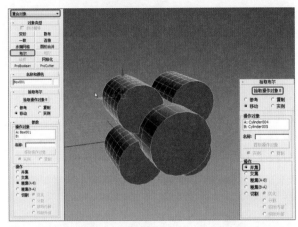

提示 关于3ds Max中的结合

3ds Max中多个物体的结合有很多种方式：群组、层、附加和布尔运算。其中【群组】是把若干个模型组成一个集体，相互之间没有真正的合并关系；【层】是把若干个物体放置到一起，几何体、图形、灯光、摄影机、辅助物体、骨骼以及粒子都可以使用层来管理，可以对一个层进行快速的【隐藏】、【冻结】等操作；【附加】是把多个物体结合成一个物体；【布尔】运算是把多个物体结合成一个物体，并且其内部结构也完全融合。

15 把布尔运算后的圆柱体和椅子靠背的长方体在三个轴向上进行【中心】对齐，效果如下图所示，【对齐】参数设置如下右图所示。

16 选择长方体单击 布尔 按钮，选择【差集（A-B）】的布尔运算模式，如下左图所示。在命令面板单击 拾取操作对象B 按钮拾取圆柱体，最后效果如下图所示。

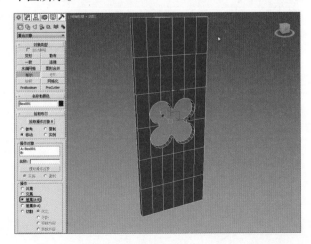

17 为模型添加一个【FFD 3×3×3】修改器，然后进入其【控制点】层级。在视图中调整控制点的位置，从而改变模型的外形，然后把模型命名为【靠背】，模型调整后的效果如右图所示。

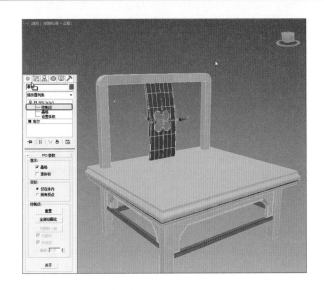

4.3.5　扶手模型的制作

　　扶手模型可以用多种方法制作：可以使用【放样】来完成，也可以直接设置样条线的可渲染属性来完成。

01 在左视图中配合键盘上的【Shift】键绘制一条水平线，如下图所示。

02 选择直线并右击，选择【细化】命令，为直线添加一个新的点，之后在顶视图中进行位置的调整和点类型的修改，修改点为【Bezier】类型，之后调整曲线的弯曲程度，如下图所示。

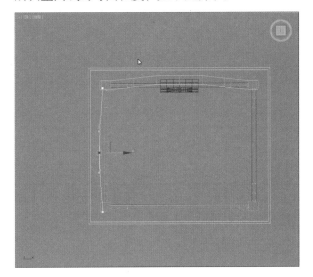

📍 提示 关于样条线可渲染的注意事项

　　3ds Max中的样条线可以设置可渲染属性，但即使表现出了三维样式，其本质仍然是二维的样条曲线，只有通过右键菜单将其转换为【可编辑网格】或者【可编辑多边形】之后，才真正变成了三维的模型。

03 选择曲线并切换到 ☑【修改】面板，展开卷展栏 ＋　　渲染　　，然后勾选【在渲染中启用】和【在视口中启用】复选框，设置【厚度】为30mm，如下左图所示。效果如下图所示。

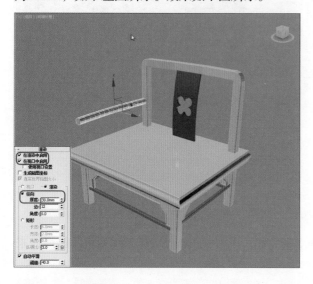

04 把模型转换为【可编辑多边形】，进入 ▣【多边形】层级，选择顶面然后进行 倒角 操作，如下左图所示。设置【倒角-高度】为10mm、【倒角-轮廓】为-5mm，如下图所示。

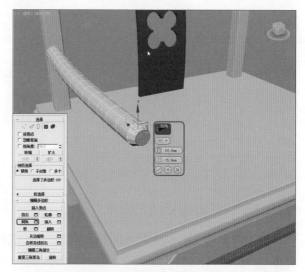

05 切换到前视图，再次绘制垂直的直线，把两个点都设置为【Bezier】类型，然后通过调整【Bezier】的控制手柄将直线变成弯曲的形状，最后把曲线复制出一个并调整好位置，如右图所示。

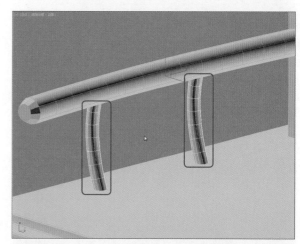

06 选择水平方向的扶手模型，选择右键快捷菜单中的【附加】命令，把两个垂直的曲线结构结合到一起，最后命名为【扶手】，如右图所示。

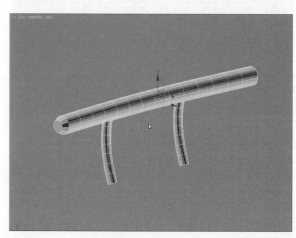

07 保持扶手模型的选择状态，在主工具栏单击  【镜像】按钮，沿着【X】轴方向进行镜像操作，并设置【偏移】为505mm，使用【复制】方式进行镜像，如下图所示。最终效果如右图所示。

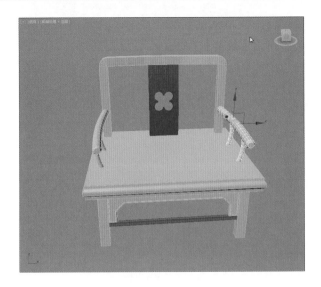

4.3.6 雕花模型的制作

中式雕花大多讲究对称，采用动植物的纹样图案，形式上优美雅致，常用于家具、窗户、瓦当等对象。本节雕花模型的制作采用简略方法，由基本矩形转换为【可编辑样条线】，然后调节顶点来完成。

01 在前视图中绘制雕花图案。首先绘制一个矩形，设置矩形【长度】和【宽度】分别为80mm、60mm，如下图所示。

02 选择矩形将其转换为【可编辑样条线】，然后进入 ▦ 【顶点】层级，调整模型相关的点到合适的位置，如下图所示。

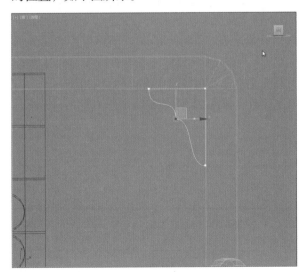

提示 中式风格与对称形式

中式风格讲究对称关系，从而显得庄重正式，上图中的雕花制作完成后需要镜像出另一侧的模型才可以实现对称的效果。

03 紧接着给做好的曲线添加一个【挤出】修改器，设置挤出【数量】为15mm，如下图所示。

04 最后单击▥【镜像】按钮对模型进行镜像操作，并调整到合适的位置，最终效果如下图所示。

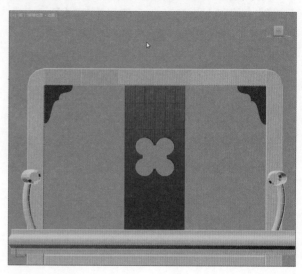

4.3.7 坐垫模型的制作

坐垫模型具有中心突出的特点，且边缘应该具有缝合的痕迹，因此用长方体进行平滑，之后提取边缘的线，然后设置可渲染属性，最后对其位置进行合适的调整就可完成。

01 按住【Ctrl】键并右击，在弹出的菜单中选择【长方体】命令，在透视视图中建立一个Box001。然后设置【长度】为380mm、【宽度】为480mm、【高度】为50mm，设置【长度分段】为5、【宽度分段】为5、【高度分段】为3，如下图所示。

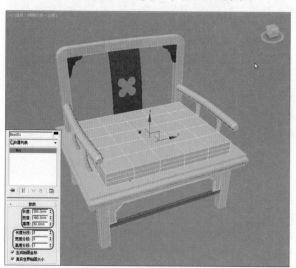

02 保持模型的选择状态，为其添加一个【涡轮平滑】修改器，设置【迭代次数】为2，如下左图所示。其最终效果如下图所示。

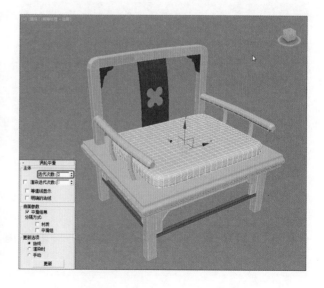

03 把模型转换为【可编辑多边形】，选择其中的一根线，在【修改】面板单击 循环 按钮，可以选中与其相连的一周的边线，如下图所示。

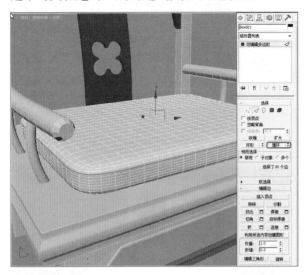

04 保持上一步骤的选择，在【修改】面板展开 编辑边 卷展栏，单击 利用所选内容创建图形 按钮，如下左图所示。系统弹出对话框，保持默认单击【确定】按钮即可，此时已经根据选择创建出了一条样条线【图形001】，如下右图所示。

05 提取出了样条线之后，选中【图形001】设置合适的可渲染属性，设置其【厚度】为3mm，如下左图所示。然后把【图形001】向下复制出一个，最后效果如下图所示。

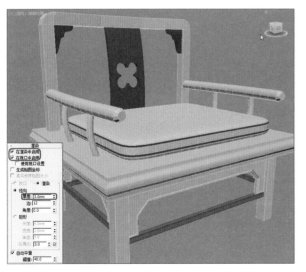

06 选择长方体模型并将其命名为【坐垫】，为其添加【FFD 4×4×4】修改器。进入【控制点】层级，选择【坐垫】中心部分的控制点，切换到透视视图中使用工具沿着【Z】轴方向向上拖动鼠标，使其凸出来，最终效果如下图所示。

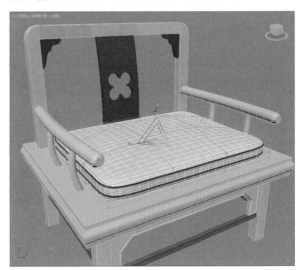

提示 关于FFD修改器的选择问题

【FFD自由变形】修改器有很多种，本例中使用了【FFD 4×4×4】修改器，用户可以根据模型的外形来灵活选择使用。

07 对所有的模型进行最后大小的调整，按【M】键打开材质编辑器，然后设置一个 Standard 类型材质【椅子】，如下图所示。设置【漫反射】为白色【R255 G255 B255】，如右上图所示。把【椅子】材质赋予全部模型，渲染透视视图查看最后的效果，如右下图所示。至此，中式座椅的建模工作完成。

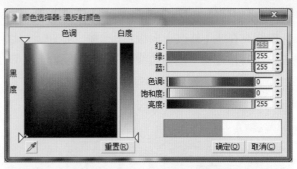

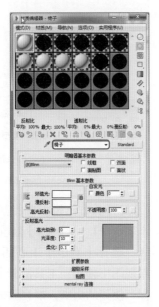

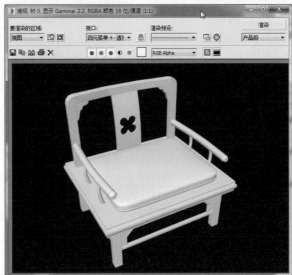

4.4 本章小结

　　本章运用了大量建模工具以及相关辅助工具来建立模型，综合性较高，可以有效训练复杂模型的建立能力。

CHAPTER 05

标准材质贴图基础

材质编辑器是3ds Max Design 2015的一个重要模块，它可以让枯燥的模型产生栩栩如生的质感，从而模拟现实中的物体，如坚硬的钢铁、柔软的布料、细腻的水流、透明的玻璃等。

制作出逼真的材质需要对现实中的物体属性和材质编辑器中的参数有一个很好的认识和理解，下图和右图是使用3ds Max制作出的真实的场景，其中材质的表现非常出色，材质编辑器的魅力被体现得淋漓尽致。

5.1 材质编辑器的简述

材质是3ds Max中一个比较独立的概念，它可以为模型的表面加入色彩、光泽和纹理，模型的材质通过材质编辑器进行设置。3ds Max Design 2015有两种材质编辑器，分别是【精简材质编辑器】和【Slate材质编辑器】。其中【Slate材质编辑器】是3ds Max Design 2011中新增的节点式材质编辑器。【精简材质编辑器】和【Slate材质编辑器】的面板对比如右图所示。

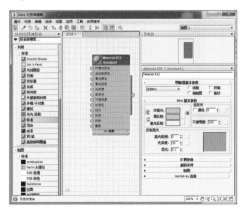

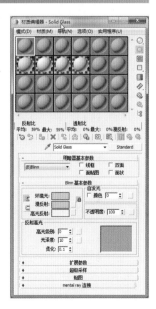

5.2 材质编辑器的功能区域划分

在3ds Max Design 2015中，【材质编辑器】的
打开方法有三种：

- 在主工具栏上用鼠标单击⬛按钮；
- 在键盘上按【M】键；
- 在菜单栏中依次选择【渲染>材质编辑器】
  命令。

【精简材质编辑器】的参数可分为两大部分：

- 上半部分为不可变动区域，包括材质样本球
  预览窗口、垂直工具栏、水平工具栏、材质
  的名称栏和材质的类型按钮；
- 下半部分为可变动区域，各个卷展栏控制了
  材质的具体参数，如右图所示。

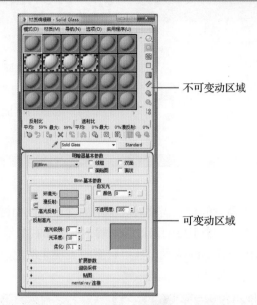

不可变动区域

可变动区域

【Slate材质编辑器】的参数可分为三大部分：

- 左边部分是【材质/贴图浏览器】区域，包括材质、贴图、控制器、场景材质、示例窗；
- 中间部分是【视图】区域，在这里可以显示材质与贴图的层级；
- 右边部分是【导航器】区域和【材质参数】区域，这里显示着材质贴图的参数，如下图所示。

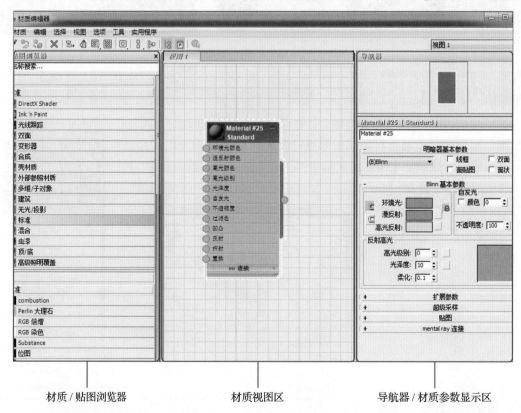

材质 / 贴图浏览器   材质视图区   导航器 / 材质参数显示区

5.3 材质和贴图的理解

在三维世界中，建立模型是基础，材质和环境的烘托是表现作品思想的重要手段，材质主要用来描述如何反射和传播光线，从而表现出对象自己独特的外观和肌理质感，如平滑、粗糙、有光泽、暗淡、发光、反射、折射、透明、半透明等，这些丰富的表面实际上取决于物体自身的物理属性。

贴图是一种将图片信息投射到一个曲面上的方法。这种方法像包装纸包裹礼品盒一样，贴图可以模拟纹理、反射、折射以及其他的效果。材质实际上包含了两个最基本的内容，即质感和纹理。质感泛指对象的基本属性，也就是常说的金属质感、玻璃质感和皮肤质感等属性，通常是由【明暗模式】来决定的；纹理是指对象表面的颜色、图案、凹凸和反射等特性，在三维软件中指的是【贴图】。

也就是说，在三维软件中可以简单地理解为：材质是由【明暗模式】和【贴图】组成的。

5.4 基础材质的综合应用——茶具组合

本案例学习的内容知识点比较多，建议大家一定要熟练掌握这些知识点，本案例的最终效果如下图所示。

制作思路
学习建立标准类型材质，然后在相关贴图通道加入贴图，体会不同的通道属性和贴图效果。

学习目的
1. 了解和使用【材质编辑器】
2. 学习什么是材质，什么是贴图
3. 学习标准材质的常用参数
4. 学习【位图】和基本程序贴图的使用方法

5.4.1 材质编辑器的切换

通过本案例对材质编辑器的实战讲解，可以让读者很快学会材质编辑器中工具按钮的使用方法，了解陶瓷、抛光木材、书本等各种材质的属性特征。

01 打开本书配套光盘中的【基础材质训练-初始.max】场景，如右图所示。可以看到，本场景中的摄影机和灯光已经设置好，其中聚光灯【Spot01】处于开启状态，而【天光】灯已经关闭了，因为现在开启天光会影响渲染速度，可暂时先关闭，等场景在最后渲染大图时再开启。

02 单击主工具栏上的 按钮或按【M】键打开材质编辑器，如下图所示。

03 在材质编辑器上执行【模式>精简材质编辑器】命令，切换后效果如下图所示。

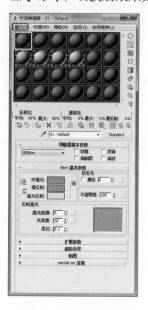

04 选择材质编辑器中的第一个材质球，它的周围会显示出白色的边框，表示当前材质正处于编辑状态，如下图所示。

05 在材质编辑器的中央位置，【吸管】工具右侧显示着当前材质的名称以及材质类型，如下图所示。

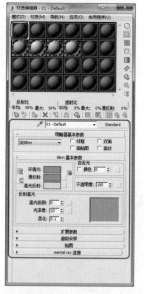

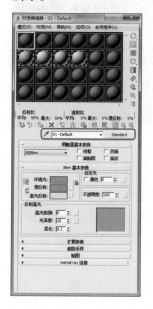

📍 提示 关于节点式编辑的问题

节点式编辑是当前流行的一种编辑方式，3ds Max在一些模块也开始采用这种方式，如【材质编辑器】和【PF粒子流】，而大名鼎鼎的后期合成软件NUKE相对于After Effects来说更是明显地采用节点式编辑，相对传统的编辑模式，节点式编辑往往更加清晰直观。

5.4.2　陶瓷罐子材质的制作

在制作罐子材质之前，首先对罐子材质进行分析。罐子的种类非常多，比如土沙的、陶瓷的、玻璃的等等，其工艺做法都是不一样的，本案例要制作的是一个陶瓷材质的罐子，常见陶瓷罐子的特征有：带花纹图案、纯色、色彩亮丽、表面光滑等。制作完成的陶瓷罐子效果如下图所示。

02 打开 Blinn 基本参数 卷展栏，设置【高光级别】为20、【光泽度】为50，如右图❶所示。

📍 提示 【高光级别】和【光泽度】命令解析

> 高光级别：控制材质的高光强度，其值越大高光越强，反之值越小高光越弱。
> 光泽度：用于控制高光的范围，数值越大，高光的范围越大。

03 单击【漫反射】右侧的▭按钮，在系统弹出的【材质/贴图浏览器】对话框中选择添加一张【混合】贴图，如右图❷所示。

📍 提示 【混合贴图】命令解析

> 【混合贴图】是将两种不同颜色或者两种不同贴图混合到一起，可以通过【混合量】控制两种颜色或者两种贴图的比例，也可以通过【遮罩】贴图控制两种颜色或者两种贴图的显示比例。

01 选择第一个铂材质球，将默认名称改为【罐子01】，在视图中选择【罐子01】物体，在材质编辑器中单击🖼【将材质指定给选定对象】按钮，此时，材质球的四周出现了白色三角符号，场景中的【罐子01】模型变成了灰色，这说明此材质已成功赋予场景中的物体，如下图所示。

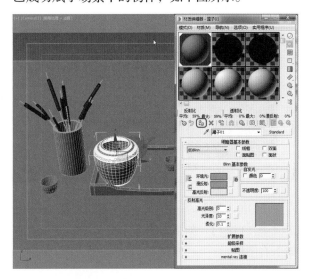

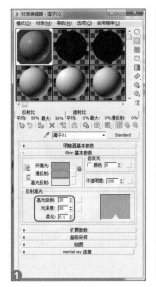

04 将【混合】贴图的【颜色#1】设置成纯白色【R255 G255 B255】，如下图所示。

05 在【颜色#2】通道中添加一张位图贴图【图案01-彩色.jpg】，如下左图所示。贴图的图片内容如下右图所示。

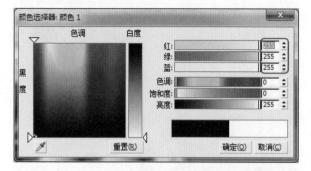

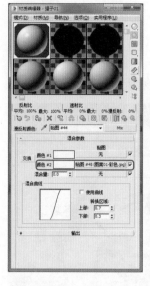

06 在【混合量】的通道中添加一张位图贴图【图案01-黑白.jpg】，如下左图所示。贴图的图片内容如下右图所示。

07 单击【转到父对象】按钮回到材质编辑器的顶层级，展开——————贴图————
卷展栏，在【反射】通道中添加一张【光线跟踪】贴图，设置贴图强度为30，如下图所示。

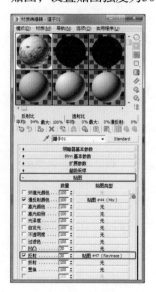

⑨ 提示 【反射】通道和【光线跟踪】贴图

【反射】通道是提供物体表面有反射效果的一个贴图通道，通过贴图按钮前的数值可以控制反射的强与弱。
【光线跟踪】贴图是指在【默认扫描线渲染器】中能让物体有反射效果的一张贴图，这个贴图同样可以制作出玻璃的折射效果。

08 选择场景中【罐子01】模型，在 【修改】面板的【修改器列表】中为模型添加一个【UVW 贴图】修改器，取消对【真实世界贴图大小】复选框的勾选，将默认【平面】贴图方式更改成【柱形】方式，设置【对齐】为【X】轴，如右图所示。

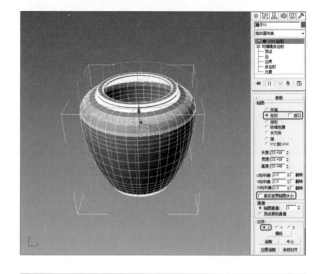

09 按【C】键进入摄影机视图，按【F9】键进行渲染操作，效果如右图所示。观察效果可以发现，罐子表面的贴图有些拉伸，要解决这个问题，首先要打开材质编辑器，进入【罐子01】材质【漫反射】通道中，如右图所示。

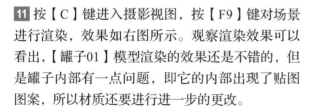

10 在【混合】贴图的【颜色#2】贴图通道中单击 【在视口中显示明暗处理材质】图标，这样方便对场景物体贴图进行修改，将【U】轴向的【瓷砖】设置为2，如下图所示。对【混合量】通道中的贴图进行同样设置，如下右图所示。

11 按【C】键进入摄影视图，按【F9】键对场景进行渲染，效果如右图所示。观察渲染效果可以看出，【罐子01】模型渲染的效果还是不错的，但是罐子内部有一点问题，即它的内部出现了贴图图案，所以材质还要进行进一步的更改。

12 在场景中选择【罐子01】模型，进入模型的 ▣ 【多边形】层级，选择模型内部所有的面，然后展开 - 多边形: 材质 ID 卷展栏，设置内部所有面的【设置ID】为2，如右图所示。

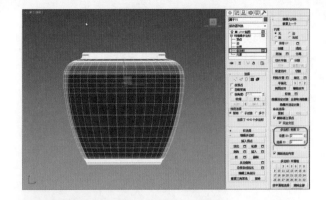

13 保持当前内部面的选择，选择【编辑>反选】命令，此时系统会选择剩余的面，然后在 多边形: 材质 ID 卷展栏中设置【设置ID】为1，如右图所示。

📍 提示 【反选】命令解析

【反选】是指反向选择，即选择当前没有被选择的物体或物体内部元素，快捷键是【Crtl+I】。

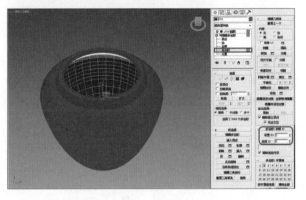

14 按【M】键打开材质编辑器，选择【罐子01】材质，单击 Standard 【标准材质】按钮，如下左图所示。在弹出的【材质/贴图浏览器】对话框中找到【多维/子对象】材质，然后单击"确定"按钮，如下右图所示。

15 在弹出的对话框中选择【将旧材质保存为子材质】，然后单击"确定"按钮，如下图❶所示。单击 设置数量 按钮，将【材质数量】设置为2，如下图❷所示。【罐子01】模型设置了2个ID号，所以在这里设置2个子材质就够了，如下图❸所示。

16 进入2号材质通道，设置一个 [　Standard　] 材质，如右图❶所示。将【漫反射】颜色设置为纯白色【R255 G255 B255】，如右图❷所示。展开 [　贴图　] 卷展栏找到【反射】贴图通道，在【反射】通道中添加一张【光线跟踪】贴图，并设置贴图强度值为30，如右图❸所示。

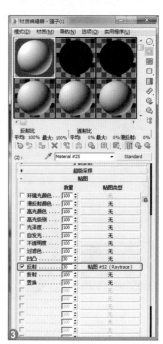

17 按【F9】键渲染场景，观察渲染后的效果，发现【罐子01】内部的贴图消失了，如右图所示。

18 在场景中选择【罐子02】模型，进入模型的■【多边形】层级，选择模型内部的所有多边形面，再在 [　多边形: 材质 ID　] 卷展栏中将【设置ID】设置为2，如下左图所示。按【Ctrl+I】组合键进行反向选择，把选中的面ID号设置为1，如下右图所示。

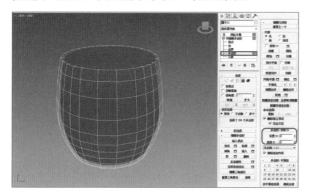

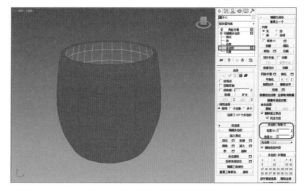

19 打开材质编辑器，将【罐子01】材质拖动到第二个空白材质球上，再将材质名称改为【罐子02】，如下左图所示。然后将材质赋予场景中的【罐子02】模型，如下图所示。

20 为【罐子02】模型添加【UVW 贴图】修改器，参数设置如下左图所示。调整后贴图效果如下图所示。

21 单击【罐子02】材质的1号材质，进入【漫反射】通道的【混合贴图】层级中。更换【颜色#2】通道贴图为【图案03-彩色.jpg】，再将【混合量】通道中的贴图更换为【图案03-黑白.jpg】，如右图所示。

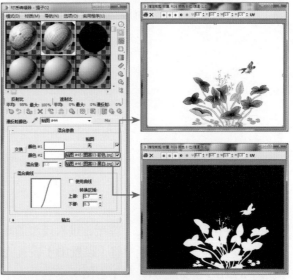

22 按【F9】键渲染摄影机视图，效果如右图所示。

23 将【罐子02】材质再次复制一个，更改名称为【装饰筒】，如下左图所示。把材质赋予场景中的【装饰筒】模型。选择场景中的【装饰筒】模型，进入■【多边形】层级，进行编辑ID号的操作，操作方法和【罐子01】、【罐子02】两个模型一样，如下右图所示。

24 进入【装饰筒】材质的1号子材质，再进入【漫反射】通道的【混合贴图】层级中，更换【颜色#2】通道贴图为【图案02-彩色.jpg】，再将【混合量】通道中的贴图更改为【图案02-黑白.jpg】，如下图所示。

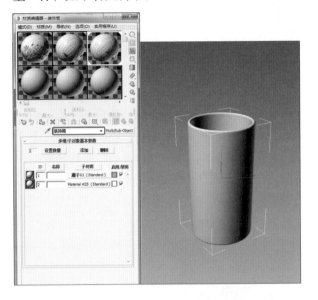

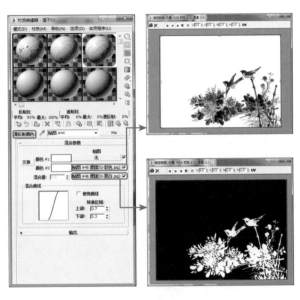

25 选择场景中的【装饰筒】模型，在 【修改】面板【修改器列表】中为模型添加一个【UVW 贴图】修改器，将默认【平面】方式改成【柱形】方式，设置【对齐】为【X】轴，再单击 适配 按钮让贴图与模型大小进行匹配，如下图所示。

26 按【F9】键渲染摄影机视图，观察渲染后的效果，可以看到此时的效果已经非常不错了，如下图所示。

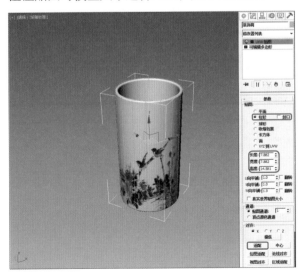

5.4.3 茶盘材质的制作

本案例中的茶盘材质是木质的，茶盘的表面略显光滑，有轻微的反射效果，如右图所示。

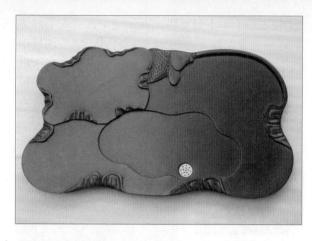

01 选择场景中的【茶盘】模型，如下图❶所示。按【M】键打开材质编辑器，将第4个空白材质样本球赋予【茶盘】模型，之后将材质名称更改为【茶盘】，如下图❷所示。

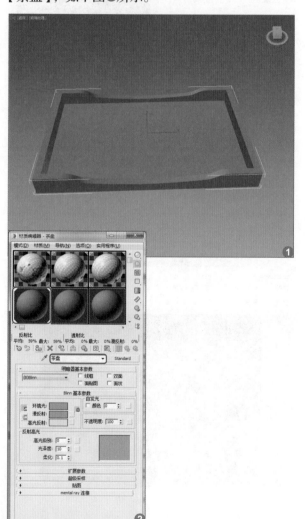

02 在【漫反射】通道中添加一张位图【wood-08.jpg】，如下图❶所示。将U、V两个方向的【瓷砖】数值都改成1，如下图❷所示。回到材质的顶层级调节【高光级别】为60、【光泽度】为35，如下图❸所示。

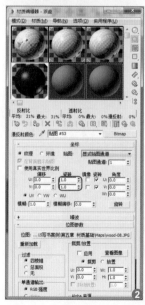

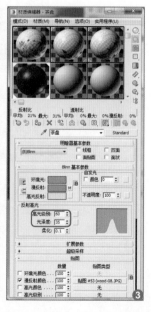

03 展开材质编辑器中的

卷展栏，在【反射】通道中添加一张【衰减】贴图，并设置【反射】通道贴图强度为30，如下左图所示。在【衰减】贴图的【侧衰减】通道中添加一张【光线跟踪】贴图，如下右图所示。

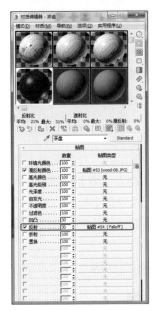 

04 将【光线跟踪】贴图中的【背景】颜色更改成浅蓝色【R177 G192 B231】，如下左图所示。这样物体远处的反射色调会微微偏冷，【背景】颜色位置如下右图所示。

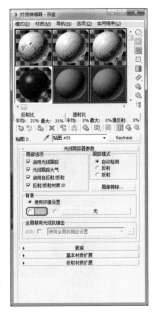

提示 【衰减】贴图解析

【衰减】贴图是3ds Max Design 2015中非常重要的一个程序贴图，可以有效表现出物体表面素描关系的变化，其主要参数如下图所示。

- 前颜色：默认为黑色，控制与摄影机视线相垂直区域的颜色。
- 侧颜色：默认为白色，控制与摄影机视线成夹角区域的颜色。
- 衰减类型：控制【前颜色】和【侧颜色】在物体表面的分布区域，默认为【垂直/平行】类型。
- 衰减方向：控制【前颜色】和【侧颜色】的计算方式，默认为【查看方向（摄影机Z轴）】方向。

05 在摄影机视图中渲染场景，观察渲染后的效果，如下图所示。

5.4.4 茶壶、茶杯材质的制作

本场景茶壶和茶杯材质是紫砂，偏暗棕色，在制作时一定要让茶壶的表面富有层次感，远近要有虚实变化。紫砂壶的照片如右图所示。

01 在材质编辑器中选择第5个空白材质球，更改名称为【茶壶和茶杯】，设置【高光级别】为51、【光泽度】为48，如下左图所示。在【漫反射】通道中添加一张【衰减】贴图，设置【衰减】贴图的【前衰减】颜色为熟褐色【R25 G18 B14】、【侧衰减】颜色为浅一些的熟褐色【R48 G38 B32】，如下右图所示。

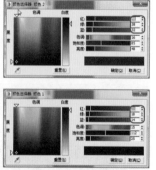

02 展开 贴图 卷展栏，在【凹凸】通道中添加一张【噪波】程序贴图，如下图❶所示。在【噪波】贴图层级中展开 噪波参数 卷展栏，把【大小】改成2，如下图❷所示。为【反射】通道添加一张【衰减】贴图，在【衰减】贴图的【侧衰减】通道中添加一张【光线跟踪】贴图，如下图❸所示。再设置反射通道贴图强度为25，如下图❹所示。

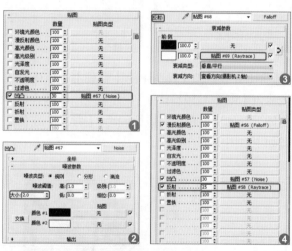

03 在场景中选择茶壶和所有茶杯的模型，为其赋予制作好材质，然后渲染摄影机视图，可以看到效果如右图所示。

5.4.5　书本材质的制作

书本的封面都是比较光滑的，表面有一层很薄的塑料膜，致使表面有一点点反射效果，材质制作完成后一定要给模型添加一个【VUW贴图】修改器并设置合适的贴图坐标。常见的书籍效果如右图所示。

01 打开材质编辑器，选中第6个空白材质球，更改名称为【书01】，赋予场景中的第一本书，设置【高光级别】为26、【光泽度】为10，如右图❶所示。在漫反射通道中添加一张贴图【12.jpg】，在 坐标 卷展栏中设置U、V方向的【瓷砖】值都为1，如下图所示。在反射通道中添加一张【光线跟踪】贴图，并设置贴图强度为5，如右图❷所示。

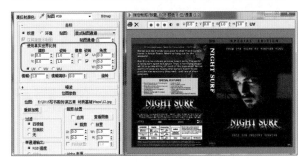

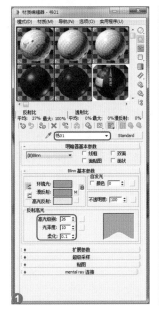

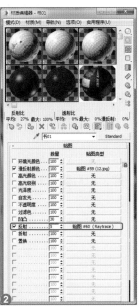

02 选择【书01】模型并为其添加一个【UVW贴图】修改器，修改贴图方式为【长方体】，设置【长度】为6.73、【宽度】为8.594、【高度】为4.954，如右图所示。

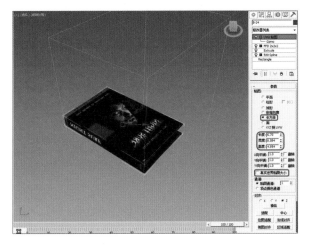

03 将刚刚做好的材质复制一个，更改名称为【书02】，赋予场景中的第二本书，如右图❶所示。在【漫反射】通道更换书皮贴图，如右图❷所示。【书02】材质的【UVW贴图】修改器参数和【书01】的保持一样，如下图所示。

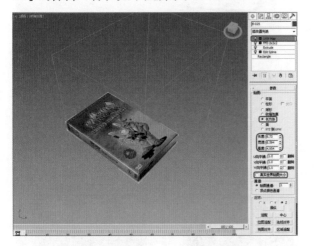

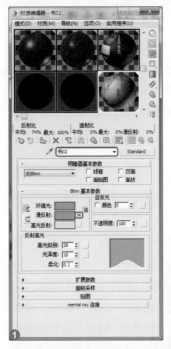

04 再次复制【书02】材质，将名称更改为【书03】，赋予场景中的第三本书，并在【漫反射】通道中更换书皮贴图，其他参数保持不变，【书03】材质的【UVW贴图】修改器参数和前面两本书的一样，最后效果如右图所示。

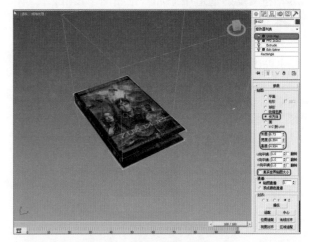

05 按【F9】键渲染摄影机视图，得到的效果如右图所示。

5.4.6　制作芦苇杆、芦苇穗材质

芦苇杆、芦苇穗的材质比较简单，因其表面反射效果很弱，所以在本场景中就不需要添加任何的反射效果了，这样也会加快渲染速度。芦苇的真实照片如右图所示。

01 选择场景中的【芦苇杆】模型，在材质编辑器中找到一个空白材质球赋予模型，材质名称更改为【芦苇杆】，设置【漫反射】颜色为暗黄色【R124 G109 B63】，再设置【高光级别】为26、【光泽度】为10，如右图所示。

02 选择一个新的空白材质球，将材质名称更改为【芦苇穗】，并赋予场景中的【芦苇穗】模型，再设置【高光级别】为26、【光泽度】为10，如右图❶所示。在【漫反射】通道中添加一张【衰减】贴图，设置【衰减】贴图的【前衰减】为黄褐色【R158 G108 B44】，如右图❷所示；设置【侧衰减】为淡黄色【R248 G223 B195】，如右图❸所示。

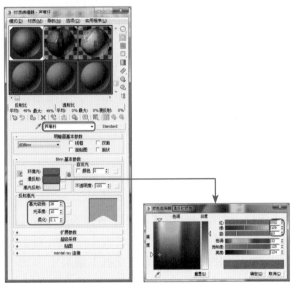

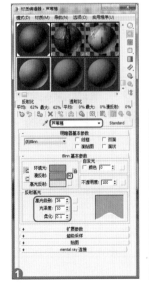

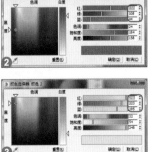

03 展开 贴图 卷展栏，在【凹凸】通道中添加一张木纹【wood-08.jpg】贴图，设置贴图强度为60，如右图❶所示。设置贴图U、V方向的【瓷砖】都为1，如右图❷所示。按【F9】键渲染摄影机视图，效果如右图❸所示。

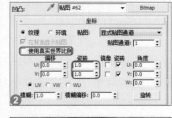

5.4.7 桌布材质的制作

本场景桌布材质是在【漫反射】和【凹凸】通道中各添加一张贴图，然后加入【UVW贴图】修改器并设置好贴图尺寸来实现，右图所示是一张普通的桌布。

01 选择一个空白材质球，更改名称为【桌面】，将材质赋予【桌面】模型，设置【高光级别】为20，如下左图所示。在【漫反射】通道中添加一张布料贴图【093.jpg】，设置U、V方向的【瓷砖】值都为1，如下中图所示。再将【漫反射】通道中的贴图复制到【凹凸】通道中，设置贴图强度为50，如下右图所示。

02 为【桌面】模型添加一个【UVW贴图】修改器，保持默认的【平面】贴图方式，设置【长度】和【宽度】均为100，如下图所示。

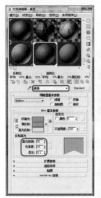

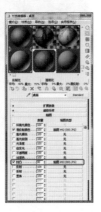

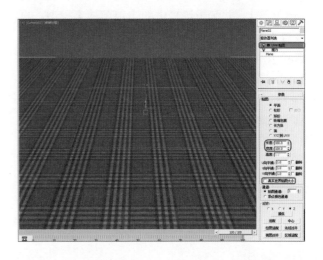

03 将之前关闭的【天光】开启，由于场景的灯光已被隐藏，按【Shift+L】组合键恢复灯光显示，设置天光的【倍增】为0.2，如下图所示。

04 按【F9】键渲染摄影机视图，观察渲染后的效果，如下图所示。

5.4.8　渲染最终场景

在【渲染设置】窗口中可以设置图像的精度、尺寸等，使最后渲染出来的图像更清晰，质量更好。

01 按【F10】键打开【渲染设置】窗口，在【公用】选项卡中设置大图的尺寸，设置【宽度】为2000、【高度】为1500，如下左图所示。在【渲染器】选项卡中勾选【启用全局超级采样器】复选框，设置采样器为【Max 2.5星】；勾选【抗锯齿】复选框，设置【过滤器】为【Catmull-Rom】模式，如下右图所示。

02 进入【高级照明】选项卡，设置【光线/采样】为800，如下左图所示。进入【光线跟踪器】选项卡，启用【全局光线抗锯齿器】，并选择【快速自适应抗锯齿器】选项，如下右图所示。

03 渲染摄影机视图，此时渲染时间是比较漫长的，大图渲染后的最终效果如右图所示。

5.4 本章小结

本章主要对一些常见的材质进行了详细的讲解，涉及到基础材质、程序贴图和硬盘贴图的综合运用。本章实例虽是一个简单的小场景，却蕴含了很多实用性的技术，希望读者能够熟练掌握这些材质的制作方法，以对将来的学习奠定基础。

CHAPTER 06

VRay渲染器和VRay材质

【默认扫描线渲染器】是3ds Max软件使用的原配渲染器，由于该渲染器在3ds Max 5版本之前没有自动的全局光照计算，因此在场景中建立灯光就是一件非常费事的过程。这一尴尬情况直到VRay渲染器的普及才得到有效解决。

6.1 VRay渲染器简介

VRay渲染器是由Chaos Group和ASGvis公司出品，在中国由曼恒公司负责推广的一款高质量渲染软件，3ds Max Design 2014对应V-Ray Adv 2.00以上版本，3ds Max Design 2015对应V-Ray Adv 3.00以上版本，VRay的一些版本和渲染效果如下图所示。

安装成功之后，VRay会在3ds Max Design 2015中的一些位置里留下痕迹，具体介绍如下。

1. 渲染设置窗口

在【渲染设置】窗口中VRay提供了三个选项卡，分别是【V-Ray】、【GI】、【设置】，每一个选项卡有若干个卷展栏，各自负责不同的功能，分别如下左图、下中图、下右图所示。

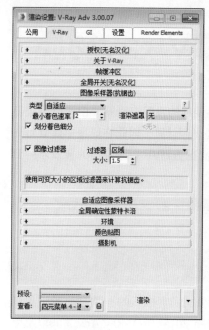
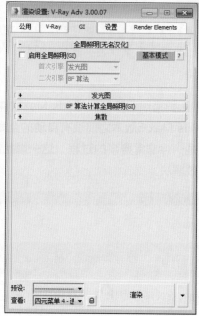
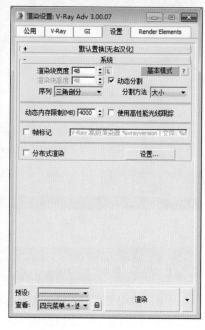

2. 材质编辑器

在材质编辑器中，VRay提供了19种材质类型和26种贴图类型，用来制作各式各样的真实材质，如下图所示。

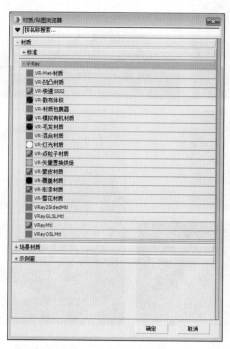
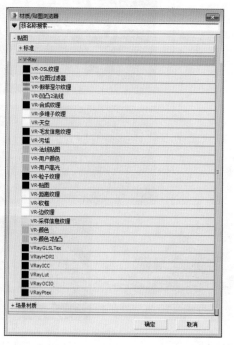

3. 创建命令面板

在 【创建】命令面板中，VRay提供了【VR-代理】、【VR-剪裁器】、【VR-毛皮】、【VR-变形球】、【VR-平面】、【VR-球体】6种类型的物体，这些物体可以极大地方便用户在一些建模上和场景优化上的操作，如下左图所示。下右图所示的数量众多的树木就是使用【VR-代理】来完成的。

4. 灯光类型

　　VRay提供了4种灯光类型，分别是【VR-灯光】、【VRayIES】、【VR-环境灯光】、【VR-太阳】，这些灯光可以产生真实的光影效果，如下左图所示。下右图所示的客厅效果图是使用了【VR-太阳】的渲染效果。

5. VRay修改器

　　VRay提供了两种修改器，分别是【VR-毛发农场模式】和【VR-置换模式】，如下左图所示。下右图所示的客厅效果图中的地毯是使用【VR-毛发农场模式】修改器的渲染效果。

6. VRay大气效果

VRay提供了3种类型的大气效果，分别是【VR-环境雾】、【VR-球形褪光】和【VR-卡通】，如下左图所示。在处理大场景的时候可以使用前两个大气效果来模拟真实的自然效果，而使用【VR-卡通】则可以渲染出平面的卡通效果图，其效果如下中图所示。

7. VRay特效

VRay只提供了【VR-镜头效果】一种特效，在"添加效果"对话框中可以看到该效果选项，如下右图所示。

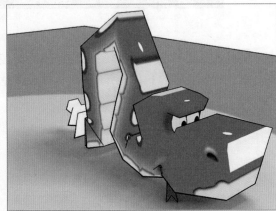

6.2 Slate材质编辑器

【Slate材质编辑器】是3ds Max 2011版本中新增的节点样式材质编辑器，使用起来更加方便灵活，有效克服了传统材质编辑器只能同时显示24个材质样本球的弊病。本章中我们将使用【Slate材质编辑器】来制作场景材质，在编辑复杂场景时这种编辑器有着不可替代的直观显示作用，【Slate材质编辑器】的界面如下图所示。

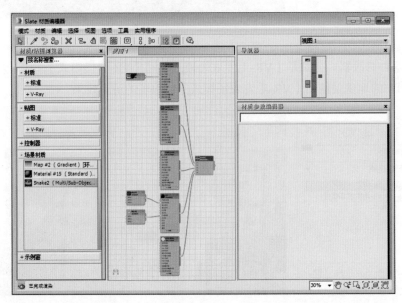

6.3　为模型瓦力创建材质并渲染

　　小机器人瓦力是2008年的电影《机器人总动员》的虚拟主角，故事讲述了地球上的清扫型机器人瓦力爱上了女机器人伊芙后，跟随她进入太空历险的故事，其形象朴实可爱，深受观众的欢迎。下面的例子我们来学习制作瓦力的材质以及使用【VRay Adv 3.00.07】进行照片级别的渲染，下图是瓦力的玩具效果和卡通效果。

　　下图是使用3ds Max Design 2015配合【VRay Adv 3.00.07】渲染出来的场景的一些角度。

制作思路

首先逐个制作材质，然后制作草地，添加背景反射环境，最后整体进行【GI】渲染。

学习目的

1. 深入学习VRay材质的使用
2. 深入学习各种贴图的使用
3. 学习VRay毛发系统的使用
4. 学习背景环境的使用

6.3.1　切换为VRay Adv 3.00.07渲染器工作环境

　　3ds Max Design 2015默认的渲染器为【NVIDIA Mental Ray】渲染器，本场景的默认渲染器为【默认扫描线渲染器】，在进行材质灯光设置之前，需要把渲染器切换为【VRay Adv 3.00.07】。

01 打开配套光盘中的【瓦力-初始.max】文件，可见摄影机角度已经确立好，打开材质编辑器可以看到有一个名叫test的灰色材质，如下图所示。当前的渲染器为【NVIDIA Mental Ray】。

02 在材质编辑器的菜单栏中选择【模式>Slate材质编辑器】命令，把材质编辑器切换为Slate材质编辑器，如下图所示。

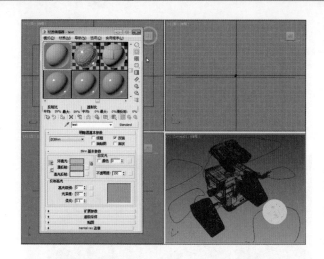

03 在材质编辑器左侧的【材质/贴图浏览器】中展开 - 场景材质 卷展栏，可以看到场景中当前惟一的材质【test】以及一些【NVIDIA Mental Ray】渲染器的默认材质，如下图所示。

04 按【F10】键打开【渲染设置】窗口，在【公用】选项卡中展开 指定渲染器 卷展栏，单击【选择渲染器】按钮，在弹出的对话框中双击【VRay Adv 3.00.07】渲染器，这样就完成了渲染器的切换，如下图所示。

6.3.2 灯光照明的建立

本案例是一个阳光的效果，因此使用【VR-太阳】来建立太阳光，这个灯光可以成就真实的阳光感觉，配合VRay计算引擎兼容性也更加完美。

01 在命令面板依次单击 【创建】>【灯光】> VRay ▼ > VR-太阳 按钮，在顶视图中创建一个【VR-太阳】，系统弹出对话框询问是否添加一张【VR-天空】贴图到环境面板中，单击【是】即可，如下图所示，然后激活移动工具，按【F12】键，在弹出的对话框中设置太阳光的坐标为【X：5404.462 Y：-3512.994 Z：3583.003】、太阳光目标点坐标为【X：51.216 Y：-103.164 Z：0】，如右图所示。

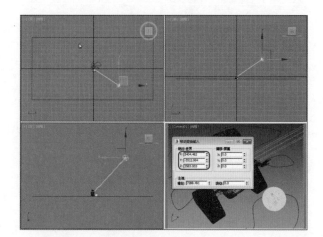

提示 【VR-太阳】参数详解

【VR-太阳】是VRay Adv 3.00.07渲染器自带的一款效果非常真实的太阳灯光，从VRay 1.48版本开始出现，经常与【VR-天空】贴图关联在一起使用，能使场景产生真实的白天阳光照明效果。用户可以通过控制【VR-太阳】灯的位置，来控制不同时段光线对空间的影响。【VR-太阳】的参数如右图❶所示，【VR-天空】贴图的参数如右图❷所示。

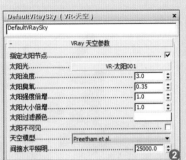

- 启用：控制VR太阳光的开启与关闭，勾选时是开启。
- 不可见：控制VR太阳光是否可以渲染出来，勾选该选项就渲染不出来，但即使渲染不出来也不会影响太阳光的照明效果。

- 影响漫反射：控制VR太阳光是否会照射到模型的材质漫反射部位。
- 影响高光：控制VR太阳光是否会照射到模型的材质高光部位。
- 投射大气阴影：配合3ds Max场景中的大气效果一起使用，勾选该选项可使VRay和3ds Max的兼容性更完美。
- 浊度：大气的混沌度数值越高，图像越偏冷，右图❶所示图像的浊度为2，右图❷所示的图像浊度为10，可看到右图的图像明显色调偏冷，且阳光效果不明显。

- 臭氧：控制空气中臭氧的含量，从而影响图像的冷暖色调，数值越大图像越冷，数值越小图像越暖。
- 强度倍增：控制VR太阳光的照射强度，数值越大，阳光越亮。
- 大小倍增：控制VR太阳光的尺寸大小，数值越大，太阳光投影虚边就越明显，右图❶所示图像的大小倍增为1，右图❷的大小倍增为8，可以明显看到投影的虚化。
- 过滤颜色：控制VR太阳光的颜色，允许用户自由设置其色彩。

- 颜色模式：系统提供3种太阳的颜色模型，分别以3种不同的计算方式来计算太阳光。
- 阴影细分：当VR太阳光投影有虚边的时候，会有投影的颗粒感，提高这个参数值可以有效平滑投影，使其更真实，但与此同时会增加渲染计算时间。
- 阴影偏移：控制阴影的位置，设置这个数值可以让阴影偏移原始位置。
- 光子发射半径：对VRay太阳本身大小范围的控制，对光线照射的效果影响不大。
- 天空模型：设置了3种天光的模式，可分别渲染出不同的天空色彩。
- 间接水平照明：只有把天空模型切换为【CIE清晰】和【CIE阴天】的时候才可激活，控制天空的亮度和色相。

02 选择【VR-太阳】，然后设置【强度倍增】为0.02，如下右图所示。渲染摄影机视图可以看到最后的效果，如下图所示。

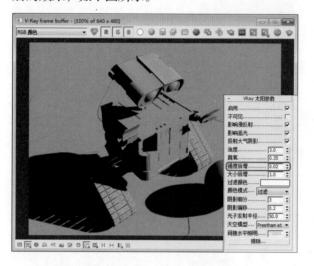

📍 **提示** VRay Adv 3.00.07帧缓存

VRay Adv 3.00.07渲染器默认开启了【帧缓存】窗口，这样渲染的时候弹出的不是3ds Max默认的渲染窗口，而是VRay Adv 3.00.07自己的渲染窗口，控制开关的位置如下图所示。

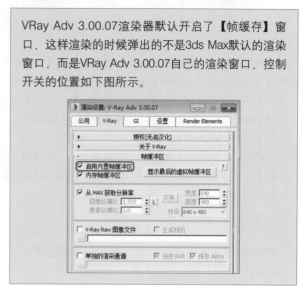

6.3.3 间接光照的开启

间接光照可以让场景的暗部产生真实的反光计算效果，通常在CG行业内也称为【全局照明】，英文名称为Globle Illumination，简称为GI。VRay Adv 3.00.07提供了优秀的GI计算引擎，可以产生细腻的全局照明效果。

01 按【F10】键打开【渲染设置】窗口，进入【GI】选项卡，勾选【启用全局照明】选项，如下图所示。

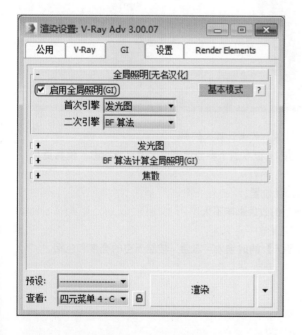

02 展开 - 发光图 卷展栏，设置【当前预设】为自定义，设置【最小速率】和【最大速率】都为-4，再设置【细分】为20，如下图所示。

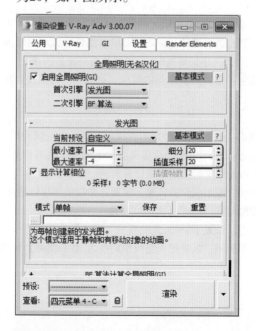

📍 **提示** 发光图的概念及其常用参数意义

【发光图】是VRay Adv 3.00.07渲染器提供的一种强有力的GI计算引擎，通常作为全局照明的【首次引擎】而使用，如右上图所示。发光图的参数比较多，可以控制GI计算时的精度、色彩等等，如右下图所示。

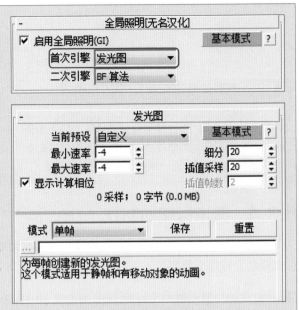

- 当前预设：VRay提供了几种常用的预设模式，可以选择不同质量的发光图，当模式不同的时候，下面的【基本参数】组中的参数都会发生变化，如果选择【自定义】模式，就需要手动设置合适的参数。
- 最小速率：设置全局照明中初次传递所使用的采样比率，0指一个像素采样一次，-1指两个像素采样一次。
- 最大速率：设置全局照明中最终传递使用的采样比率，其含义和最小速率相同。
- 细分：场景中某一点收到光线照射之后，要产生二次反射，二次反射的光线会以这一点为中心，在其四周产生一定数量的半球状光线，因此这个参数用来控制半球内反射光线的数量。
- 插值采样：控制场景中插值计算间接照明样本的数目，可以产生一定的图像模糊效果，但要注意，如果数值太大会损失一定的细节。
- 显示计算相位：在系统计算GI的过程中以马赛克方式在帧缓存窗口中显示出光线分布。

03 展开- 图像采样器(抗锯齿) 卷展栏，设置图像采样器类型为【固定】，然后关闭【图像过滤器】，这样可以提高渲染速度，如下图所示。

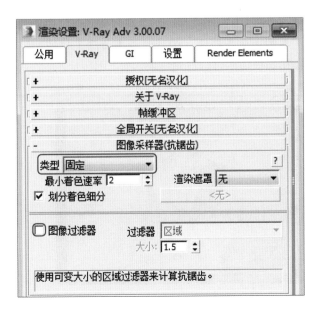

04 展开- 系统 卷展栏，勾选【帧标记】复选框并在其后文本框中设置仅显示VRay版本信息和渲染时间，这样可以在渲染好的图像中显示出渲染时间；取消勾选【显示消息日志窗口】复选框，这样可以不弹出渲染信息日志窗口，如下图所示。

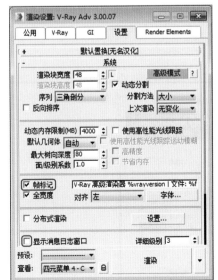

05 在主工具栏上单击 按钮渲染摄影机视图，可以看到真实的光照效果，如右图所示。

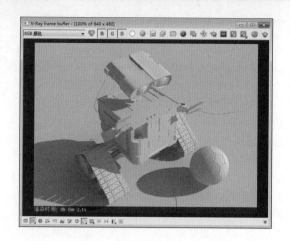

📍 **提示** 色彩关系在效果图中的重要性

观察此时的图像，瓦力模型的亮部呈现太阳光的暖色，而暗部则是天光的冷色，一张效果图只有存在冷暖对比才会精彩，这一原则请读者一定要谨记。

6.3.4 黄漆材质的制作

瓦力身体的金属外壳刷了黄色的漆，表面光滑有反射且有噪波纹理，使用VRay提供的 VRayMtl 材质可以轻松完成这个效果。

01 在材质编辑器左侧的【材质/贴图浏览器】中拖动一个【VRayMtl】到【视图1】窗口中，双击材质，此时右侧窗口里显示其参数，修改材质的名称为【黄漆】，如右图所示。

02 修改【黄漆】材质的【漫反射】颜色为深黄色【R143 G67 B0】，如下图所示。

03 在场景中选择模型，然后在材质编辑器中单击工具栏上的 按钮，为其赋予【黄漆】材质，渲染摄影机视图可以看到结果，如下图所示。

04 在材质编辑器中双击球体的缩略图，小球体会变成大球体，再次双击会重新变为小球体样式，大球体时可以看得更清楚。为反射通道加入【衰减】贴图，取消勾选【菲涅耳反射】复选框，如下图所示。

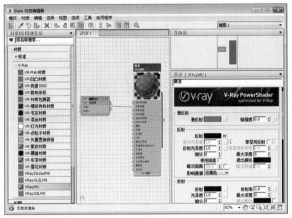

05 进入【衰减】贴图层级，设置【衰减】贴图的第一个颜色为10灰度【R10 G10 B10】、第二个颜色为125灰度【R125 G125 B125】，如下图所示。

提示　【衰减】贴图解析

【衰减】贴图根据摄影机角度的不同可以让物体表面有一种虚实的变化，类似近实远虚的效果。与摄影机角度越接近垂直的地方越体现下图中的黑色以及右侧通道中的贴图；与摄影机角度越成夹角的地方越体现下图中的白色以及右侧通道中的贴图。

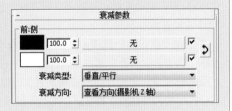

06 在【视图1】窗口中找到【凹凸贴图】通道，单击左侧的圆形，系统会延伸出一根红色的线，松开鼠标左键时会弹出可供选择的贴图，此时选择【噪波】贴图即可，如下图所示。

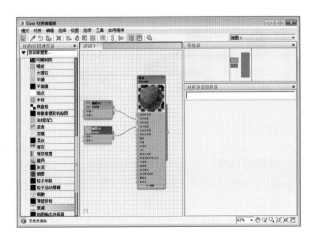

07 观察【视图1】窗口，发现噪波贴图以节点方式挂在【凹凸贴图】通道里，这就是节点式材质编辑器的特点，如下图所示。

08 双击【噪波】贴图，在右侧的面板中设置【大小】为2，在材质的顶层级中设置【反射光泽度】为0.85，如下面两幅图所示。此时按【F9】键渲染摄影机视图，可以看到如右图所示的效果。

📍 提示 【VRayMtl】材质的反射如何控制

【VRayMtl】材质的反射理念和【标准】材质的反射理念不同，【VRayMtl】材质使用颜色的灰度来控制反射强度，默认的颜色为黑色，黑色【R0 G0 B0】表示材质没有反射，纯白色【R255 G255 B255】表示完全反射，也就是镜面反射，【VRayMtl】材质的反射参数区域如右图所示。

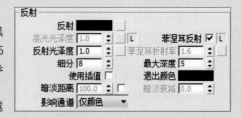

- 高光光泽度：控制材质的高光，数值越小高光面积越大，强度越弱，这个参数只有开启右侧的【L】锁定按钮才可以激活。
- 反射光泽度：控制材质的模糊反射，数值越大模糊反射越强烈，在【高光光泽度】没有激活的情况下，该参数还控制物体的高光，数值越小高光面积越大，但强度越弱。
- 细分：在物体表面有模糊反射的时候会产生颗粒感，提高细分值可以让模糊反射平滑，但计算速度会变慢。
- 使用插值：加速光泽反射的计算方式。
- 暗淡距离：勾选右侧的复选框时可以开启这个选项，用来控制物体暗部反射部分的明亮度，下图所示为【暗淡距离】取值为800和20时物体的反射效果，可以看到取值为800时模型暗部更暗一些。

- 影响通道：控制是否影响颜色通道和Alpha通道。
- 菲涅耳反射：勾选之后可以产生物体的菲涅耳反射现象。
- 菲涅耳折射率：控制菲涅耳反射的程度，只有激活【菲涅耳反射】才可以开启这个参数。
- 最大深度：设置物体表面反射的次数，数值越大反射次数越多，计算速度越慢。
- 退出颜色：当反射次数不够时，使用这个颜色来进行替补，默认为黑色。
- 暗淡衰减：取值范围为0~1，控制反射暗部的明暗，下图所示为【暗淡衰减】为0和1的时候，物体暗部的反射情况。可以看到【暗淡衰减】为1时，茶壶暗部反射比较暗；【暗淡衰减】为0时，茶壶暗部反射比较灰亮。

6.3.5　履带材质的制作

瓦力的履带类似于坦克的履带，观察坦克的履带，可以看到其本身大部分就是金属，也有一部分有类似橡胶的材料，如右图所示。

01 在【视图1】中的所有材质完成之后可以将其框选并删除，这样不会影响场景材质情况，在材质编辑器中再次建立一个新的 VRayMtl 材质，将【漫反射】设置为深灰色【R10 G10 B10】，为反射通道加入【衰减】贴图，取消勾选【菲涅耳反射】复选框，设置【反射光泽度】为0.7，然后命名为【履带橡胶】，在视图中选择瓦力的【履带橡胶】模型并赋予材质，如右图所示。

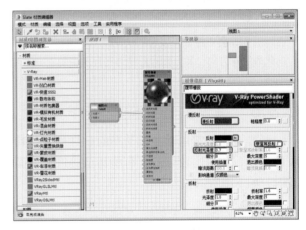

02 设置【衰减】贴图的第一个颜色为深灰色【R10 G10 B10】、第二个颜色为亮灰色【R150 G150 B150】，设置衰减类型为【Fresnel】类型，如下图所示。此时渲染摄影机视图可以看到当前的效果，如右图所示。

03 为材质的【凹凸】通道加入一张【位图】贴图【拉丝金属.jpg】，设置【贴图强度】为100，如下图所示。

04 选择履带模型，然后为模型加入【UVW贴图】修改器，设置贴图方式为【长方体】，然后单击 适配 按钮对贴图进行与模型大小的匹配，如下图所示。

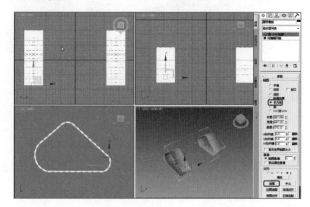

📍 **提示** 什么是VUW三个轴向

在材质编辑器中经常可以看到U、V、W等坐标，其中【U】轴向代表水平方向，【V】轴向代表垂直方向，【W】轴向代表纵深方向，其分别对应物体在视图中的X、Y、Z三个轴向。

6.3.6 亮光金属材质的制作

亮光金属经常用于非机动车的车灯外壳，其表面平滑，反射比较强烈，有些甚至接近于镜面反射，如下图所示。

02 在衰减贴图参数中拖动黑色色块到白色色块上，系统弹出对话框，单击【交换】按钮，如下图所示。此时衰减贴图的参数面板如右图所示。

01 新建一个 VRayMtl 材质并命名为【亮光金属】，设置【漫反射】通道为衰减贴图，如下图所示。

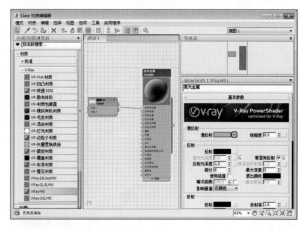

03 在反射参数区域设置颜色为灰色【R230 G230 B230】，设置【反射光泽度】为0.9，取消对【菲涅耳反射】复选框的勾选，如下图所示。

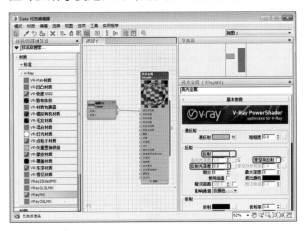

04 选择【亮光金属】模型，把材质赋予模型，之后渲染摄影机视图可看到结果，如下图所示。

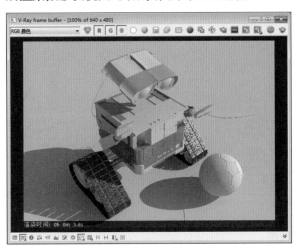

6.3.7　亚光金属材质的制作

　　亚光金属表面有磨砂效果，有一定的肌理质感，反射比较模糊，反射强度比较弱，从右图中可以看到亚光金属效果。在3ds Max Design 2015的【VRay Adv 3.00.07】渲染器环境下，模糊反射是比较容易处理的一个效果。

01 在材质编辑器中把上一节中的【亮光金属】材质配合【Shift】键进行复制，改名为【亚光金属】，修改【反射光泽度】为0.65，如下图所示。

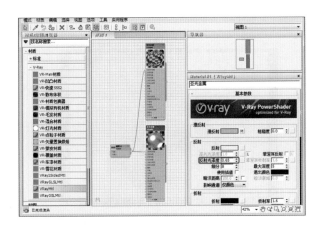

02 重新设置衰减贴图的参数。在【视图1】中取消两个材质共用一个贴图的情况，为【亚光金属】的【漫反射】通道重新设置【衰减】贴图，只需让黑色与白色交换即可，如下图所示。

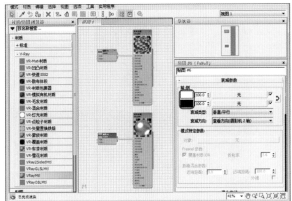

03 为材质【漫反射】中【衰减】贴图的两个通道都加入位图贴图【拉丝金属.jpg】，如下图所示。

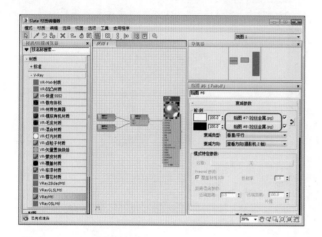

04 在两个【位图】的位图层级都设置【V】轴向的【瓷砖】为2，然后再设置【模糊】为0.1，如下图所示。

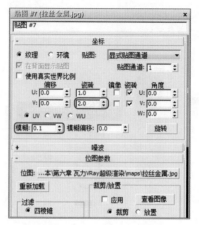

05 在【凹凸】通道加入一个位图贴图【拉丝金属.jpg】，设置贴图强度为50，具体参数与上一步骤相同，如下图所示。

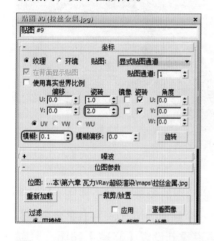

06 在材质编辑器的工具栏里单击【布局全部-垂直】按钮，材质编辑器会整齐排列所有的贴图层级，如下图所示。

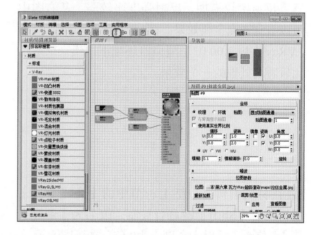

07 把材质赋予【亚光金属】模型，然后加入一个【UVW贴图】修改器，设置贴图方式为【长方体】，设置长、宽、高都为200，如下左图所示。此时渲染摄影机视图可以看到效果，如下右图所示。

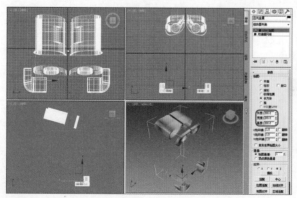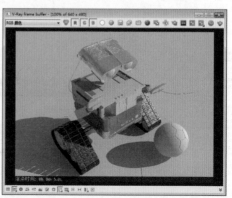

6.3.8　灰漆材质的制作

【灰漆】材质可以通过【黄漆】材质的复制而快速得到，然后修改【漫反射】颜色即可。

<table>
<tr>
<td>

01 在材质编辑器的 ──场景材质── 卷展栏中选中【黄漆】材质并拖动到【视图1】区域，注意选择【实例】复制方式，如下图所示。

</td>
<td>

02 在材质编辑器的【视图1】区域中配合【Shift】键复制【黄漆】材质，修改新材质名为【灰漆】，修改【漫反射】颜色为浅灰色【R185 G201 B212】，然后赋予【灰漆】模型，如下图所示。

</td>
</tr>
<tr>
<td>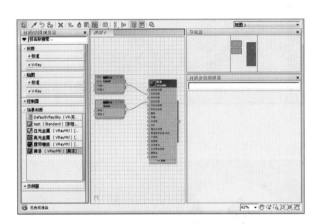</td>
<td></td>
</tr>
</table>

6.3.9　手臂材质的制作

瓦力的手臂上有一部分是倾斜的条纹图案，这个效果可以通过【漫反射】加贴图来轻松实现。

01 在材质编辑器的【视图1】中框选所有的材质，然后按【Delete】键进行删除，不用担心材质会对场景失去作用，然后设置一个 VRayMtl 材质【黑白条】，然后在【漫反射】通道中加入位图贴图【黑白条-1.jpg】，然后把材质赋予瓦力手臂的一部分，如右图所示。

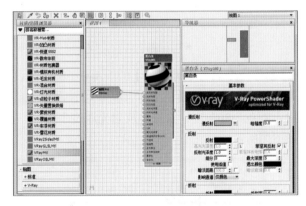

02 之后为模型设置【UVW贴图】修改器，设置贴图方式为【长方体】，贴图轴向为【Z】轴，如右图所示。

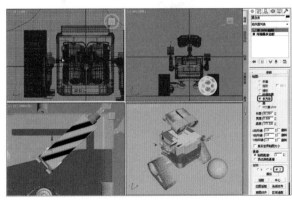

03 为瓦力另外一侧的手臂也赋予这个材质，最后渲染摄影机视图，可看到最后效果如右图所示。

提示 关于材质表面的反射

任何物体表面都会有反射发生，区别在于反射强度和清晰度的不同，而手臂材质由于面积比较小，因此没有设置反射，这样可以加快渲染速度。

6.3.10　足球材质的制作

　　足球是全世界最具影响力的单项体育运动，被誉为【世界第一运动】。足球表面是一层皮革材质，传统足球是由20块白色六边形和12块黑色五边形，一共32块皮组成的，如右图所示。

01 制作一个名为【黑皮革】的 VRayMtl 材质，设置【漫反射】为纯黑色【R0 G0 B0】，设置【反射】颜色为80灰度，设置【反射光泽度】为0.8，如下图所示。

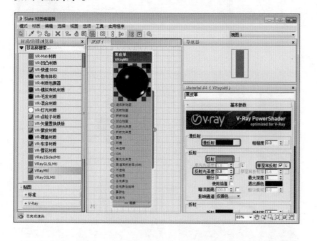

02 在【凹凸】通道中加入【位图】贴图【皮革-bump.jpg】，设置U、V方向的【瓷砖】均为10，设置贴图强度为25，如下图所示。

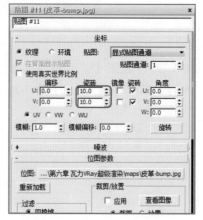

03 在场景中选择足球模型，在 【修改】面板进入其 【元素】层级，在 【修改】面板展开 曲面属性 卷展栏，设置 选择ID 为2，然后单击 选择ID 按钮。系统会自动选择设置好【ID】号码为2的模型表面，这就选中了足球表面的一些元素，从右图可以看到，选中的是黑色皮革的部分。

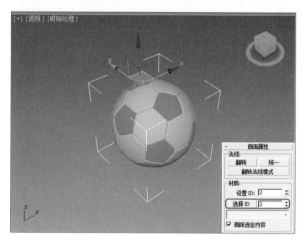

04 在材质编辑器中单击 按钮把材质赋予选择的元素，然后渲染摄影机视图，效果如右图所示。

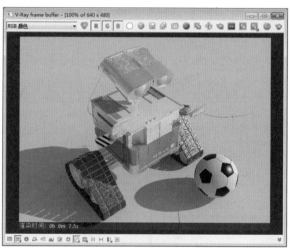

📍 **提示** 关于【多维/子对象】材质的使用

通常一个物体表面有不同材质的时候，我们可以使用【多维/子对象】材质，但这种材质的使用前提是材质ID和物体表面多边形ID——对应，本例中足球的材质没有使用这种方式而是对物体不同的多边形表面直接进行了材质赋予。

05 在材质编辑器中选择黑色的皮革材质，按住【Shift】键拖动进行复制，使用【复制】方式，然后修改材质名称为【白色皮革】，设置【漫反射】为白色【R255 G255 B255】，别的参数不修改，如下图所示。

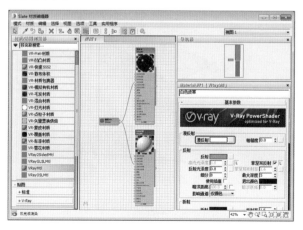

06 然后把材质赋予足球的白色部分，也就是【ID】为1的部分，渲染摄影机视图可以看到结果，如下图所示。

07 观察摄影机视图，可以看到足球的噪波太大，以至于失真，打开材质编辑器，单击主材质编辑器工具栏中的 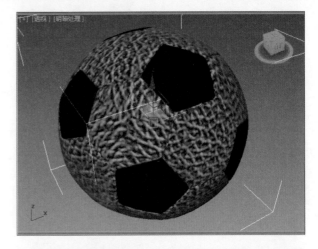 【视口中显示明暗处理材质】按钮，系统会询问显示哪个贴图，这时候选择【白色皮革】，可以看到摄影机视图中贴图的显示，如右图所示。

08 展开【凹凸】通道的贴图参数，设置U、V两个方向的瓷砖为22，这样贴图重复次数大大增加，贴图会更密集，设置【凹凸】通道的贴图强度为-25，放大足球渲染透视视图如右图所示。

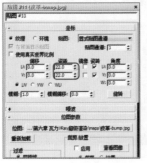

6.3.11　玻璃眼睛材质的制作

玻璃的主要化学成分为二氧化硅，通常在装饰材料中玻璃的类型繁多，有清玻璃、毛玻璃、钢化玻璃、茶色玻璃、冰裂玻璃等，正常情况下玻璃具有折射、菲涅耳反射、高透明、强烈高光等属性特点，如下图所示。

01 使用一个 [VRayMtl] 材质来制作玻璃，然后命名为【玻璃】，在材质编辑器的主工具栏单击▓【背景】按钮，可以看到材质样本球的彩色小方块显示出来了，这个小方块可以帮助观察材质样本球是否具有透明和反射属性，如右图所示。

02 为【反射】通道加入【衰减】贴图，参数保持默认，激活【高光光泽度】参数，设置数值为0.87，设置【折射】颜色为纯白色【R255 G255 B255】，设置【折射率】为1.55，勾选【影响阴影】复选框，如右图所示。

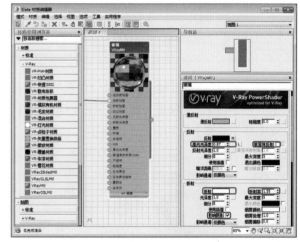

03 材质调整之后将其赋予瓦力的眼睛，渲染摄影机视图可以看到效果，如右图所示。

📍 提示 为什么用衰减贴图控制反射

【衰减】贴图在反射通道中可以让玻璃产生菲涅耳反射，菲涅耳（1788-1827）是法国土木工程兼物理学家，【菲涅耳反射】是指观察角度与物体表面成垂直角度的时候，物体表面反射最弱；观察角度和物体表面成很小的锐角的时候，物体表面反射最强。现实中的物体几乎都是菲涅耳反射。

6.3.12　其余材质的制作

　　瓦力身体还有一些部分没有赋予材质，这些部分相对面积比较小，材质也可以设置得相对简单，因为即使设置复杂，渲染效果也不一定可以体现出来，还会白白增加渲染计算的时间。

01 设置身体字母的材质。设置一个标准材质【字母】，设置【漫反射】为黑色【R0 G0 B0】即可，设置【高光级别】为20，如下图所示。

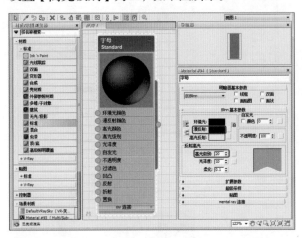

02 然后将材质赋予瓦力身体的模型wall，材质和渲染效果如下图所示。

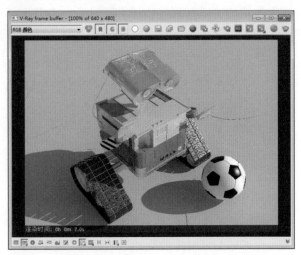

03 设置一个红色字母材质。设置一个新的标准材质【红色字母】，漫反射为红色【R174 G0 B0】，设置【高光级别】为20，如下图所示。

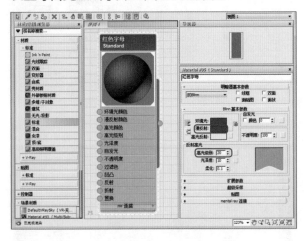

04 然后将材质赋予瓦力身体上E字母周围的圆圈，如下图所示。

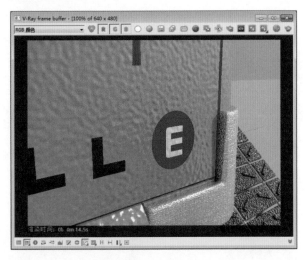

05 设置黄色灯光材质。设置一个名为【自发光】的材质，设置发光颜色为黄色【R254 G201 B89】，如右图所示。

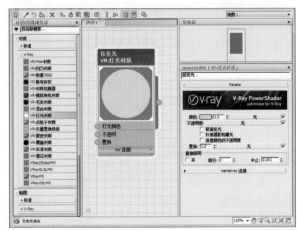

📍 提示　关于材质发光

【标准】材质和【VR-灯光】材质都可以实现自发光效果，这两种材质只有在开启GI的情况下才可以发出一些光线，且光线不能产生正确的投影关系。

06 然后将黄色灯光材质赋予瓦力胸前的发光片，如右图所示。

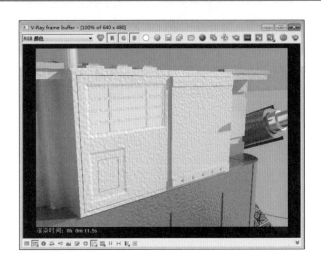

提示 发光片的变化问题

如果渲染发光片的局部特写，则需要给材质做出一些明暗变化，这样会更加生动。

07 设置胸前按钮的材质。设置一个标准材质【红色按钮】，勾其漫反射通道加入【衰减】贴图，设置两个颜色为红色【R133 G1 B1】和深红色【R23 G0 B0】，设置【自发光】属性为30即可，如下图所示。

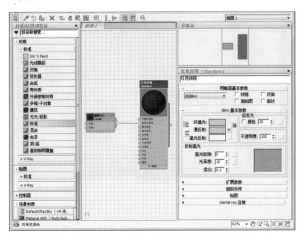

08 复制出新的【绿色按钮】材质，设置漫反射通道的【衰减】颜色为【R84 G131 B1】和【R26 G40 B0】。复制出新的【黄色按钮】材质，更改【漫反射】通道的【衰减】颜色为【R254 G179 B1】和【R58 G42 B0】，如下图所示。

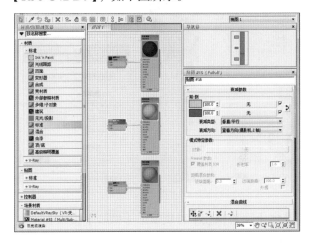

09 然后把三个材质分别赋予瓦力胸前的三个按钮，渲染透视视图效果如右图所示。

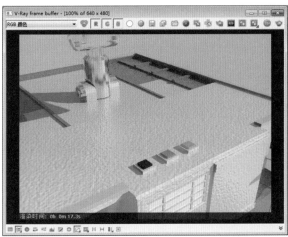

提示 为什么给按钮材质加入一些发光效果

平面构成知识告诉我们：【点】元素可以起到活跃画面的作用，本例中的三个按钮就是这个作用，因此为了更加突出其作用，适当加入了一些发光效果。

10 设置深色漆材质。从材质编辑器左侧的 - 场景材质 卷展栏中拖动【黄漆】材质到【视图1】中，选择【复制】方式，然后配合【Shift】键复制出一个同样的材质，把新的材质命名为【深色漆】，如右图所示。

11 在【视图1】中更改【漫反射】为深黄色【R20 G9 B0】，如下图所示。

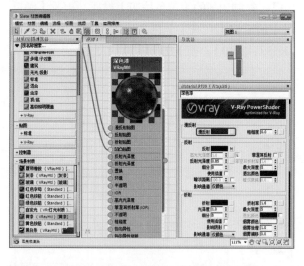

12 然后把材质赋予【深色漆】模型，渲染透视视图效果如下图所示。

13 将【履带橡胶】材质赋予【橡胶】模型和【电线】模型，最后对摄影机视图进行渲染，结果如右图所示。

📍 提示 **细小材质的制作问题**

有时候我们会在场景中遇到一些细小的材质，这类材质可以使用制作好的近似材质去直接赋予，或者使用简单材质直接赋予，这样可以提高工作效率。

6.3.13 泥土和路面材质的制作

泥土材质需要贴图来完成，其表面高光面积大但很微弱，有泥土的颗粒感，路面材质有反射现象，但沥青路面的颗粒感要体现出来。

01 选择场景中的【泥土】模型，在材质编辑器中建立一个标准材质【泥土】，在【漫反射】和【凹凸】通道里加入【位图】贴图【泥土.jpg】，将材质赋予泥土模型，如下图所示。

02 然后加入一个【UVW贴图】修改器，设置【贴图方式】为【平面】、贴图大小为500×500，如下图所示。

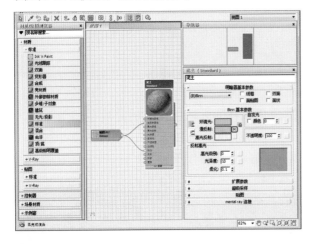

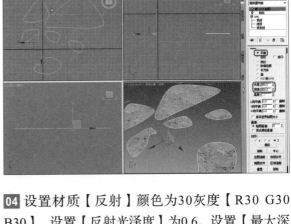

03 制作一个名为【沥青路面】的 VRayMtl 材质，在【漫反射】通道和【凹凸】通道里加入【位图】贴图【沥青路面.jpg】，如下图所示。

04 设置材质【反射】颜色为30灰度【R30 G30 B30】，设置【反射光泽度】为0.6，设置【最大深度】为1，取消对【菲涅耳反射】复选框的勾选，如下图所示。

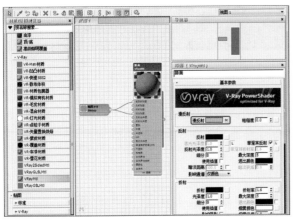

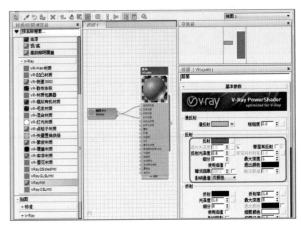

提示 贴图颜色处理

贴图的处理通常会涉及到亮度、色彩饱和度、对比度等的修改，可以直接使用Photoshop进行专业处理，这样图像的色彩以及明暗变化会很准确，也可以使用3ds Max的一些功能处理，后面步骤06中就使用了【输出】卷展栏里的参数来处理，但这种方法仅仅影响最后的效果，贴图本身不会产生变化。

05 然后把材质赋予场景中的路面，设置【平面】贴图方式，设置贴图大小为500×500，如下图所示。

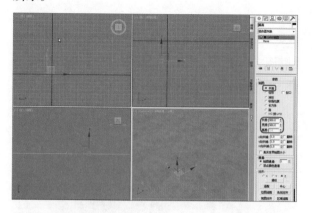

06 路面的加深。在路面材质中展开贴图层级的

| 输出 |卷展栏，设置【RGB级别】为0.6，如下图所示。

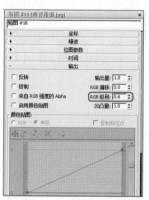

07 这样可以降低贴图的亮度，渲染摄影机视图可以看到结果，如下图所示。

08 使用同样的方法把泥土的亮度也适当降低，【RGB级别】也设置为0.6即可，渲染摄影机视图可以看到结果，如下图所示。

6.3.14　草地模型的制作

　　【VR-毛皮】是VRay渲染器自带的毛发制作系统，使用它可以制作生物体表面的毛发以及草坪等，其操作相对简单，毛发效果多样，与3ds Max兼容性强，是制作草地、毛发等物体的利器。

📍 提示 【VR-毛皮】的常用参数

> 【VR-毛皮】的参数比较容易理解，常用参数有毛皮【长度】、【粗细】、【锥化】、【方向】，以及各个意义上的毛发之间的差异等，且允许用户为毛发加入贴图，具体解释如下。
> - 长度：控制毛发的长度，数值越大，毛发越长。
> - 厚度：控制毛发的粗细，数值越大，毛发越粗。
> - 重力：控制重力对毛发的影响，可以通过这个参数控制毛发的方向。
> - 弯曲：设置毛发的弯曲程度。
> - 锥化：可以让毛发的尖变成锥化效果，而不是和根部一样的粗细。

01 在视图中选中泥土的模型，在 ⚙【创建】面板单击 VR-毛皮 按钮，其位置如下左图所示。可以看到视图中土地上开始有轻微的毛发出现，如下图所示。

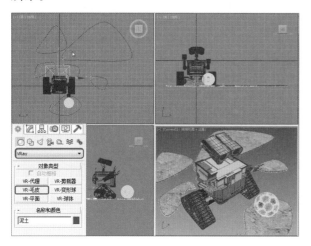

02 设置一个【草地】材质，为其【漫反射】加入【衰减】贴图，设置两个颜色分别为【R14 G31 B4】和【R4 G9 B1】，设置【高光级别】为100、【光泽度】为50，如下图所示。

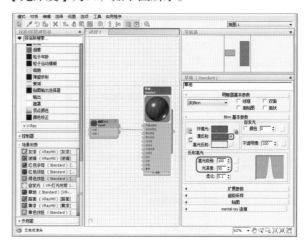

03 将材质赋予毛发模型，渲染摄影机视图可以看到结果，如下图所示。

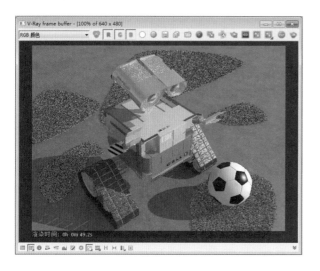

04 在 ✏【修改】面板设置草地的【长度】为100，如下左图所示。再次渲染摄影机视图可以看到结果，如下图所示。

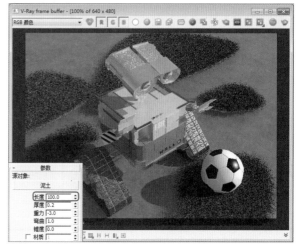

6.3.15　渲染最终场景

　　使用VRay渲染器来渲染图像的过程分为两部分，第一部分是计算光子，第二部分是渲染图像。VRay允许用户使用等比例的小尺寸光子图来渲染最后的等比例大图，这样可以极大地缩短渲染时间。

📍 提示 关于【噪波阈值】

　【噪波阈值】这个参数极大地影响着图像的质量，数值越小代表图像中的噪波越小，图像会越发精细，但渲染时间会相应增加。

01 按【F10】键打开【渲染设置】窗口，打开【V-Ray】选项卡，开启 全局开关[无名汉化] 卷展栏，勾选【不渲染最终的图像】复选框，如下图所示。

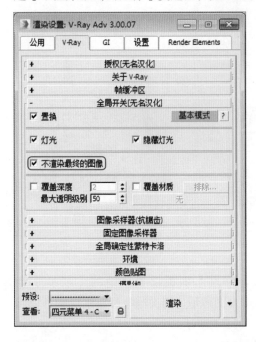

02 展开- 全局确定性蒙特卡洛 卷展栏，设置【自适应数量】为0.75、【噪波阈值】为0.002、【最小采样】为20，如下图所示。

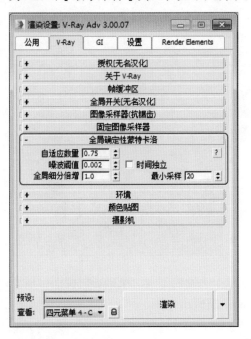

03 切换到【GI】选项卡，在 发光图 卷展栏中设置【当前预置】为【中】，设置【细分】为80，勾选【显示计算相位】复选框，如下图所示。

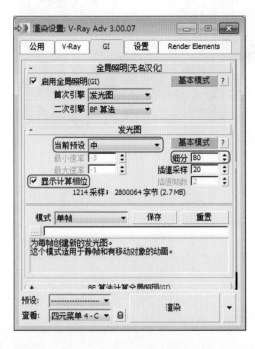

04 在 发光图 卷展栏中单击 基本模式 按钮，切换为 高级模式 ，勾选【不删除】、【自动保存】以及【切换到保存的贴图】复选框，然后单击 按钮，设置一次反弹的发光图保存路径，如下图所示。

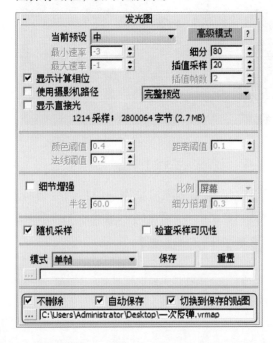

05 在- BF 算法计算全局照明(GI) 卷展栏中设置【细分】为20，如下图所示。

06 选择【VR-太阳001】，在 ☑【修改】面板中设置【阴影细分】为16，如下图所示。

07 设置完成之后激活摄影机视图，单击 ☺ 按钮渲染摄影机视图，此时可以看到马赛克的显示，如下图所示，这是由于在间接照明参数区域中勾选了【显示计算相位】复选框的原因。

08 光子计算完成之后，打开 全局开关[无名汉化] 卷展栏，取消勾选【不渲染最终的图像】复选框，如下图所示。

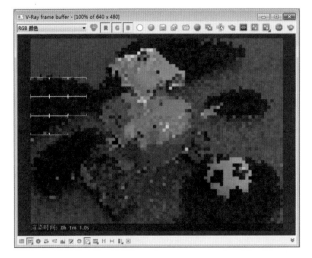

💡 **提示** VRay渲染器为什么要先渲染光子

使用VRay渲染器渲染大图的时候，通常是先计算等比例小图的光子，一般小图为大图的1/4左右，这样可以极大地节省时间，从而提高我们的工作效率。

09 打开 图像采样器(抗锯齿) 卷展栏，设置图像采样类型为【自适应】，设置【图像过滤器】类型为【Catmull-Rom】类型，如下图所示。

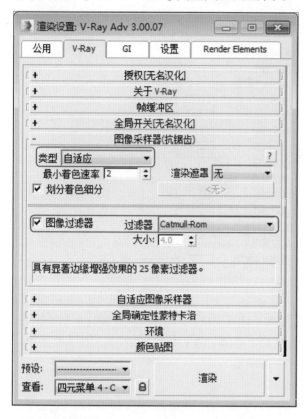

11 单击 按钮渲染摄影机视图，这次渲染时间比较长，最后结果如下图所示。

10 在【渲染设置】窗口打开【公用】选项卡，设置渲染图像尺寸为1500×1125，如下图所示。

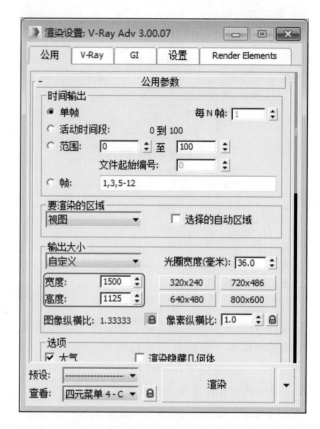

12 在渲染出的图像窗口中单击 【保存】按钮，系统会弹出【保存图像】对话框，设置图像格式为TGA，如下图所示。

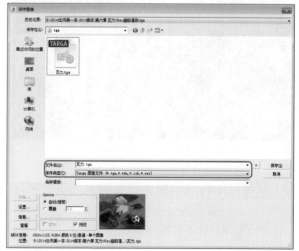

13 单击【保存】按钮，在系统弹出的【Targa图像控制】对话框中将所有参数保持默认，最后单击【确定】按钮即可，如右图所示。

6.3.16　后期处理

一般来说，在3ds Max中渲染出的作品都要使用Photoshop软件来进行最后效果的调整，从而增强图像的对比度和色彩饱和度，让图像更加漂亮，这一过程称为Photoshop后期处理。本书中后期处理时将使用Photoshop CS6软件，其启动界面如下图所示。

01 打开Phtotoshop CS6软件之后，工作界面如下图所示。

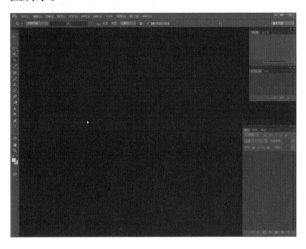

02 在工作界面中空白位置双击鼠标左键可以开启【打开】对话框（或者按【Ctrl+O】组合键打开），然后找到刚才渲染好的图像【瓦力.tga】并打开，如下图所示。

03 打开之后可以看到整体图像比在3ds Max Design 2015中暗了很多，如下图所示。

📍 提示 什么是Gamma值

Gamma（伽马）值是3ds Max软件提供的控制场景亮度与灰度的重要参数，早期的3ds Max版本中，Gamma值默认都为1，VRay渲染器也提供了自身的Gamma值设置，同样可以控制渲染图像最后的效果。

05 在Photoshop中可以看到图像周围有虚线，调整虚线框大小可以对图像进行裁切，单击 ▶️【移动】工具确认当前图像大小，如下图所示。

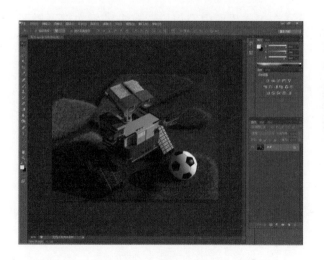

04 对比在3ds Max中的渲染结果可以看到，图像整体偏暗，与原始结果不一致，这是由于3ds Max Design 2015自动把Gamma值设置为2.2的原因，在3ds Max Design 2015的菜单栏中选择【自定义>首选项】命令，在弹出对话框中打开【Gamma和LUT】选项卡，可以看到【伽马】值为2.2，如下图所示。

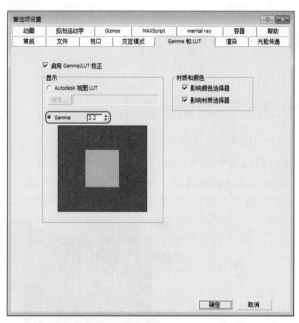

06 在菜单栏中选择【图像>调整>曲线】命令，或者按【Ctrl+M】组合键，打开【曲线】对话框，然后对曲线进行如下左图所示的调整，之后可以看到图像变亮了，如下图所示。

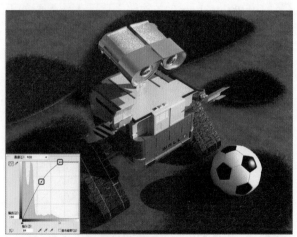

07 在菜单栏中选择【图像>调整>色阶】命令，或者按【Ctrl+L】组合键，打开【色阶】对话框，向左调整直方图的中间灰部三角，调整其数值到1.31，可以看到图像暗部变亮了，如右图所示。

08 在菜单栏中选择【图像>调整>亮度/对比度】命令，打开【亮度/对比度】对话框，设置亮度为12、对比度为16，提高整体图像的亮度和对比度，效果如右图所示。

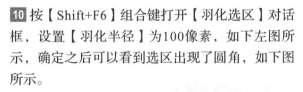

09 在工具箱中单击■【矩形选框】工具，在图像中拖动鼠标选择中心的一部分区域，创建的选区如下图所示。

10 按【Shift+F6】组合键打开【羽化选区】对话框，设置【羽化半径】为100像素，如下左图所示，确定之后可以看到选区出现了圆角，如下图所示。

在Photoshop中，选区的边界往往是清晰明锐的，而【羽化】效果可以让选区的边缘产生过渡效果，下面这张图像是选区部分没有羽化就提亮的效果。

下图这张图像是为选区设置50像素羽化效果之后再进行提亮，可以看到效果的明显差别。

11 按【Shift+Ctrl+I】组合键对选区进行反选，此时起作用的区域为四周边缘区域，按【Ctrl+M】组合键打开【曲线】对话框，如下左图所示调整曲线，对选择区域进行压暗，效果如下图所示。

12 按【Ctrl+D】组合键取消选区，最后的结果如下图所示。本案例后期处理比较简单，对最终图像进行保存。

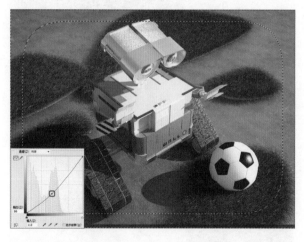 

6.4　本章小结

　　本章运用了【VRay Adv 3.00.07】渲染器渲染了一个很有趣味的场景，系统讲解了【VR-太阳】灯光、【VRayMtl】材质、【VRay-毛皮】以及渲染的常用参数和设置情况，只要掌握了这些内容，就可以举一反三地使用【VRay Adv 3.00.07】渲染器渲染各式各样的模型场景。

CHAPTER 07

玩具模型的创建与渲染

80后的朋友小时候大多都玩过积木和小火车等玩具，在那个时代这是大家最好的小伙伴，本案例将使用3ds Max Design 2015和VRay Adv 3.00.07来重现大家童年的场景。

7.1 儿时的记忆简介

　　本章节表现的是被我们儿时遗弃的小场景，本案例中的U字形夹角空间里有一些儿时不可缺少的玩具，如木鼓、小车、飞镖盘、弹珠、多面体盒子等，在这里我们首先要考虑一下黄昏效果的制作思路，以及场景由哪些元素组成，笔者建议读者制作本案例时找一些黄昏的效果图做参考，这样对我们的制作会有很大的帮助。

　　本章节会详细地介绍灯光的使用和可编辑多边形的建模方法，还有二维样条线的运用以及多种材质的混合使用，目的是想让读者能够对作图的流程有一个完整清晰的思路，对以后作图有一个很好的把握，本案例最后效果如右图所示。

📍 **提示** 为什么要找参考图

在制作一些室内外效果图的时候，参考图可以使我们对于要表现的场景有一个提前的预想，同时可以参考图中的光线、配景等元素来完善自己的画面。

学习目的

1. 【VR-材质】和【标准】材质的破旧质感表现
2. 复习3ds Max标准灯光的制作
3. 【放样】建模的使用方法
4. 复习3ds Max样条线的编辑
5. 复习3ds Max可编辑多边形建模方法
6. Photoshop后期处理

制作思路

本案例从基础建模和样条线开始编辑，使用可编辑多边形建模进行模型加工，学习做旧材质的表现技法，接着学习场景中主光源和辅助光源的创建技法，以及后期做旧效果的实现。

7.2 场景模型的制作

在3ds Max中建立模型的时候，读者首先要有一个良好的制作习惯，也就是首先要把单位设置好。这样可以对场景模型的大小比例有一个整体的控制，以方便场景制作和后期修改。

7.2.1 U形墙体模型的制作

01 开启3ds Max，选择菜单栏中的【自定义>单位设置】命令，在弹出对话框中选择【公制毫米】作为当前显示单位，如下左图所示。再将系统单位改成【毫米】，以确保系统单位和显示单位保持一致，如下右图所示。

02 在顶视图中建立一个 矩形 ，然后设置【矩形】的【长度】为1460mm、【宽度】为1780mm，如下图所示。

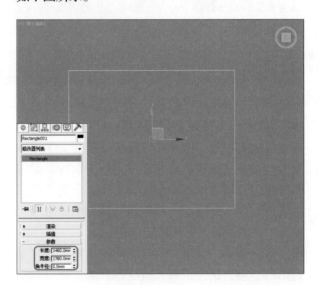

03 选择刚创建的【矩形】，通过右击把图形转换为【可编辑样条线】，按下键盘数字【2】键，进入样条线的【线段】层级，选择一条线段，如下图所示。

04 按【Delete】键进行删除，如下图所示。删除线段之后回到样条线的顶层级，在【修改器列表】里添加【挤出】修改器，设置【挤出】的【数量】为790mm，如下左图所示。

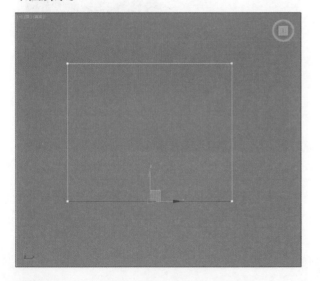

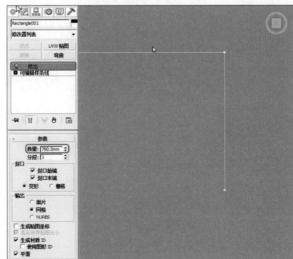

7.2.2　墙角线模型的制作

本节中场景墙角线的制作，将用到【复合对象】里的【放样】命令，使用【放样】命令时要求满足以下两个前提条件：

- 有一根能产生放样体的路径；
- 有一个或者一个以上的截面图形。

01 在 ![捕捉] 【捕捉】图标上右击，打开【栅格和捕捉设置】对话框，设置捕捉的内容为【顶点】、【端点】、【中点】，如下左图所示。按【S】键开启【2.5维捕捉】命令，然后在顶视图中用【直线】命令沿着前面做好的墙体，绘制一根【U】形直线，如下图所示。

02 在前视图中绘制一个 ▭ 矩形，然后设置【矩形】的【长度】为170mm、【宽度】为35mm，如下图所示。

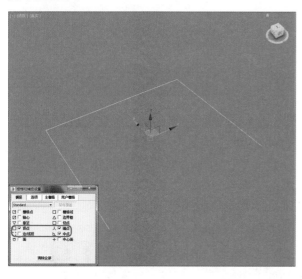

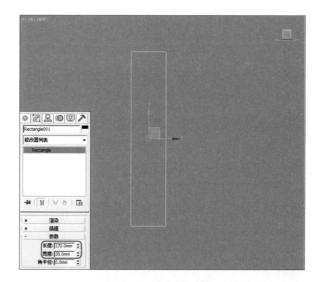

03 通过右击把刚刚绘制的【矩形】转换为【可编辑样条线】，按键盘【1】键，进入样条线的 ⋰ 【顶点】层级，用 ✛ 【选择并移动】工具调整【顶点】，得到如右图❶所示的剖面图形。当图形的点数不够时可以通过 ☑ 【修改】面板里的 优化 命令添加一些顶点，再对模型进行深入的调整，如右图❷所示。

📍 提示 **3ds Max通用快捷键的问题**

在3ds Max中，数字键【1】、【2】、【3】是所有修改命令进入不同次级物体的快捷键，但注意必须使用大键盘中的数字键，小键盘中的不可以。

04 此时可以看到刚做出来的线条不够平滑，展开 ☑【修改】面板-_____插值_____卷展栏，勾选【自适应】复选框，此时模型会变得平滑，如下图所示。

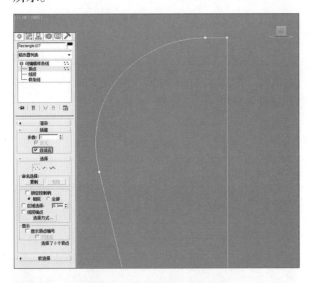

06 通过观察发现【放样】出来的模型剖面方向不对，按【A】键开启 ☑【角度捕捉切换】工具，在修改器堆栈中进入【路径】层级，如下左图所示。框选视图中刚刚放样出来的模型，使用 ☑ 工具在前视图中旋转90°，旋转后效果如下图所示。

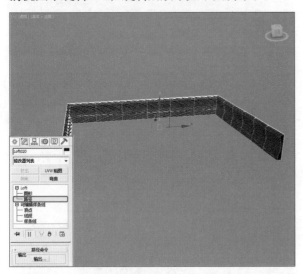

05 选择前面绘制的【U】形样条线，单击 ☑ > ☑【几何体】>【复合对象】> _____放样_____ 按钮，如下左图所示。单击 _____获取图形_____ 按钮，然后选中之前绘制的剖面图形，结果如下图所示。

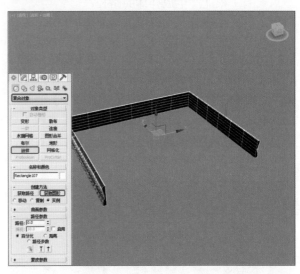

07 选择刚创建的模型，通过右击将其转换成【可编辑多边形】物体，按键盘【1】键，进入模型的 ☑【顶点】层级，使用 ☑工具对模型的【顶点】进行位置上的移动，紧贴着场景中墙体的边缘即可，调整后效果如下图所示。

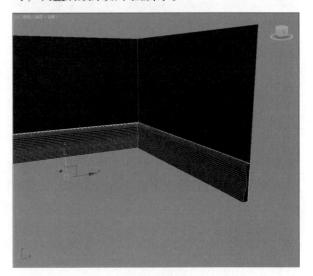

📍 提示 放样命令简析

放样概念起源于古代航海造船技术，在3ds Max Design 2015中，一个放样体至少需要两个2D图形，一个作为【路径】，用于控制对象的深度；另一个作为【截面图形】，用于控制路径上的剖面外形。

7.2.3　木地板模型的制作

本场景的地板是由几块长方体平铺而成的，表面上添加一些木纹纹理，然后对一些基本的参数进行修改和调整即可。

01 在顶视图中创建一个 矩形 ，设置【矩形】的【长度】为360mm、【宽度】为1780mm，如下图所示。

02 接着对【矩形】添加【挤出】修改器，设置挤出【数量】为10mm，如下左图所示。在视图中用 ✛ 【选择并移动】工具调整木地板的位置，使其对齐墙体和角线的最下方，如下图所示。

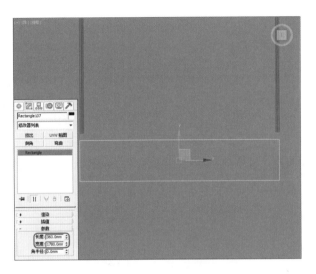

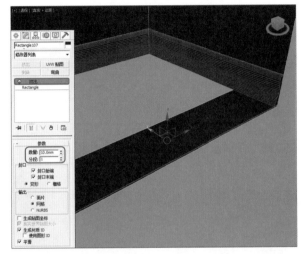

03 回到顶视图选择木地板，配合【Shift】键沿着【Y】轴移动复制模型，这时会弹出一个【克隆选项】复选框，如右图❶所示。观察弹出的对话框，可以看到里面有【复制】、【实例】、【参考】、【副本数】、【名称】几个选项，设置【副本数】为3，单击【确定】按钮，如右图❷所示。复制完成后效果如右图❸所示。

📍 **提示** 一次复制多个物体还用【阵列】命令

一次复制多个物体与【阵列】命令有相似的效果，但使用【阵列】命令对于复制的距离和角度则更加精确。

7.2.4 木鼓、绳子、皮套模型的制作

本场景中的木鼓、绳子、皮套模型，都是用一些比较常用的命令制作而成，比如【线】、【挤出】、【FFD】、【可编辑多边形】等。

01 在顶视图中创建一个 圆 ，设置【圆】的【半径】为220mm，展开 【修改】面板中的 插值 卷展栏，勾选【自适应】复选框，如下图所示。

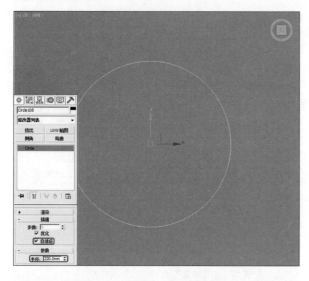

02 为【圆】添加【挤出】修改器，设置【挤出】的【数量】为350mm，如下左图所示。添加【挤出】修改器之后的效果，如下图所示。

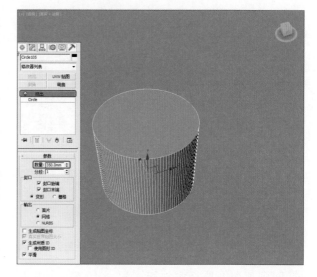

03 将上一步中【挤出】的模型通过右击转换成【可编辑多边形】，按键盘【2】键进入 【边】层级，在左视图或前视图选择模型垂直的所有边，再在 编辑边 卷展栏中找到 连接 工具并单击其右侧的 按钮，如下图所示。

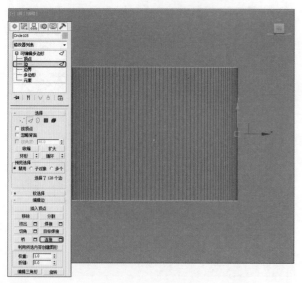

04 在弹出的窗口中设置【连接边-分段】为2，连接两根新的边线，设置【连接边-收缩】为40，如下图所示。

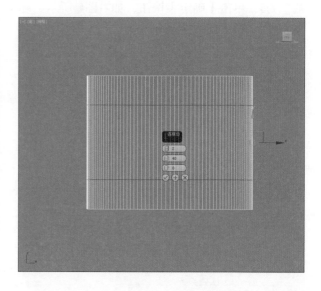

05 保持新边的选择，在 ———— 编辑边 ———— 卷展栏中找到 切角 命令，如下左图所示。单击【切角】命令右边的 □ 按钮，并设置【切角-边切角量】为10mm，如下图所示。

06 按键盘【4】键进入模型的 ■【多边形】层级，在左视图或前视图中选择模型的一些多边形面，再在 ———— 编辑多边形 ———— 卷展栏中单击 挤出 命令右侧的 □ 按钮，设置【挤出多边形-组】的方式为【局部法线】，设置【挤出多边形-高度】为10mm，如下图所示。

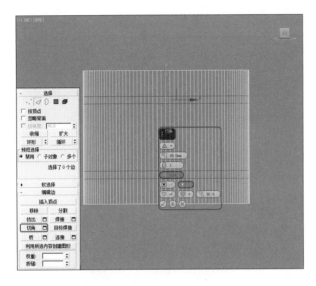

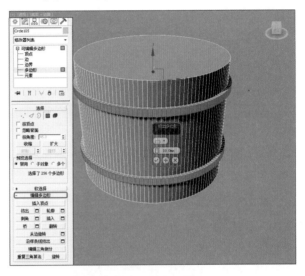

07 选择模型的顶面，在 ———— 编辑多边形 ———— 卷展栏中单击 插入 命令右侧的 □ 按钮，设置【插入-数量】为10mm，如下图所示。

08 选择通过【插入】得到的新面，进行 挤出 命令操作，设置【挤出多边形-高度】为-50mm，如下图所示。

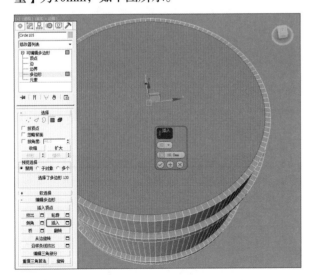

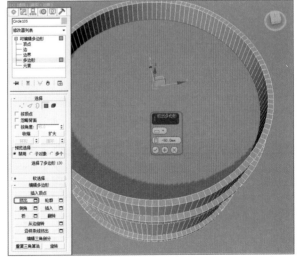

提示 3ds Max多边形建模注意事项

多边形建模通常会使用到【挤出】、【插入】等操作，但在进行这些操作的时候，一定要注意不能有边与边的重合纠结，不然模型表面会出错。

09 使用上述的方法对木鼓模型的底面也进行相同的操作，其最终效果如右图所示。

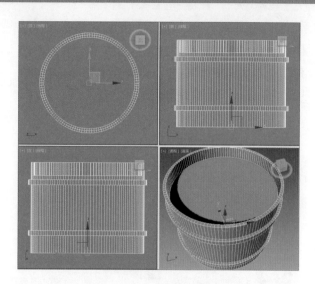

📍 **提示** 关于建模效率的提高

有时候我们会制作一些轴对称的模型，这时就可使用【镜像】等操作来完成，从而可提高制作效率。

10 用 ___线___ 命令在前视图中木鼓的旁边绘制一条线段，按【1】键，进入 ⊡【顶点】层级，在 🖉【修改】面板的 - ___几何体___ 卷展栏中使用 ___优化___ 工具在直线上添加一些顶点，如下左图所示。接着使用 ✥【选择并移动】工具调整顶点的位置，如下右图所示。

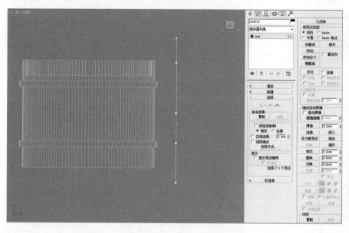
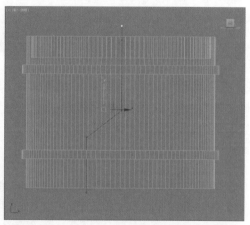

11 对线段中间部位的两个顶点进行 ___圆角___ 操作，在 🖉【修改】面板的 - ___几何体___ 卷展栏中单击 ___圆角___ 按钮，并设置圆角值为25mm，如下左图所示。圆角后效果如下右图所示。

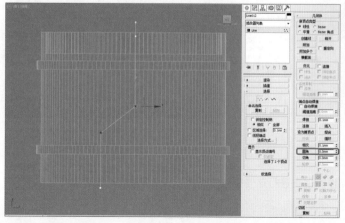
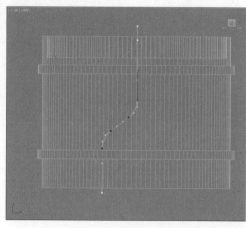

12 展开 <u>渲染</u> 卷展栏，勾选【在渲染中启用】和【在视口中启用】复选框，设置【径向】参数区域的【厚度】为5mm，如下左图所示。此时观查视图会发现之前的样条曲线现在已经是一条有粗细厚度的曲线了，如下图所示。

13 对线段的顶端和底端继续使用【优化】工具添加新的顶点，并调整顶点位置，将线条紧贴在木鼓模型的表面，调整后效果如下图所示。

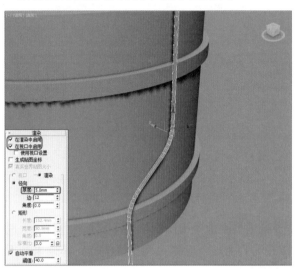

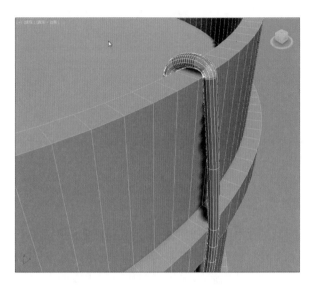

14 然后对底部也进行相同的调整，底部调整后效果如下图所示。

15 选择刚刚调整好的线段，在主工具栏中单击【镜像】按钮，在弹出的【镜像】对话框中选择【实例】方式，设置【偏移】为10mm，如下左图所示。镜像复制效果如下图所示。

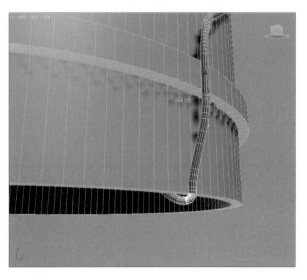

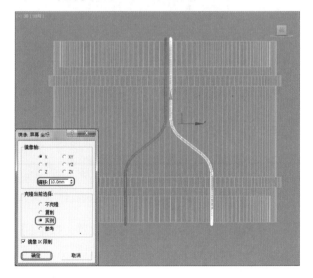

💡 提示 3ds Max有记忆功能

在3ds Max Design 2015软件中系统是有记忆功能的，之前设置过的参数系统会将其保留，当下次使用此命令时，会显示上次操作时的数值。

16 对新复制的线段进行调整，让两根样条线的感觉是一根完整线段即可，调整后的效果如下图所示。

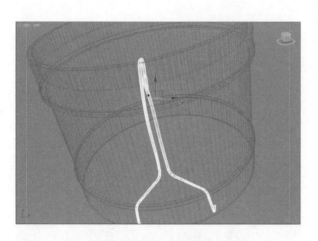

17 在顶视图中创建一个 ▭圆环▭ 图形，并设置【半径1】为12mm、【半径2】为10mm，如下图所示。

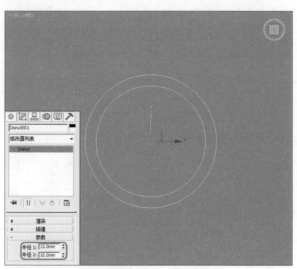

18 在【修改器列表】里为【圆环】添加【挤出】修改器，设置挤出【数量】为30mm，如下左图所示。将挤出后的圆环模型移动到线段的中间部位，如下图所示。

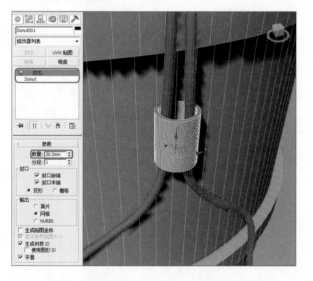

19 将模型在透视视图中沿着【Y】轴进行▭【选择并均匀缩放】操作，调整好位置，其效果如下图所示。

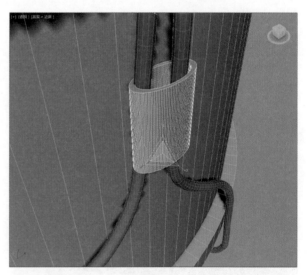

20 为模型添加【FFD 2×2×2】修改器，按【1】键，进入【控制点】层级，如下左图所示。在前视图中选择模型表面的控制点，用▭【选择并均匀缩放】工具进行微调，效果如下图所示。

21 选择【圆环】模型并配合【Ctrl】键加选之前的两根样条线，在菜单栏中选择【组>成组】命令，此时会弹出一个【组】对话框，直接单击【确定】按钮，如下右图所示。成组后效果如下图所示。

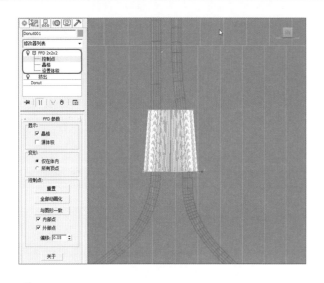

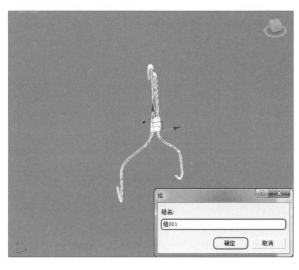

22 配合【Shift】键将成组的模型沿着木鼓表面进行 ⊕【移动】、⊙【旋转】等【复制】操作，再对复制出的新的群组调整位置，如下图所示。

23 使用相同的方法，将木鼓一周的鼓线都复制出来，最终效果如下图所示。

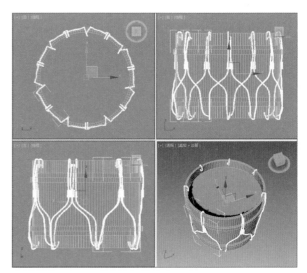

7.2.5　小车模型的制作

小车的模型由以下几部分组成：车轮、车座、车头、车体（身）、油箱以及方向盘等。

笔者建议读者在制作模型时，要有一个先大后小的建模思维，因为这样可以对一组场景有一个整体大小的控制，避免制作场景时有的模型过于庞大，而有的过于微小，从而影响画面的美感。

1. 车板模型

车板是车体的主要部件，它分割着小车的上半部和下半部，在本场景中小车是一个玩具模型，所以它的结构没有现实中的车子那么复杂，制作起来也不是很难。

01 在顶视图中绘制两个矩形，矩形1的【长度】为217mm、【宽度】为150mm，如下左图所示。矩形2的【长度】为170mm、【宽度】为110mm，如下中图所示。两者之间的距离为75mm，如下右图所示。

 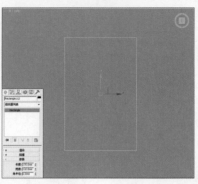 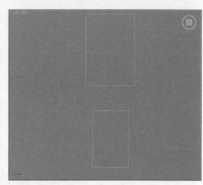

02 选择刚刚绘制出的其中一个矩形，通过右键快捷菜单将其转换为【可编辑样条线】，进入 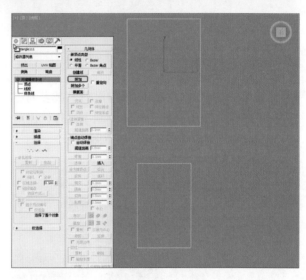 【修改】面板展开 ┃ 几何体 ┃ 卷展栏，找到 ┃ 附加 ┃ 按钮然后单击。然后把鼠标光标移动到另一个矩形上单击，此时发现两个矩形就【附加】到一起了，如右图所示。

03 按键盘【2】键进入 ┃ 【线段】层级，选择中间的两根线段进行删除，如下图所示。

04 按键盘【1】键进入【顶点】层级，在 ┃ 【修改】面板的 ┃ 几何体 ┃ 卷展栏单击 ┃ 连接 ┃ 按钮，把断开的线段连起来，如下图所示。

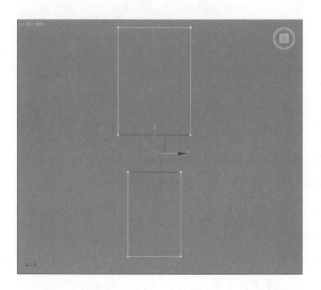 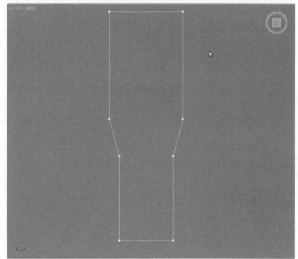

05 选择模型的顶部顶点和底部顶点，如下图所示。

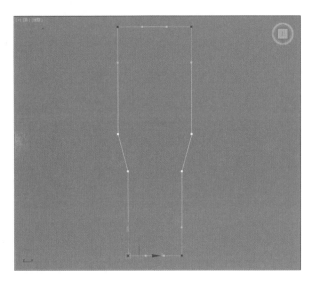

06 单击 ☑【修改】面板中的 圆角 按钮，设置右侧数值为25mm，结果如下图所示。

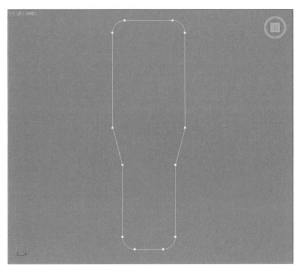

07 为样条线添加【挤出】修改器，设置挤出的【数量】为8mm，挤出参数设置及挤出后模型效果如右图所示。

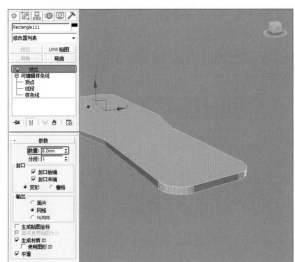

📍 提示 关于【挤出】修改器的常见问题

如果你使用【挤出】修改器之后，模型没有上下表面，那就要检查样条线的点是不是闭合顶点，如果处于断开状态，那么模型挤出后会出错。

08 接着将刚挤出的模型通过右键快捷菜单转换为【可编辑多边形】，按键盘【2】键进入 ☑【边】层级，在前视图中选择中间部分的边，如右图所示。

📍 提示 关于多边形的选择追加问题

可编辑多边形提供了一些快速追加选择的工具，位于【选择】卷展栏中，可以快速实现平行元素选择和循环元素选择。

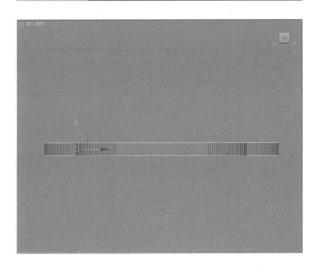

09 然后进行 连接 操作，设置【连接边-分段】为2，设置【连接边-收缩】为60，如下右图所示。

10 按键盘【4】键进入 ▣【多边形】层级，选择中间部分的多边形面，如下图所示。

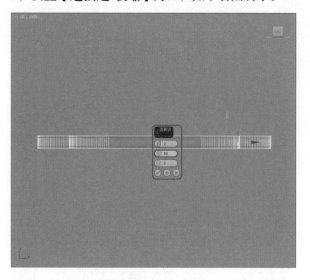

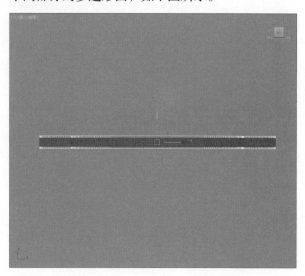

11 在 ☑【修改】面板中单击 挤出 按钮右侧的 □ 按钮，把【挤出多边形-组】改成【局部法线】模式，设置【挤出多边形-高度】为-1mm，如下图所示。

12 对模型的顶面和底面进行 插入 操作，设置【插入-数量】为2mm，至此车板就创建完成了，如下图所示。

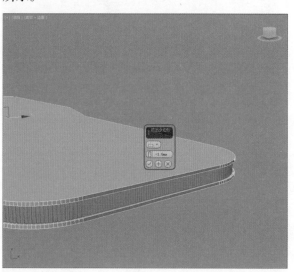

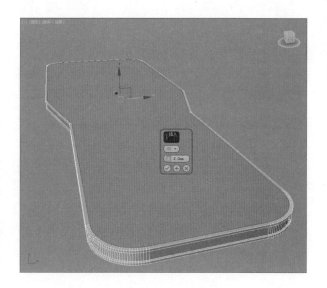

2. 水箱模型

　　水箱是用来存放水或者液体燃油的，它的形状类似于一个平躺的圆柱体，所以制作起来就简单得多了。

01 在前视图中创建一个【圆】，设置【半径】为62mm，如下图所示。

02 再为刚创建的圆形添加【挤出】修改器，在【参数】卷展栏中设置【数量】为240mm，如下图所示。

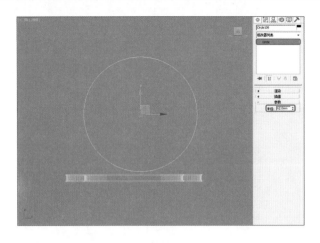

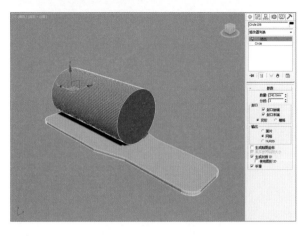

03 在前视图中按键盘【R】键，使用■【选择并均匀缩放】工具沿着【Y】轴向下压缩，如下图所示。

04 将模型转换为【可编辑多边形】，按键盘【2】键进入◁【边】层级，在顶视图中选择模型中间部分的边进行 连接 操作，如下图所示。

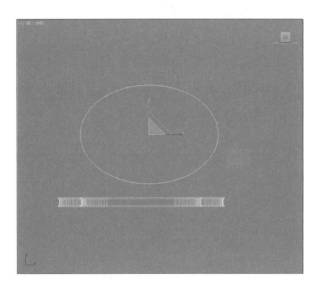

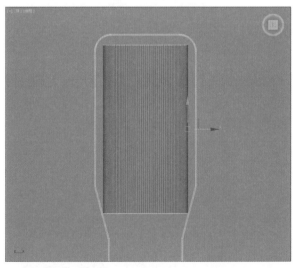

05 设置【连接边-分段】为2、【连接边-收缩】为50，如右图所示。

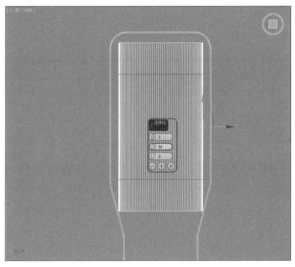

♥ 提示 什么是【连接边-收缩】

在多边形的【连接】工具内部，有个小参数是【连接边-收缩】，它可以灵活控制边与边之间的距离。

06 保持当前的选择，单击鼠标右键并执行 切角 命令，然后修改【切角-边切角量】为2，如下图所示。

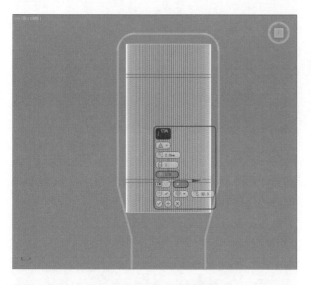

07 按键盘【4】键进入 ■【多边形】层级，选择模型顶面进行 倒角 操作，设置【倒角-高度】为10mm、【倒角-轮廓】为-15mm，为模型的后面也做同样的修改，如下图所示。

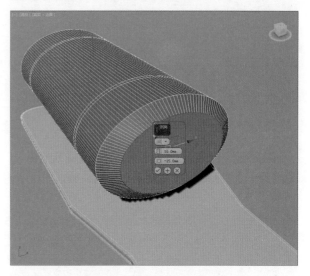

08 按键盘【2】键，进入 ☑【边】层级，选择模型前面的一条边，展开 ☑【修改】面板的 选择 卷展栏，然后单击 循环 按钮，如下图所示。

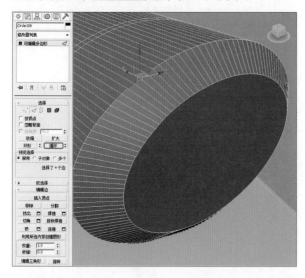

09 此时可以看到与刚才选择的那条边相连的一周的边线都会被选中，如下图所示。

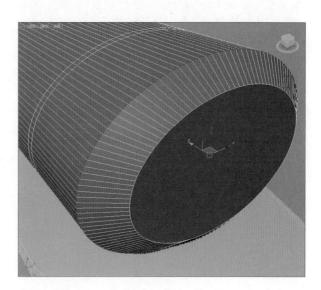

10 为刚刚选择的一周边线使用 切角 命令，设置【切角-边切角量】为2mm，让模型边缘有一个切角效果，如下图所示。

11 为模型的另一边也进行相同的操作，结果如下图所示。

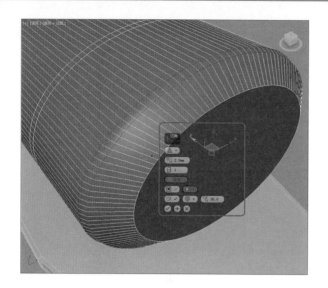

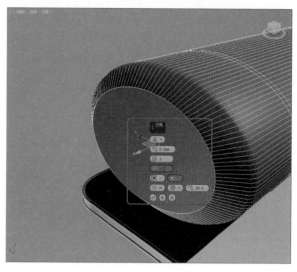

12 在顶视图创建一个【圆】，设置【半径】为20mm，如下图所示。

13 为刚绘制的圆形添加【挤出】修改器，设置【数量】为20mm，并调整其位置，如下图所示。

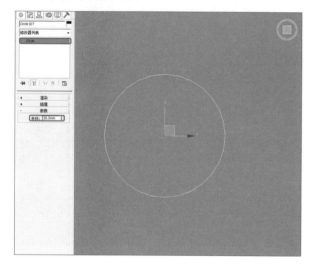

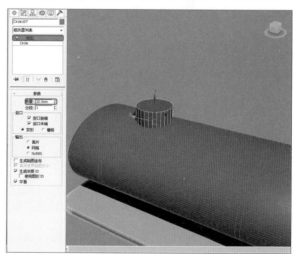

14 将模型通过右键快捷菜单中的【克隆】命令进行复制，设置【对象】为【复制】方式，如下图所示。选择刚刚复制的模型，进入 【修改】面板，单击 【从堆栈中移除修改器】按钮，删除【挤出】修改器，这样模型就回到开始时的二维图形Circle层级，如右图所示。

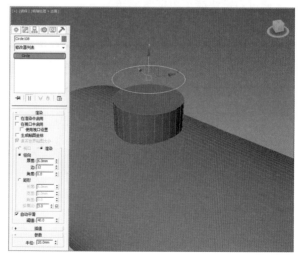

15 在 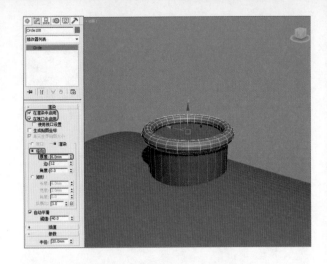【修改】面板的 渲染 卷展栏中勾选【在渲染中启用】和【在视口中启用】复选框，设置【径向】的【厚度】为6mm，调整好模型的位置，如右图所示。

3. 水箱支架模型

水箱支架是支起水箱的架子，模型比较简单，绘制图形进行挤出即可。

01 在前视图中绘制一个【矩形】，设置【长度】为40mm、【宽度】为100mm，并调整好位置，如右图所示。

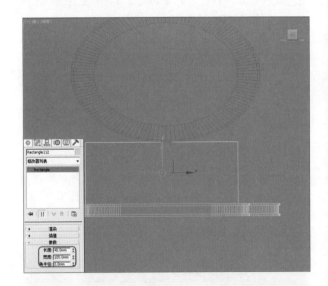

02 通过右键快捷菜单把图形转换为【可编辑样条线】，按键盘【1】键，进入【顶点】层级，选择模型上边的两个顶点。此时可以看到刚选择的两个顶点上出现了两条带有绿点的黄色杠杆，通过【选择并移动】工具对这些杠杆进行调整，如右图所示。

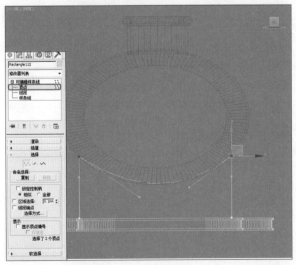

03 为刚调整好的模型添加【挤出】修改器，设置【挤出】的【数量】为10mm，并调整好位置，如下图所示。使用 ✛【选择并移动】工具配合键盘【Shift】键进行复制，保持默认的【实例】方式，如下右图所示。

04 将复制出的另一个水箱支架放在水箱的另一端，并调整好位置，如下图所示。

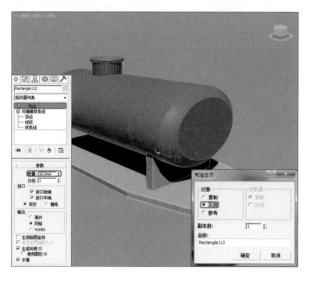

4. 车座模型

在本场景中车座的模型有座椅扶手（虽说是一个玩具但是也要考虑一下安全问题），下面开始详细讲解车座模型的制作。

01 在透视视图中绘制一个【长方体】，设置长方体的【长度】为42mm、【宽度】为80mm、【高度】为40mm，并调整模型位置，如下图所示。

02 将刚创建的模型转换为【可编辑多边形】，按键盘【4】键，进入模型的 ▣【多边形】层级，选择模型两边的侧面，如下图所示。

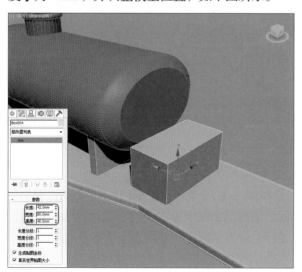

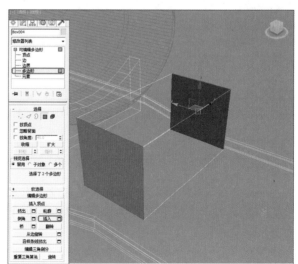

03 在 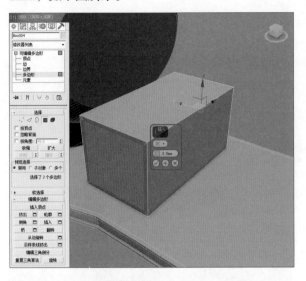【修改】面板的 - 编辑多边形 卷展栏中单击 插入 按钮，然后设置【插入-数量】为 2mm，如下图所示。

04 保持当前的选择再次进行 插入 操作，将【插入-数量】设置为4mm，如下图所示。

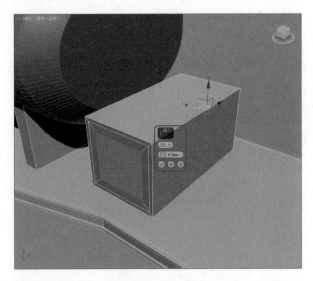

05 使用【修改】面板下 - 编辑多边形 卷展栏中的 挤出 命令，对当前这两个面进行【挤出】操作，并设置【挤出多边形-高度】为-2mm，如下图所示。

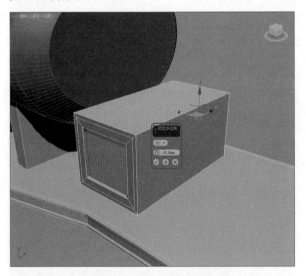

06 按键盘【2】键，进入 【边】层级，选择模型前面的两条边，如下图所示。

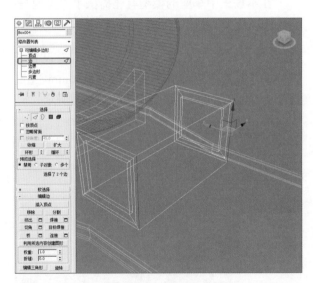

07 通过执行右键快捷菜单中的 连接 命令，设置【连接边-分段】为1、【连接边-滑块】为70，如下图所示。

08 按键盘【4】键，进入模型的 【多边形】层级，选择模型刚刚通过连接新边分割出来的面，进行【挤出】操作，并设置【挤出多边形-高度】为32mm，如下图所示。

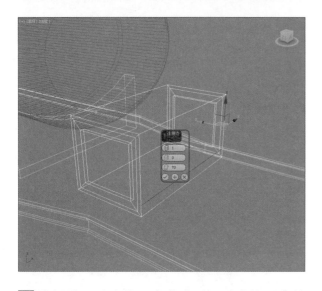

09 选择模型后边的一个多边形，再次使用【挤出】命令，设置【挤出多边形-高度】为5mm，如下图所示。

10 在前视图中绘制一个【矩形】，然后设置矩形的【长度】为42mm、【宽度】为76mm，如下图所示。

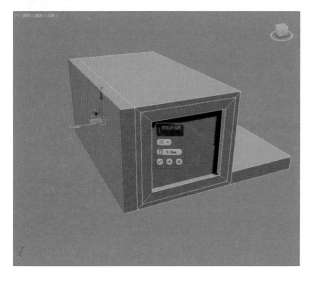

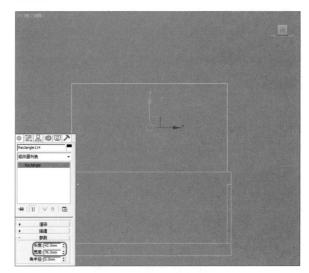

11 通过右键快捷菜单把矩形转换为【可编辑样条线】，按键盘【1】键，进入 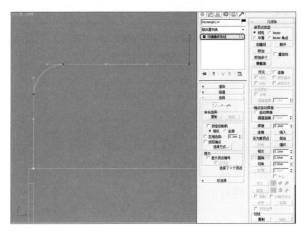 【顶点】层级，选择模型上面的两个顶点进行 圆角 操作，并设置【圆角值】为12mm，效果如右图所示。

12 按键盘【2】键，进入 ✏【线段】层级，选择如下图所示的一条线段，然后按键盘上的【Delete】键进行删除。

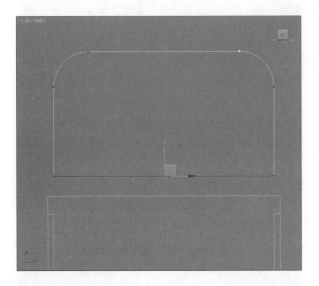

14 在左视图中绘制一个【矩形】，并设置矩形的【长度】为17mm、【宽度】为38mm，如下图所示。

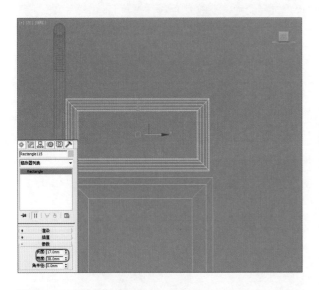

16 进入样条线的 ⋮⋮【顶点】层级，选择右上角的顶点进行 ▇圆角▇ 操作，设置【圆角值】为12mm，效果如下图所示。

13 打开 ✏【修改】面板的 ┣━━━━渲染━━━━┫卷展栏，勾选【在渲染中启用】和【在视口中启用】复选框，设置【径向】的【厚度】为3.5mm，并勾选【自适应】复选框，调整好模型的位置，如下图所示。

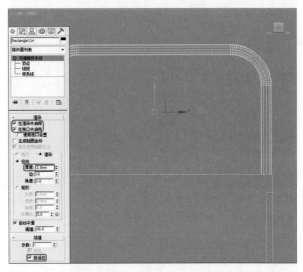

15 通过右键快捷菜单将矩形转换成【可编辑样条线】，按键盘【2】键，进入 ✏【线段】层级，选择模型左下角的两条线段进行删除，删除后效果如下图所示。

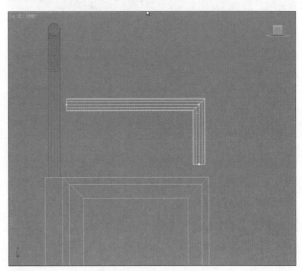

17 使用 ✛【选择并移动】工具并配合【Shift】键，将刚绘制好的扶手沿着【X】轴进行复制，调整好位置，如下图所示。

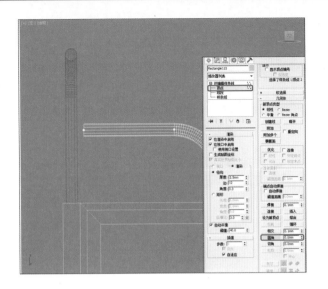

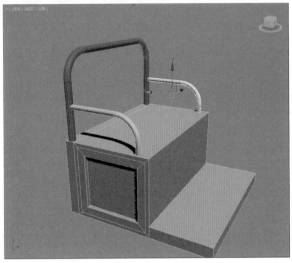

18 将之前的蓝色弧线靠背模型复制一个，取消对【在渲染中启用】和【在视口中启用】复选框的勾选。按键盘【1】键，进入样条线的【顶点】层级，在 【修改】面板中单击 连接 按钮，将断开的样条线连接起来，如下图所示。

19 为连接好的样条线添加【挤出】修改器，在【参数】卷展栏中设置【挤出】的【数量】为1mm，调整好位置即可，至此车椅部分的模型就创建完成了，如下图所示。

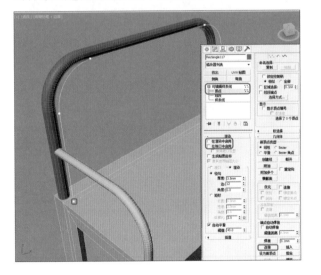

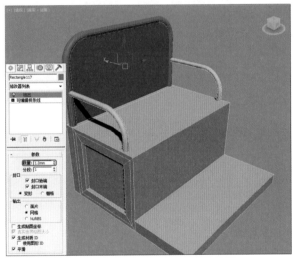

5. 车头模型

车头部分是由方向盘、车头灯、发动机机箱和挡风板组合而成，在本案例中车头模型的制作不是很复杂，下面开始对车头模型进行创建。

01 首先对发动机模型进行创建。在前视图中创建一个【矩形】，并设置矩形的【长度】为35mm、【宽度】为60mm，如下图所示。

02 为刚创建的矩形添加【挤出】修改器，并设置【挤出】的【数量】为80mm，然后调整好位置，如下图所示。

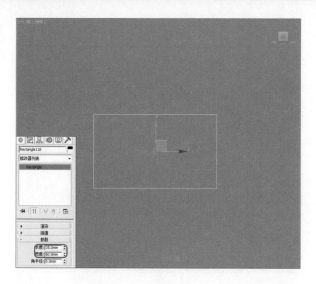

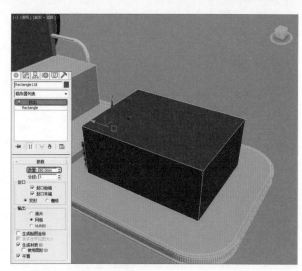

03 将模型转换为【可编辑多边形】，按键盘【4】键，进入模型的 ▣ 【多边形】层级，选择顶部的面，如下图所示。

04 在 ▣ 【修改】面板中使用 挤出 工具进行操作，设置【挤出多边形-高度】为25mm，如下图所示。

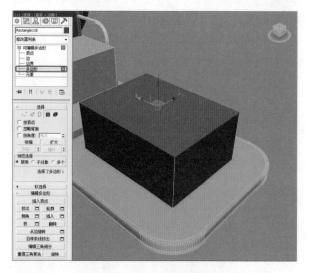

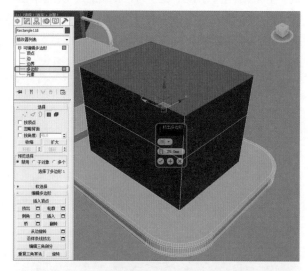

05 按键盘【1】键，进入模型的 ▣ 【顶点】层级，在前视图中选择上面的两个顶点沿着【X】轴进行 ▣ 【选择并均匀缩放】操作，操作后效果如右图所示。

♀ 提示 模型细节对称缩小的问题

右图中的点如果使用【选择并移动】工具来分别调整，就不容易让左右的距离相同，因此使用单轴向缩小的方法更加合适。

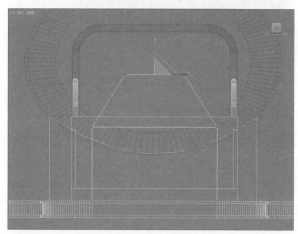

06 按键盘【4】键进入■【多边形】层级，选择模型的顶面和侧面，如下图所示。

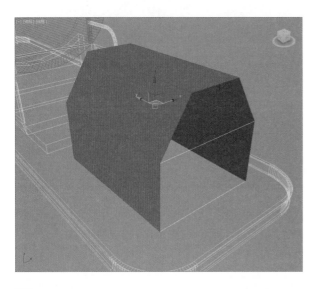

07 在▨【修改】面板里执行 插入 命令，设置【插入-数量】为2mm、【插入-组】模式为【按多边形】方式，如下图所示。

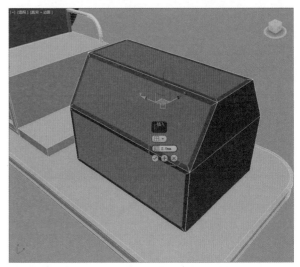

08 为模型前部的面进行 插入 操作，设置【插入-数量】为2mm、【插入-组】模式为【组】方式，如下图所示。

09 保持当前的选择，再次使用 插入 命令，设置【插入-数量】为6mm、【插入-组】模式为【组】方式，如下图所示。

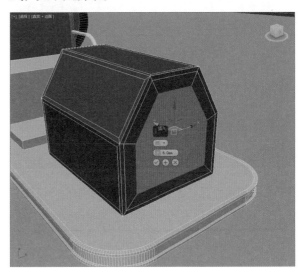

10 继续使用 插入 命令，设置【插入-数量】为2.5mm、【插入-组】模式为【组】方式，如下图所示。

11 进入■【多边形】层级，选择前边的一些多边形面进行 挤出 操作，设置【挤出多边形-高度】为2mm，如下图所示。

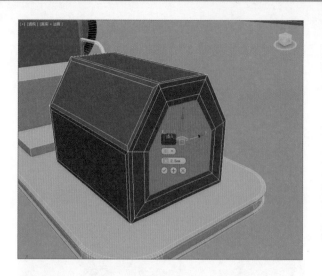

12 选择侧面的两个多边形面，执行 [插入] 命令，设置【插入-数量】为5mm、模式为【组】，如下图所示。

13 为侧面继续执行 [插入] 命令，设置【插入-数量】为1mm、模式为【组】，如下图所示。

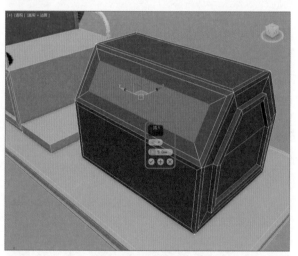

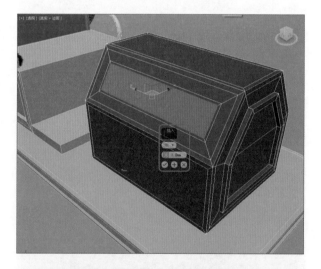

14 选择刚刚通过插入得到的新多边形面进行 [挤出] 操作，设置【挤出多边形-高度】为-1mm，如右图所示。

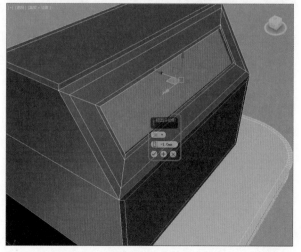

提示 灵活处理【挤出】等命令的计算方式

在多边形建模内部的一些命令中，有若干种不同的计算方式，如第11步中的【插入】命令就选择了【组】方式来计算，选择不同的方式会带来不同的计算效果，因此需要注意。

6. 挡风板模型

挡风板的作用是挡风和防护，模型的位置紧贴在车头的后方，下面开始对挡风板模型进行创建。

01 在前视图中绘制一个【矩形】，并设置矩形的【长度】为70mm、【宽度】为100mm，如下图所示。

02 选择刚才绘制的矩形，在【修改器列表】里为其添加【挤出】修改器，设置【数量】为5mm，并调整好位置，如下图所示。

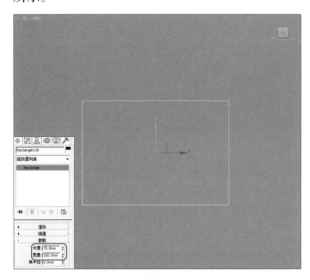

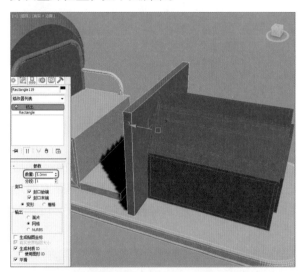

03 将模型转换为【可编辑多边形】，按键盘【4】键，进入模型的■【多边形】层级。选择模型的前后面，进行 插入 操作，设置【插入-数量】为2mm，如右图所示。

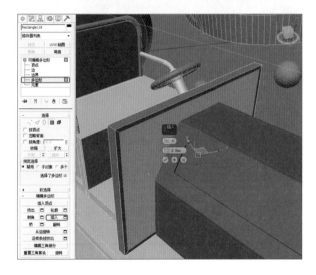

7. 车灯模型

车灯模型可以通过先创建一个球体，然后将其转换为【可编辑多边形】，再配合 利用所选内容创建图形 工具的方式来完成。

01 在前视图中绘制一个【球体】，设置其【半径】值为9mm、【半球】为0.5，并调整好位置，这样这个球体就变成了半球体，如下图所示。

02 将模型转换为【可编辑多边形】，按键盘【4】键，进入■【多边形】层级，选择模型的一些面，如下图所示。

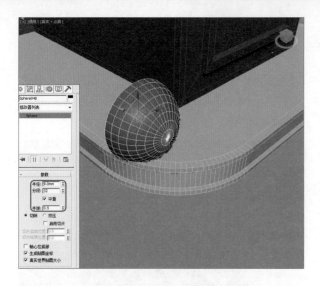

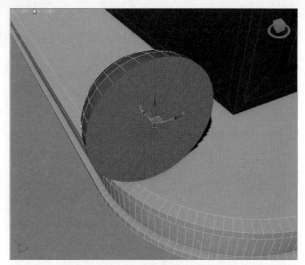

03 按【Delete】键删除刚刚选择的那些面，然后进入模型的☑【边界】层级，单击刚删除面的边沿，结果系统会自动选择模型边沿的所有边，如下图所示。

04 在☑【修改】面板的┌─ 编辑边界 ─┐卷展栏中找到 封口 命令并单击，结果之前删除的面又重新封起来了，如下图所示。

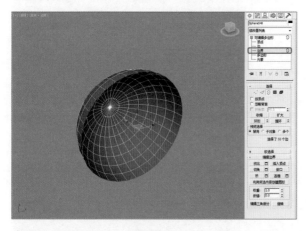

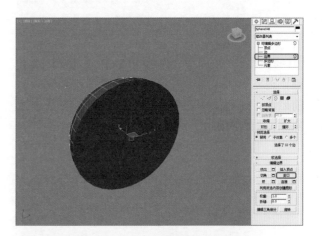

05 保持当前的红色边界的选择，在☑【修改】面板的┌─ 编辑边界 ─┐卷展栏中找到 利用所选内容创建图形 按钮，如右图所示。单击该按钮，系统会弹出【创建图形】对话框，可以对新创建的图形进行名称更改，并有【平滑】和【线性】两种【图形类型】供选择，在这里选择【线性】类型，如下图所示。

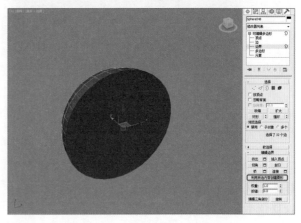

06 退出模型的 【边界】层级，选择刚刚创建的新图形，进入 【修改】面板的 ⊞ 渲染 卷展栏，勾选【在渲染中启用】和【在视口中启用】复选框，设置【径向】的【厚度】为1.2mm，如下图所示。

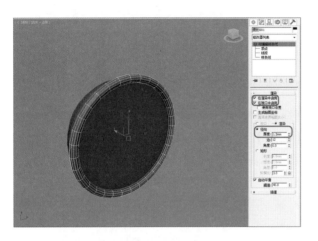

07 同时选择车灯和边沿两个模型，单击主工具栏中的 【镜像】按钮，选择镜像轴为【Y】轴。使用 工具调整整体车灯模型的位置，放在车头前边位置即可，如下图所示。

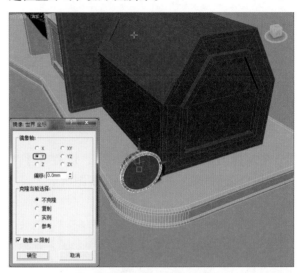

08 保持对当前模型的选择，配合键盘上的【Shift】键以【复制】方式复制另一个车灯，如下图所示。然后调整好复制出的车灯的位置，如右图所示。

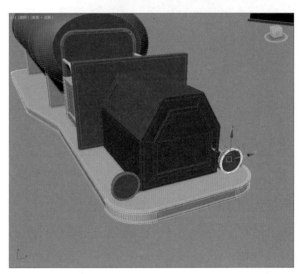

8. 方向盘模型

方向盘模型的制作也是很简单的，主要方法也是通过对二维样条线设置可渲染属性来完成。

01 在顶视图中绘制一个 圆 ，设置圆形的【半径】为12mm，在 【修改】面板的 渲染 卷展栏中勾选【在渲染中启用】和【在视口中启用】复选框，再设置【径向】的【厚度】为3mm，如下图所示。

02 绘制一个 星形 ，设置【星形】的【半径1】为10mm、【半径2】为3mm，再设置【点】为5、【圆角半径1】为0.05mm。在 【修改】面板的 ⊞ 渲染 卷展栏中勾选【在渲染中启用】和【在视口中启用】复选框，设置【径向】的【厚度】为2mm，如下图所示。

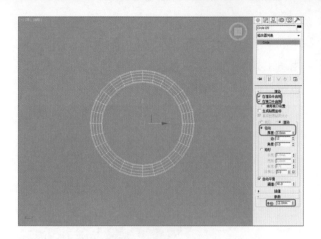

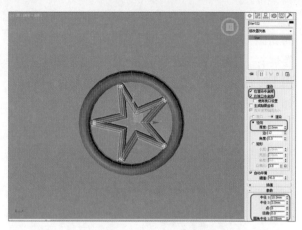

03 在顶视图中绘制一个 球体 ，设置其【半径】为3.5mm，并调整好位置，如下图所示。

04 再绘制一个 圆柱体 ，设置其【半径】为2.5mm、【高度】为23.5mm，设置【高度分段】为1，如下图所示。

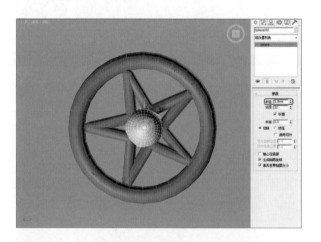

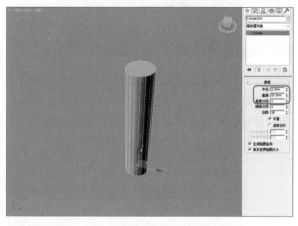

05 使用❖工具调整刚创建的圆柱体的位置，将其放置在方向盘下部位置，效果如下图所示。

06 选择这一组方向盘模型，使用❖【选择并移动】工具移动到挡风板的后面，结果如下图所示。

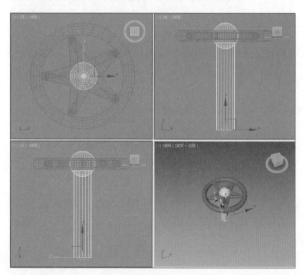

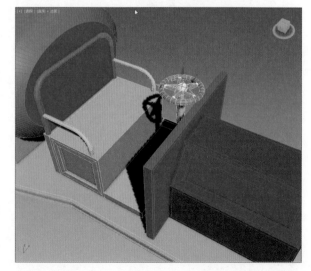

07 在左视图中通过 ⟳【选择并旋转】工具,将整体方向盘模型调整到合适位置,最终效果如右图所示。

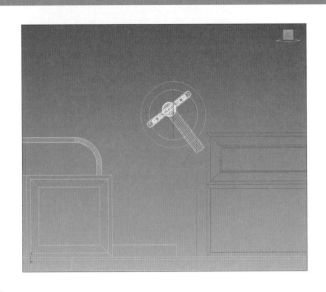

📍【提示】关于【选择并旋转】工具的轴向问题

当使用【选择并旋转】工具的时候,不同的视图轴向会有所不同,一般我们都将鼠标光标放置到外围的大圈上旋转,这样比较容易控制。

9. 车轮、支架、踏脚板、车轴、挡泥板的模型

车轮、支架、踏脚板、车轴、挡泥板等模型的创建稍有难度,不过只要了解了小车的结构形态,制作起来就会轻松很多,只需逐个创建模型,最后把做好的模型拼装在一起,调整到合适位置即可。

01 绘制一个 圆柱体 ,设置【圆柱体】的【半径】为5mm、【高度】为150mm、【高度分段】为1,如下图所示。

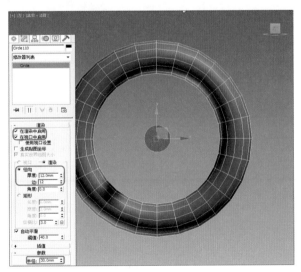

02 在左视图中绘制一个 圆 ,设置圆形的【半径】为30mm。在 ✐【修改】面板的 渲染 卷展栏中勾选【在渲染中启用】和【在视口中启用】复选框,设置【径向】的【厚度】为12mm,如下图所示。

03 选择刚创建的圆形,以【复制】方式进行复制。设置复制出的圆形的半径为24mm,勾选【在渲染中启用】和【在视口中启用】,设置类型为【矩形】,设置其【长度】为5mm、【宽度】为3mm,如下图所示。

04 将刚建立好的模型原地复制一个,设置复制出的圆形的【半径】为24mm,在 ✐【修改】面板中勾选【在渲染中启用】和【在视口中启用】复选框,设置类型为【径向】,设置径向的【厚度】为3.5mm,如下图所示。

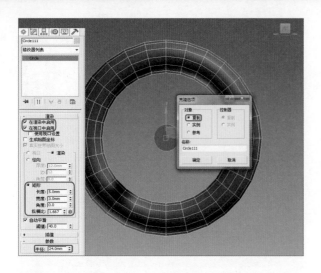

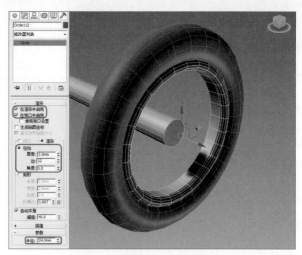

05 将模型稍微移动一些位置，再将刚刚绘制好的模型再次复制一个，并调整好位置，如下图所示。

06 绘制轮圈的中心部分，在左视图中创建一个 ▣ **星形**，设置【星形】的【半径1】为25mm、【半径2】为10mm、【点】为5，如下图所示。

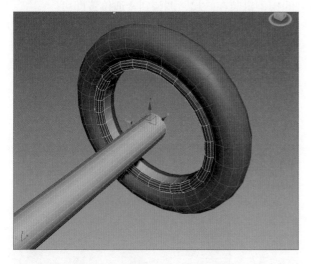

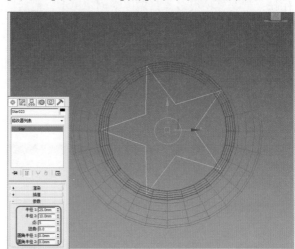

07 通过右键快捷菜单将【星形】转换为【可编辑样条线】，按键盘【1】键进入模型的 ⊡【顶点】层级，选择模型中间的5个【顶点】。在 ▣【修改】面板里单击 圆角 按钮，设置【圆角值】为5mm，圆角操作后效果如右图所示。

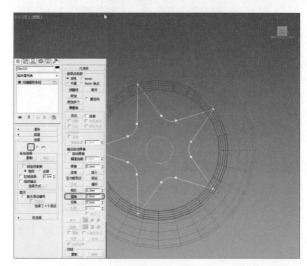

08 选择【星形】最外面的5个顶点，再次使用 圆角 工具操作，设置【圆角值】为6.2mm，最后效果如下图所示。

09 为图形添加【倒角】修改器，设置【级别1】的【高度】为1mm、【轮廓】为2mm，设置【级别2】的【高度】为1mm、【轮廓】为0mm，设置【级别3】的【高度】为1mm、【轮廓】为-2mm。然后对模型的位置进行调整，调整后效果如下图所示。

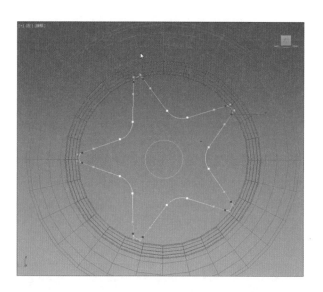

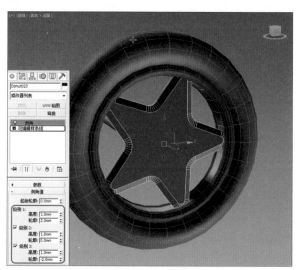

10 绘制一个 球体 ，设置【半径】为7mm，并调整好位置，如下图所示。

11 保持整个车轮的选择，按住【Shift】键配合 工具，以【实例】方式复制新的模型到另外一侧，然后将复制出来的车轮进行位置上的调整，如下图所示。

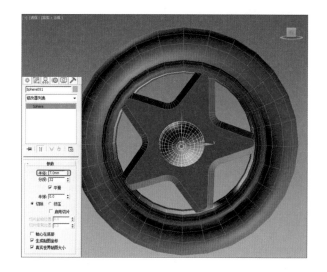

12 将绘制好的车轮在顶视图移动到车头下部，此时发现车轮的中轴有些长了，如下图所示，下面我们需要对模型进行微调。

13 将车轮中轴的圆柱【高度】由原来的150mm调整到现在的130mm，经过调整以后，效果比以前好了很多，如下图所示。

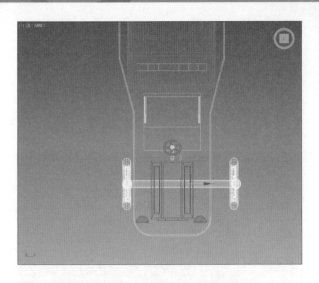

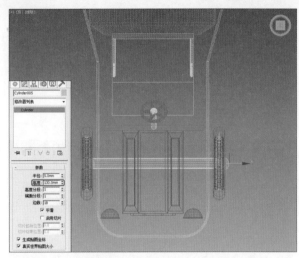

14 使用【复制】的方式将前面的车轮复制一个，如下图所示。按【R】键激活 🔲【选择并均匀缩放】工具，在 🔲 图标上右击，系统会弹出【缩放变换输入】对话框，在其中可以对模型进行等比例缩放，如下左图所示。

15 在【缩放变换输入】对话框里将【偏移：屏幕】设置150%，按【Enter】键确认后系统又显示为100%，如下左图所示。此时模型相比以前已等比例放大，效果如下图所示。

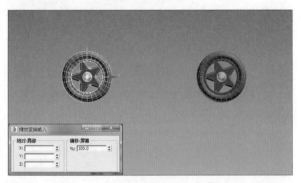

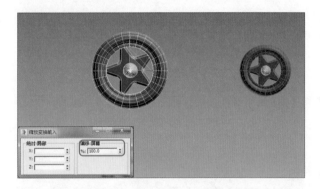

16 将前轮的中轴复制一个，位置放在后轮中轴的位置上，在顶视图中选择后面的车轮进行复制，结果如下图所示。

17 在顶视图中会发现后车轮的中轴不够长，接下来对中轴进行修改，将圆柱体的【高度】设置为170mm，然后调整好位置，如下图所示。

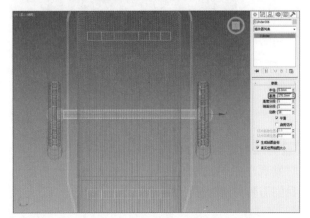

18 在前视图中绘制一个 [弧]，设置圆弧的【半径】为70mm，设置【从】为35mm，设置【到】为146mm，如下图所示。

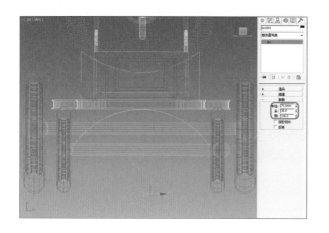

19 打开 [【修改】面板的 [+ 渲染] 卷展栏，勾选【在渲染中启用】和【在视口中启用】复选框，设置【径向】的【厚度】为5mm，调整好位置，前轮支架就做好了，如下图所示。

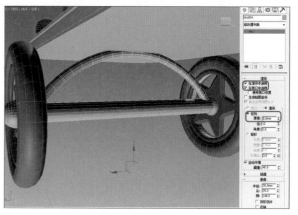

20 将前轮的支架复制到后面放支架的位置，调整好大小，调整后效果如下图所示。

21 在顶视图中绘制一个 [矩形]，并设置【矩形】的【长度】为1.6mm、【宽度】为15mm，如下图所示。

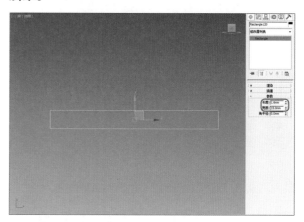

22 将矩形转换为【可编辑样条线】，按键盘上的【1】键进入 [【顶点】层级，然后进行【优化】操作，在模型上添加一些顶点，如右图所示。

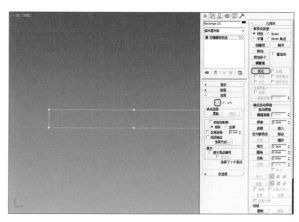

23 对图形的顶点使用 ⊕【选择并移动】工具进行调整，然后对左右两侧的一些点进行【圆角】操作，最终调整后效果如下图所示。

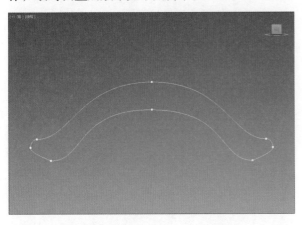

24 为图形添加【挤出】修改器，设置挤出的【数量】为100mm、【分段】为56，如下图所示。

25 再次为刚刚挤出的模型添加【弯曲】修改器，设置弯曲的【角度】值为120mm、弯曲的【方向】值为90，如下图所示。

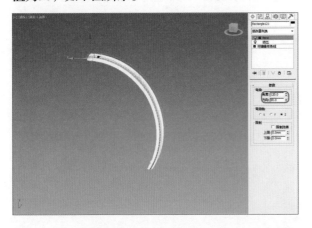

26 将创建好的模型放置在合适的位置上，效果如下图所示。

27 将刚创建的模型进行镜像复制，制作后面的挡泥瓦，如下左图所示。然后调整其位置，如下图所示。

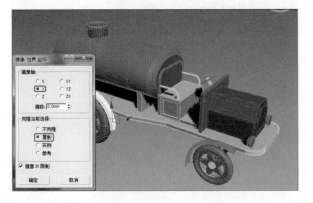

28 在修改器堆栈中返回模型的【挤出】修改器层级，设置【数量】为140mm，如下图所示。

29 进入模型的【弯曲】修改器层级，设置弯曲的【角度】为140mm，如下图所示。

30 绘制踏脚板模型。在顶视图中画一条【线】，按键盘【3】键进入 〰【样条线】层级，在 ✐【修改】面板里使用 ▭轮廓▭ 工具对线进行操作，设置轮廓值为16mm，如下图所示。

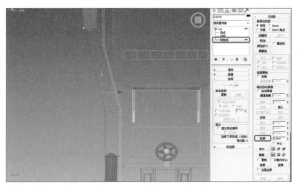

31 按键盘【1】键进入 ⣿【顶点】层级，在 ✐【修改】面板中使用【优化】命令，在线段上单击鼠标进行加点操作，然后对后边的几个顶点沿着档泥板进行调整，如下图所示。

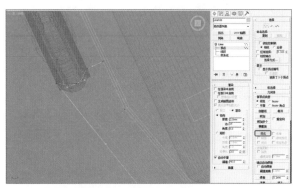

32 为调整好的图形添加【挤出】修改器，设置【挤出】的【数量】为2mm，设置【分段】为1，并调整好位置。在透视视图中选择前后车轮的挡泥板和踏脚板沿着【X】轴进行移动复制，如下图所示。

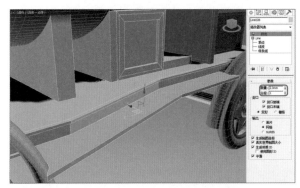

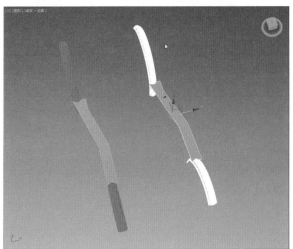

33 选择刚刚复制的模型，让它紧贴着模型车轮和车板，此时观察结果发现模型位置并反了，使用 【镜像】命令进行【X】轴镜像操作，如下图所示。然后对模型进行位置上的移动，调整后效果如右图所示。

10. 油箱的模型

油箱模型是比较简单的，只需绘制二维样条线然后进行挤出就可以成型。

01 在前视图中创建一个 [圆]，设置其【半径】10mm，如下图所示。

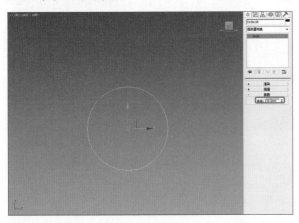

02 为圆形添加【挤出】修改器，设置【挤出】的【数量】为70mm，如下图所示。

03 通过右键快捷菜单把模型转换为【可编辑多边形】，按键盘【2】键，进入 [边]层级，选择中间的所有边，在 [修改]面板中使用 [连接]工具进行操作，如右图所示。

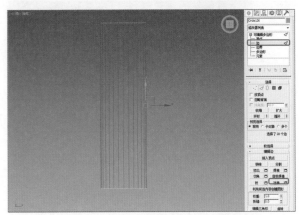

04 设置【连接边-分段】为2，设置【连接边-收缩】为35mm，如下图所示。

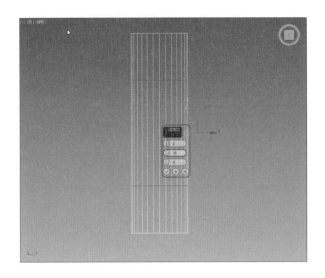

05 保持对刚才新连接边的选择，在 【修改】面板中执行 切角 命令，设置【切角-边切角量】为1.5mm，如下图所示。

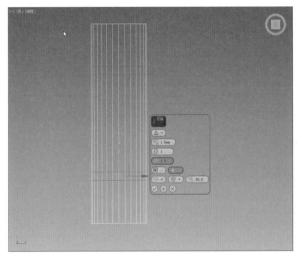

06 将绘制好的油箱移动到模型车板的下部，此时我们的小车模型就创建完成了，最终效果如下图所示。

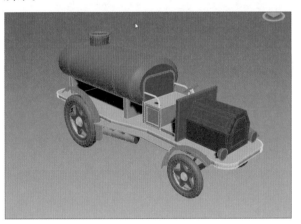

07 选择小车的所有模型移动到前面步骤创建的地板上，并摆放好位置，如下图所示。

08 在菜单栏中找到【组】下拉菜单，选择【成组】命令将小车模型组合成一个组【小车】，【组】对话框如下图所示，模型如右图所示。

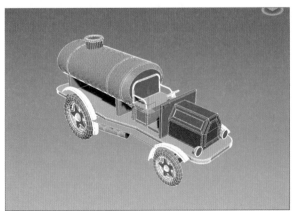

7.2.6 木鼓棒模型的制作

木鼓棒模型虽然简单，但用到的命令却不止一个，接下来开始制作木鼓棒的模型。

01 在前视图中绘制一个 [圆]，设置圆形的【半径】为15mm，如下图所示。

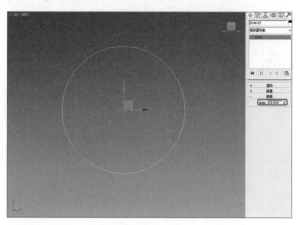

02 为刚创建的圆形添加【挤出】修改器，设置【挤出】的【数量】为532mm，如下图所示。

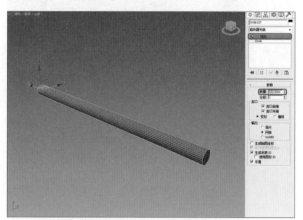

03 为刚刚【挤出】的模型添加【锥化】修改器，并设置【锥化】的【数量】为-0.54，此时就可以看到模型一端保持原来的形状不变，而另一端却变细，如右图所示。使用 工具并配合【Shift】键，以【实例】方式复制出另一个木鼓棒模型，如下图所示。

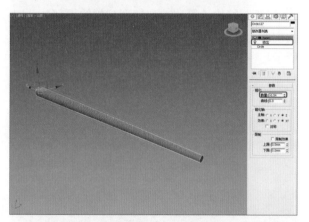

04 将两根木鼓棒模型移动到木鼓顶部，然后对木鼓棒的位置进行进一步的调整，调整后效果如右图所示。

📍 提示 关于【实例】复制方式的一些好处

【实例】复制方式可加快渲染计算速度，而且还会有材质的继承效果，这是一种快速高效的复制方式。

7.2.7　多面体盒子模型的制作

多面体盒子是一个小玩具，其每一个面都有不一样的图案，下面开始制作多面体模型。

01 在透视视图中创建一个 长方体，然后在 【修改】面板中设置【长方体】的【长度】为130mm、【宽度】为130mm、【高度】为130mm，如下图所示。

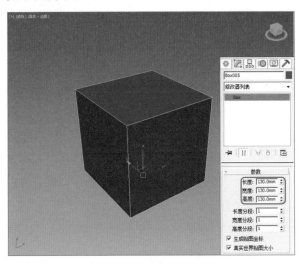

02 按住【Shift】键，以【复制】方式沿着【X】轴方向移动复制长方体。设置复制模型的【长度】为110mm、【宽度】为110mm、【高度】为110mm，如下图所示。

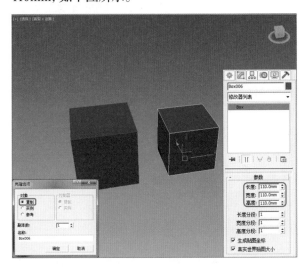

03 再次复制一个长方体，并设置【长度】为80mm、【宽度】为80mm、【高度】为80mm，如下图所示。

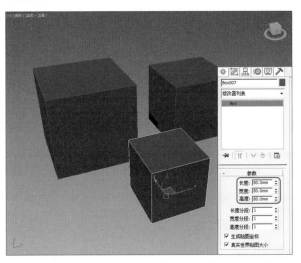

04 使用主工具栏中的 、 工具来调整这三个长方体模型之间的位置，其最终效果如下图所示。

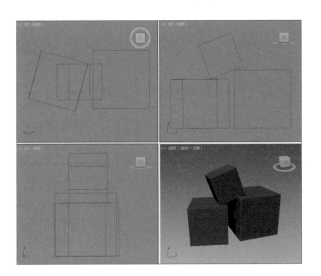

提示 关于场景的摆放问题

本页第04步中的盒子摆放使用手动移动可以达到效果，但如果是很多盒子就需要使用一些特殊的方法来完成自然散落放置的效果，在3ds Max中可以使用动力学计算出这种刚体下落，也可以使用Particle Flow来计算这种效果。

7.2.8　飞镖盘和飞镖模型的制作

飞镖盘和飞镖也是大家小时候十分喜爱的一种玩具，飞镖盘表面上有很多的圆环，而飞镖模型则是一根针后面带了翅膀。

01 在顶视图中绘制一个 圆 ，设置圆形的【半径】为80mm，如下图所示。

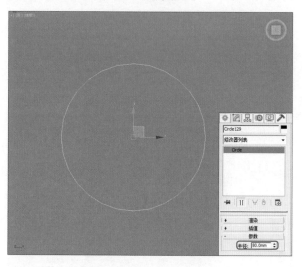

02 为圆形添加【挤出】修改器，并设置【挤出】的【数量】为3mm，如下图所示。

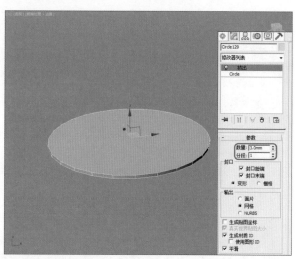

03 为圆盘绘制弧形提手。在顶视图中创建一条 弧 ，设置弧形的【半径】为20mm、【从】为265、【到】为85，如下图所示。

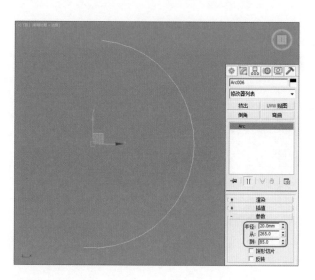

04 在 【修改】面板的 渲染 卷展栏中勾选【在渲染中启用】和【在视口中启用】复选框，设置【径向】的【厚度】为2mm，并调整好位置，如下图所示。

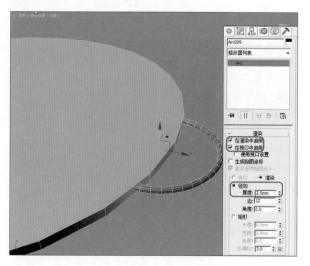

05 在前视图中绘制一个 矩形 ，然后设置【矩形】的【长度】为46mm、【宽度】为2mm，如下图所示。

06 通过右键快捷菜单将矩形转换为【可编辑样条线】，按键盘【2】键进入 【线段】层级，选择模型右边一条竖边，按【Delete】键进行删除，如下图所示。

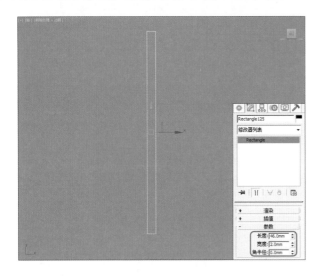

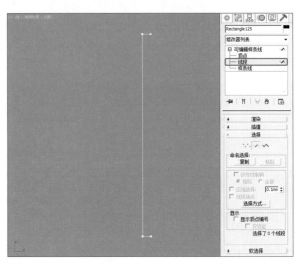

07 按键盘上的【1】键进入  【顶点】层级，在  【修改】面板中单击 优化 按钮进行加点操作，如下图所示。

08 使用 【选择并移动】工具调整顶点的位置，调整后效果如下图所示。

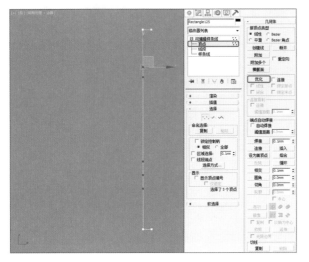

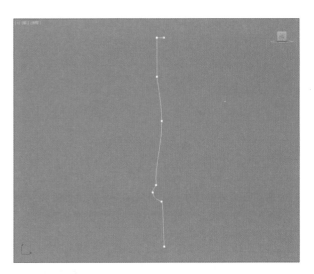

09 为模型添加【车削】修改器，单击 【修改】面板中的【最大】按钮，如右图所示。

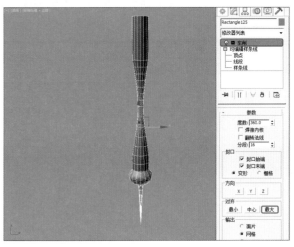

💡 提示 关于【车削】修改器的常见错误

使用【车削】修改器时如果模型结果不对，可以检查是否轴向错误，或者对齐的方式不对。

10 在刚创建的模型旁边绘制一个 矩形 ，设置矩形的【长度】为7mm、【宽度】为9mm，如下图所示。

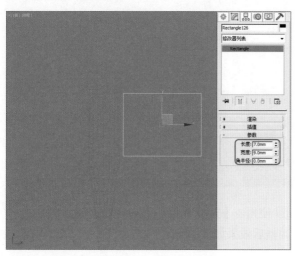

12 接着使用 ✛【选择并移动】工具对一些顶点的位置进行调整，调整效果如右图所示。

📍 提示 关于复杂建模的原始模型创建问题

很多复杂的模型是使用简单的模型先创建大轮廓然后不断细化来完成，本页中的模型也是通过绘制二维样条线来构建模型大致轮廓。

13 选择模型沿着【X】轴方向进行 ▦【镜像】复制，在镜像复制对话框中的【克隆当前选择】选项组里选择【复制】方式，如下图所示。使用 ✛ 工具调整其位置，如右图所示。

11 将矩形转换为【可编辑样条线】，按键盘上的【1】键，进入模型的 ∷【顶点】层级，如下图所示。

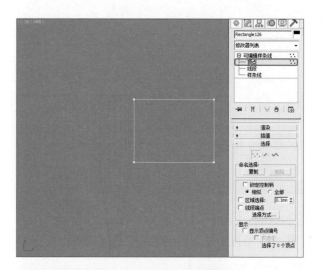

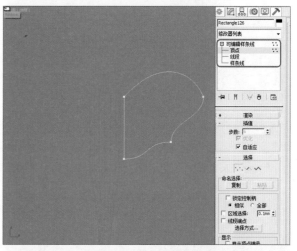

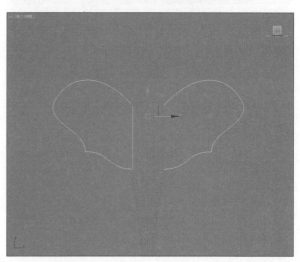

14 选择其中一个图形并右击，选择【附加】命令，将两个图形附加成一个图形，如下图所示。

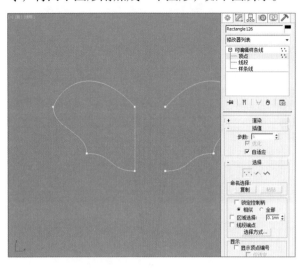

15 为模型添加【挤出】修改器，设置【挤出】的【数量】为0.2mm，如下图所示。

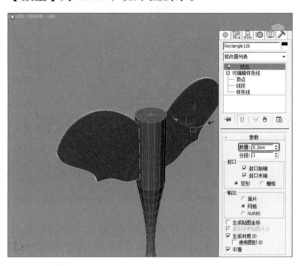

16 保持当前的选择，按【E】键启用◎【选择并旋转】工具，在视图中配合【Shift】键进行旋转复制，并调整好位置，如下图所示。

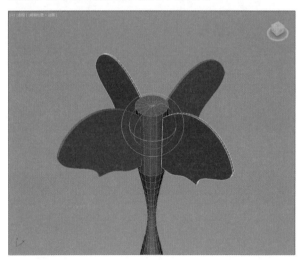

17 将绘制好的飞镖模型放在飞镖盘上，然后配合【Shift】键以【实例】方式复制出另一个飞镖模型，并调整好位置，最终效果如下图所示。

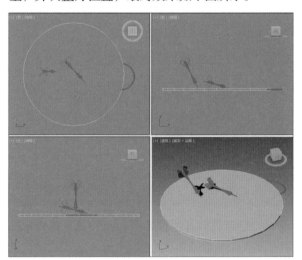

7.2.9　弹珠模型的制作

弹珠的模型比较简单，就是一个个大小不一的球体，将其位置摆放好即可。

01 在顶视图中创建一个 球体 ，设置球体的【半径】为30mm，使用➕【选择并移动】工具将球体模型移动到木鼓模型的上面，如下图所示。

02 将剩余的弹珠模型全部创建出来，大小最好有所不同，如下图所示。

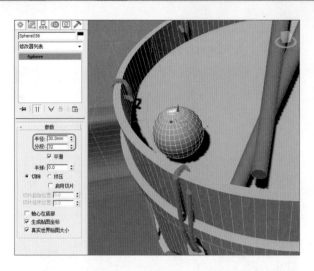

03 此时场景中的模型全部创建完成，不过可以发现当前模型位置的摆放以及整体构图不是很好，模型与模型之间没有太多的联系，如右图所示。

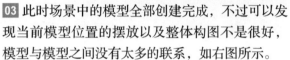

关于构图的问题

构图的调整需用户有足够耐心和审美素质，建议平时多看一些平面构成的书籍来提高这方面的涵养。

7.3 场景摄影机的创建

创建摄影机有两种方法：一种是在透视视图里找到一个合适的角度，按【Ctrl+C】组合键快速创建摄影机；另一种是在顶视图、前视图、左视图中手动创建摄影机。

在透视视图中按住【Alt】键并配合鼠标中键对视图进行旋转，找到一个好的构图角度后按【Ctrl+C】组合键创建摄影机。如果创建出来的摄影机角度不是很好，也可以在其他几个视图中对摄影机的位置进行移动调整，最终摄影机效果如右图所示。

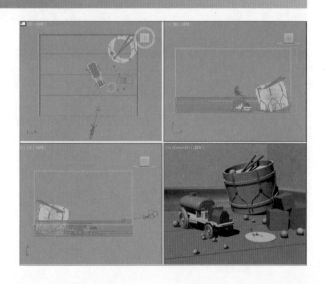

7.4　场景灯光的创建

在本案例中运用了两种光源，一种是主光源，一种是辅助光源。主光源的颜色为暖色，用以模拟黄昏太阳光；辅助光源是以冷色为主，主要是打在暗部，模拟环境光。

7.4.1　渲染草图设置

添加灯光之前设置一下渲染参数，这样可以快速看到场景中灯光材质的渲染效果。

01 按【F10】键打开【渲染设置】窗口，进入【公用】选项卡设置【输出大小】参数区域的【宽度】为500、【高度】为375，如下左图所示。切换到【V-Ray】选项卡，在 全局开关[无名汉化] 卷展栏中关闭【默认灯光】，设置【二次光线偏移】为0.001；在 图像采样器(抗锯齿) 卷展栏中设置【图像采样器】类型为【固定】，取消对【图像过滤器】复选框的勾选，如下右图所示。

02 打开【GI】选项卡，展开 全局照明[无名汉化] 卷展栏，勾选【启用全局照明（GI）】复选框，设置【二次引擎】为【灯光缓存】，展开 发光图 卷展栏，设置【当前预设】为【自定义】，设置【细分】为20、【最小速率】为-5、【最大速率】为-5，勾选【显示计算相位】和【显示直接光】复选框，展开 灯光缓存 卷展栏，设置灯光缓存的【细分】为100，如下图所示。

03 打开【V-Ray】选项卡，在 全局确定性蒙特卡洛 卷展栏中设置【自适应数量】为0.85、【噪波阈值】为0.1，如右图❶所示。在【设置】选项卡的 系统 卷展栏中取消对【显示消息日志窗口】复选框的勾选，如右图❷所示。

7.4.2 主光源的建立

本案例的效果是秋天黄昏时的效果，整体色调呈橘红色，光线不是很强，太阳投影比较长，而且边缘比较虚。

01 在 ⚙【创建】面板里单击 【灯光】按钮，可以看到默认的灯光类型是【光度学】，如下左图所示。将灯光类型改成【标准】，然后找到并单击 目标平行光 按钮，如下右图所示。

📍 **提示** 太阳光与目标平行光特点相似

太阳投射的是平行光线，在为场景选取模拟太阳光线的主光时，通常会选择目标平行光来进行模拟，因为目标平行光投射的平行光线与太阳的一致。

03 选择目标平行光在前视图或者左视图中沿着【Y】轴向上移动一定的高度。进入 【修改】面板，打开 常规参数 卷展栏和 强度/颜色/衰减 卷展栏，勾选【阴影】参数区域中的【启用】复选框，并设置投影方式为【VR-阴影】，将灯光的颜色设置为暖黄色【R250 G227 B198】，如下图所示。

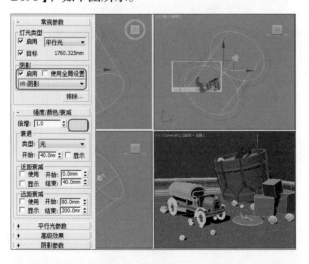

02 在顶视图中创建【目标平行光】，注意灯光要与场景摄影机成一个90°以内的夹角，这样得到的明暗对比比较强烈，模型明暗部位的体面关系比较清晰。灯光与摄影机的位置如下图所示。

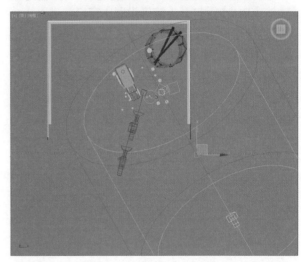

04 展开 平行光参数 卷展栏，修改【聚光区/光束】为1070mm、【衰减区/区域】为1310mm，按【T】键进入顶视图观察平行光的聚光区，只要其区域可以将场景模型包含在其中即可，如下图所示。

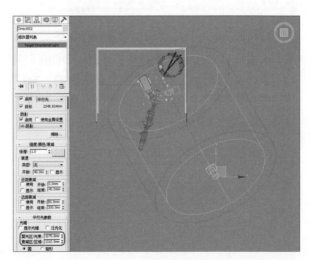

05 按【F9】键渲染摄影机视图，观察灯光的照明效果，如下图所示。可以看到，渲染出来的场景的光感还是不错的，但是灯光的投影太过生硬，没有虚实的变化。这种投影很像中午时分的影子，但本场景要表现的是黄昏时分的效果，阳光的投影一定要有虚实变化。

06 在 【修改】面板的 VRay 阴影参数 卷展栏中勾选【区域阴影】复选框，并设置U、V、W大小均为150mm，如下左图所示。按键盘上的【F9】键渲染摄影机视图，此时发现场景模型的投影变得有虚实变化了，如下图所示。

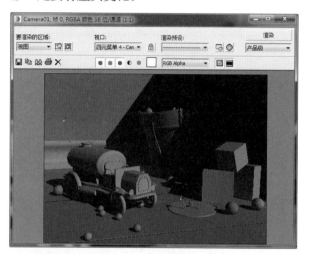

📍 提示 主光源太阳光颜色解析

在设置黄昏效果主光源的太阳光颜色时，通常将颜色设置得偏暖一些，在颜色的选择上，使用色调在红色和黄色之间并且饱和度较低的橙黄色为宜。

7.4.3　辅助光源的建立

主光源创建完成后，再创建一盏辅助灯光照亮暗部，本场景是用了一盏【泛光】来作为辅助光源，通常暗部的颜色偏冷色，灯光的强度也比较弱。

01 在 【创建】面板切换到 【灯光】选项，单击 泛光 按钮，然后在顶视图中创建一盏泛光灯，如右图所示。

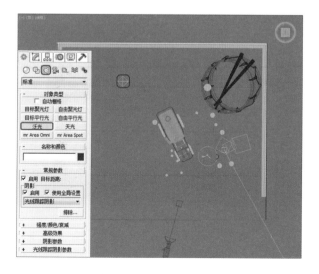

📍 提示 泛光灯特点解析

泛光灯是以一个点为中心向四周发散光线的，因此可以用来模拟现实中的灯泡、台灯等点光源照明。

02 在 ☑【修改】面板中展开 [- 常规参数] 卷展栏和 [+ 强度/颜色/衰减] 卷展栏，取消对阴影的【启用】，设置灯光的【倍增】为0.2，将灯光的【颜色】设置为【R59 G67 B238】的冷色调。按【F】键进入前视图，将泛光灯沿着【Y】轴向上移动，稍微提高一点位置即可，如下图所示。

04 进入 ☑【修改】面板，展开 [+ 强度/颜色/衰减] 卷展栏，在【远距衰减】参数区域中勾选【使用】复选框，并设置【开始】和【结束】为150mm、2020mm。按【F9】键渲染摄影机视图，观察辅助灯光的照明效果，此时暗部的冷色已得到了一定的控制，如下图所示。

03 按键盘上的【F9】键渲染摄影机视图，观察辅助灯光的照明效果，此时暗部部分就微微亮起来了，如下图所示。

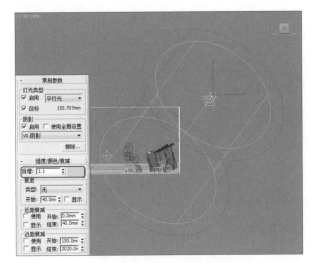

05 选择场景中的目标平行光，然后在 ☑【修改】面板中展开 [+ 强度/颜色/衰减] 卷展栏，设置灯光的【倍增】为1.1，如下图所示。

06 再次进入摄影机视图渲染场景，渲染效果如右图所示。可以看到，整体的效果还是可以的，场景亮度得到了提高，暖色调也明显增加了，这样场景的灯光就创建完成了。

7.5　场景材质的制作

场景中灯光设定完成后，就可以对场景进行材质的设定，通常对材质的设定分为两个部分，第一部分是先将大体（墙体、墙角线、地板）的材质进行设置，第二部分是对场景配饰（小车、飞镖盘、鼓、弹珠、木鼓棒、多面盒子）物体的材质进行设置。为了方便读者学习，首先对场景的材质进行编号，按照编号逐一进行材质的讲解和设置，如右图所示。

7.5.1　墙体材质的制作

本场景的墙体是一个做旧的墙体材质，所以墙体材质会有明显的凹凸、划痕等，凹凸和划痕的质感可以用贴图来完成。

01 按键盘上的【M】键打开材质编辑器，然后选择一个空白材质球，将其名称改为【墙体】，如右图所示。

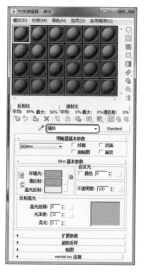

02 将材质赋予场景墙体模型，并在【漫反射】后面的贴图通道中添加一张位图【砖墙.jpg】，图片如下左图所示。在 坐标 卷展栏中设置U、V的【瓷砖】值均为1，如下右图所示。

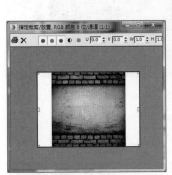

03 为模型添加【UVW贴图】修改器，并设置【贴图类型】为【长方体】，再将长度、宽度、高度均设为500mm，如下图所示。

📍 **提示** 使用真实世界比例

在3ds Max的贴图层级中有一个【使用真实世界比例】复选框，这个命令会按照贴图的实际大小来显示贴图在材质表面的情况，但这一效果将导致贴图尺寸在场景中的不正确显示，因此这个复选框要取消勾选。同样的道理，在【UVW贴图】修改器中也要取消对【真实世界贴图大小】复选框的勾选。

后面的章节中不再一一叙述，这两个复选框都要取消勾选。

04 在【墙体】材质中将【高光级别】设置为11，展开 贴图 卷展栏，把【漫反射颜色】通道中的贴图复制到【凹凸】通道里，设置【凹凸】通道贴图强度为50，如下左图所示。单击材质编辑器中的 【视口中显示明暗处理材质】按钮，如下右图所示。

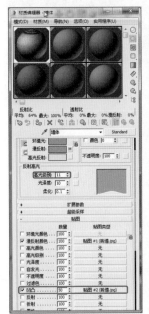

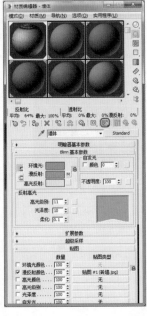

05 此时贴图就会在视图中的墙体模型表面上显示出来，如下图所示。可以看到，场景墙体模型表面上出现了材质中添加的位图，但模型上也出现了一条条白色垂直线，在这里需要对漫反射贴图进行裁剪，不但要在【漫反射】通道里进行贴图裁剪，而且还要在【凹凸】通道里进行相同的裁剪。

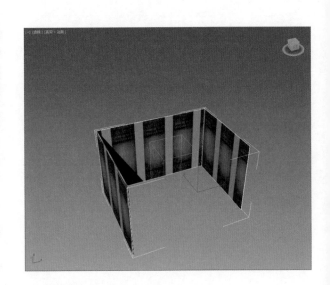

06 进入墙体材质的【漫反射】通道，在【裁剪/放置】参数区域中单击 查看图像 按钮，系统会弹出图像的预览窗口，在窗口中设置裁剪区域的大小，如下左图所示。然后关闭窗口并勾选【应用】复选框，这样就完成了贴图的裁剪，裁剪数值如下右图所示。

07 将【漫反射颜色】通道的贴图再次复制到【凹凸】通道里，这样就可以保证【漫反射】通道里的贴图和【凹凸】通道里贴图的裁剪一致。此时场景中的墙体已经正常了，但墙体表面还是能看到一些衔接不是很理想的地方，这些问题可在后期Photoshop中处理，贴图效果如下图所示。

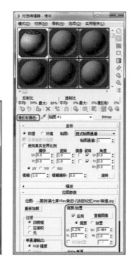

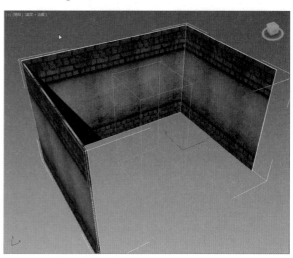

7.5.2　墙角线材质的制作

墙角线一般在墙体边缘，使用的材质一般都是大理石和木质，本场景中墙角线的材质是木质的。

01 设置一个名为【墙角线】的新材质，将其赋予场景中的墙角线模型，如下左图所示。在【漫反射颜色】通道中添加【混合】贴图，如下右图所示。

02 在【混合】贴图的【颜色#1】通道里添加一张位图【铁皮2.jpg】，如下左图所示。设置U、V轴向的【瓷砖】均为1，如下右图所示。

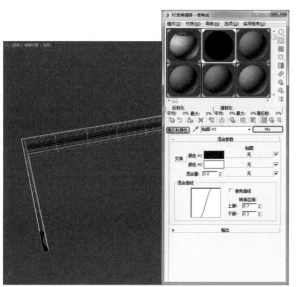

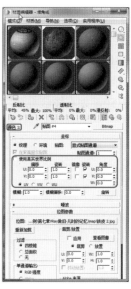

03 在【混合】贴图的【颜色#2】通道里添加一张位图【复合地板40.jpg】，如下左图所示。设置U、V轴向的【瓷砖】均为1，如下右图所示。

04 将【颜色#2】通道的贴图进行裁剪，裁剪数值如下左图所示。贴图效果如下右图❶所示。回到【混合】贴图层级，设置【颜色#1】和【颜色#2】的【混合量】为50，让两张贴图各占一半的混合比例，如右图❷所示。

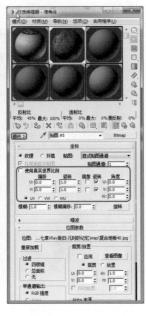

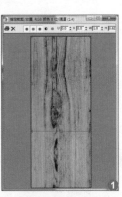

05 回到材质的顶层级，将【漫反射】的颜色设置为【R76 G56 B34】，展开 贴图 卷展栏，把【漫反射颜色】通道的贴图强度改为70，这样【混合】贴图就占到了70%的比例，而【漫反射颜色】占到了30%的比例，这步操作是想让材质的颜色更暗一点。将 扩展参数 卷展栏展开，把【过滤】颜色设置为【R46 G40 B30】，如右图❶所示。将【漫反射颜色】通道里的贴图复制到【凹凸】通道里，并将贴图强度改成50，如右图❷所示。

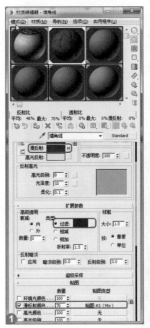

06 选择墙角线模型并添加【UVW 贴图】修改器，然后设置【贴图方式】为【长方体】，再将【长度】、【宽度】、【高度】均设置为500mm，如右图所示。

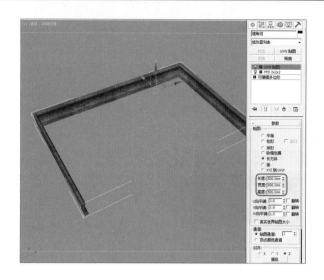

7.5.3 木地板材质的制作

在制作木地板之前，要先知道木地板的表面具有Fresnel【菲涅耳】反射现象，并且通常都是模糊反射，表面有一定的凹凸质感。

01 设置一个 VRayMtl 材质【木地板】，在【漫反射】通道添加位图【木地板.jpg】，如下左图所示。为了让渲染出来的木地板纹理更清晰，在 坐标 卷展栏中把【模糊】设置为0.1，然后赋给场景中所有的木地板模型，并单击【视口中显示明暗处理材质】按钮，在场景中显示贴图，如下右图所示。

02 为场景中每块地板模型添加【UVW贴图】修改器，设置【贴图方式】为【长方体】，再将【长度】、【宽度】、【高度】均设为1000mm，效果如下图所示。

提示 物体表面的反射

现实中所有物体都是有反射效果的，有些物体表面的反射属性比较弱，有些物体反射属性比较强。在3ds Max中对于反射属性非常弱的物体可以不设置反射效果，这样会加快场景渲染速度。

03 由于木地板的表面具有【菲涅耳】反射现象，所以要在【反射】通道里添加【衰减】贴图，并设置【衰减类型】为【Fresnel】，再设置侧衰减为【R23 G23 B23】的黑灰色，让地板有一点点轻微的反射效果即可，如下图所示。

04 取消对【菲涅耳反射】复选框的勾选，如下左图所示。展开【贴图】卷展栏，将【漫反射】通道的贴图复制到【凹凸】通道中，设置【凹凸】通道的贴图强度为50，如下右图所示。

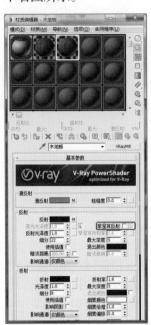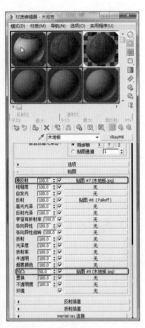

05 按键盘上的【F9】键渲染摄影机视图，渲染效果如右图所示。

提示 菲涅耳反射复选框的取消勾选

在VRay Adv 3.00.07渲染器环境下，[VRayMtl]材质的【菲涅耳反射】复选框默认处于勾选状态，但使用【衰减】贴图来产生【菲涅耳反射】则可以直接控制反射的强度和色彩，形式上更加灵活一些，因此我们采用【衰减】贴图来产生【菲涅耳反射】效果，如无特别叙述，本例中和本书中的所有[VRayMtl]材质的【菲涅耳反射】复选框都要取消勾选。

7.5.4 木鼓材质的制作

场景木鼓表面有明显的凹凸感和破旧感，反射属性比较弱，在制作木鼓材质之前，先对木鼓模型进行分离和分配【ID】号操作，这样可以方便木鼓材质的制作与处理。

01 选择木鼓模型，按【4】键进入■【多边形】层级，选择顶部和底部的所有面。进入☑【修改】面板中的 - ━━━ 编辑几何体 ━━━ 卷展栏，单击 分离 按钮，此时会弹出【分离】对话框，如下图所示。单击【确定】按钮后模型的顶部和底部就会分离出去，变成一个独立模型，如右图所示。

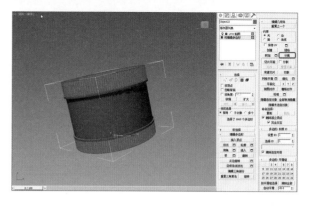

02 选择木鼓模型中间的所有面，展开☑【修改】面板中的 - ━━━ 多边形：材质 ID ━━━ 卷展栏，在【设置 ID】数值框中进行 ID 号设置，将当前选择面的 ID 号设置为2，如下图所示。

03 按键盘上的【Ctrl+I】组合键进行【反选】操作，此时系统会选择剩余的所有面，然后将剩余面的【ID】号设置为1，如下图所示。

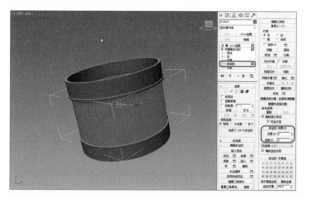

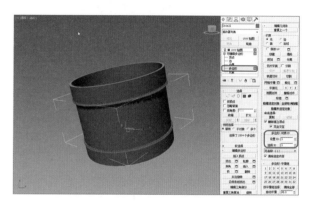

04 设置一个新的材质【木鼓顶部和底部】，将【高光级别】设置为22，为【漫反射】通道添加【混合】贴图，如下图所示。最后把材质赋予木鼓刚分离的顶部和底部模型。

05 在【混合】贴图的【颜色#1】通道中添加一张位图【木板.jpg】，将贴图进行合理裁剪，如下图所示。

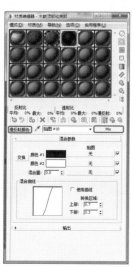

06 在【混合】贴图的【颜色#2】通道中添加一张位图【木地板.jpg】，如下左图所示。【颜色#2】通道中添加的图片如下右图所示。

07 回到【混合】贴图层级，在【混合量】通道里添加【衰减】贴图，并将侧衰减设置为【R144 G144 B144】灰色，如下左图所示。将【颜色#1】通道的贴图复制到【凹凸】通道里，保持默认的凹凸量，如下右图所示。

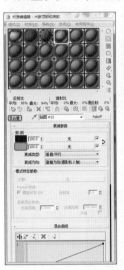

08 为模型添加【UVW贴图】修改器，设置【贴图方式】为【柱形】，设置长度、宽度、高度为446mm、446mm、350mm，如下图所示。

09 选择木鼓中间的部分，在材质编辑器中选择一个空白材质赋予模型，并将材质的名称改为【木鼓中间部分】，如下图所示。

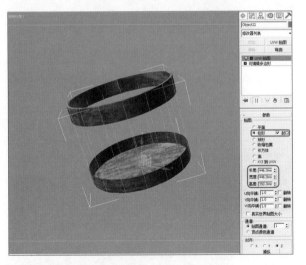

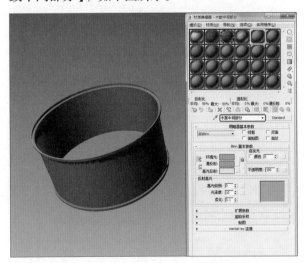

📍 提示 使用快捷键时的常见问题

在使用快捷键进行命令操作时，如果按快捷键没反应，通常是因为以下几点：
- 键盘输入法问题，恢复成英文输入法即可；
- 插入点还停留在别的命令框中；
- 此软件快捷键和电脑上其他软件的快捷键有冲突。

10 将默认的 Standard 【标准】材质转换成 Multi/Sub-Object 【多维/子对象】材质，然后在弹出的【替换材质】对话框里选择【将旧材质保存为子材质？】单选按钮，如下图所示。

11 单击多维材质面板的 设置数量 按钮，将【材质数量】设置为2，如下左图所示。进入多维材质的(1)号材质中，将名称改成【木鼓白色线圈部分】，修改【漫反射】为灰棕色【R176 G148 B113】，设置【高光级别】为48、【光泽度】为10，如下右图所示。

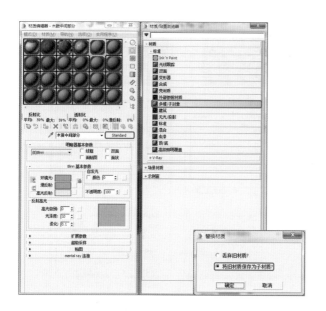

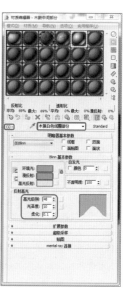

12 返回材质的顶层级，把(1)号材质复制到(2)号材质的通道中，如下左图所示。在进入(2)号材质，将其名称修改为【木鼓中间渐变部分】，降低【高光级别】为43，如下右图所示。

13 在(2)号材质【漫反射】通道里添加【渐变】贴图，打开 渐变参数 卷展栏，如下左图所示。将【颜色#1】改成【R104 G47 B1】，如下右图❶所示。将【颜色#2】改成【R203 G148 B94】，如下右图❷所示。将【颜色#3】改成【R139 G101 B34】，如下右图❸所示。

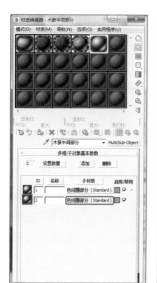

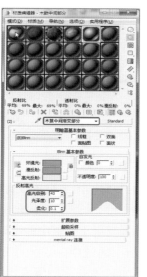

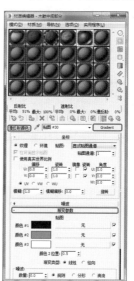

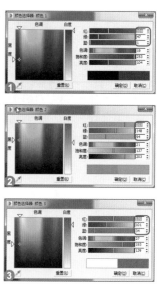

14 为木鼓中间部分模型添加【UVW 贴图】修改器，设置【贴图方式】为【柱体】，设置长度、宽度、高度为452mm、452mm、350mm，如下图所示。

15 进入（2）号材质，在【凹凸】通道中添加一张位图【木板.jpg】，为模型增加一点凹凸质感，设置【凹凸】贴图通道的强度为20，如下左图所示。设置U、V方向的【瓷砖】均为1，如下右图所示。

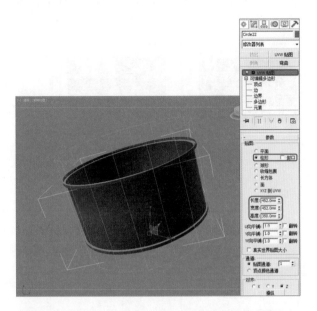

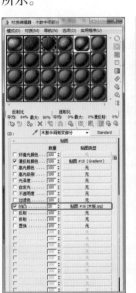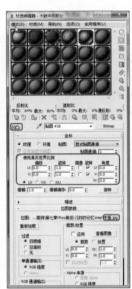

16 按【F9】键渲染摄影机视图，渲染效果如下图所示。

17 选择木鼓周围的绳索模型，如下图所示。

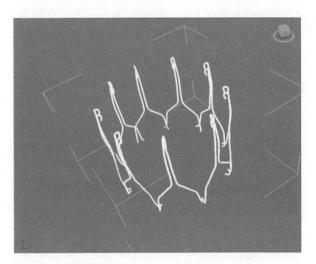

18 在材质编辑器中选中一个空白材质赋予模型，设置材质名称为【绳索】，将 Standard 材质类型转换成 VRayMtl 类型，如下图所示。

19 在【漫反射】通道添加【麻绳.jpg】贴图，然后裁剪贴图，设置裁剪数值如下左图所示。展开 贴图 卷展栏，将【漫反射】通道中的【麻绳.jpg】贴图复制到【凹凸】通道中，设置【凹凸】通道的贴图强度为1000，如下右图所示。

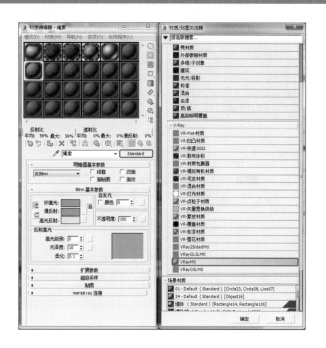

20 设置一个新的 材质【皮套】，如下左图所示。在【漫反射】通道中添加【混合】贴图，如下右图所示。

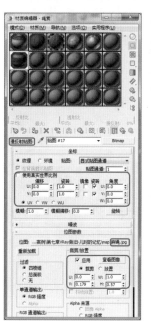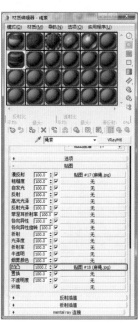

21 在【混合】贴图的【颜色#1】通道中添加一张位图【复合地板 38.jpg】，如下图所示。

22 在【颜色#2】通道中添加一张位图【WOOD_4.jpg】，然后裁剪【颜色#2】通道里的贴图，如下图所示。

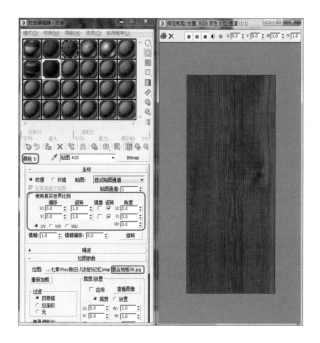

23 在【混合量】的通道里添加一张【衰减】贴图，如下左图所示。将【漫反射】通道里的【混合】贴图复制到【凹凸】通道中，设置【凹凸】通道的贴图强度为200，如下右图所示。

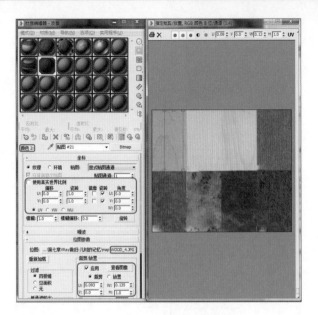

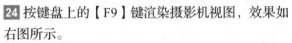

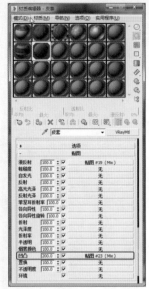

24 按键盘上的【F9】键渲染摄影机视图，效果如右图所示。

提示 **材质重名问题**

在3ds Max Design 2015中，一个场景中的模型可以重名，但材质编辑器中的材质不允许重名，当材质重名的时候，材质编辑器上的 ☑【将材质放入场景】按钮将会激活，单击这个按钮可以用当前材质替换其他重名材质。

7.5.5　小车材质的制作

在制作材质之前，首先把小车车体的一些多边形面进行分离操作，再分别赋予材质，这样可以方便为模型添加【UVW贴图】修改器。

01 首先在场景中选择水箱模型，按【4】键，进入 ■【多边形】层级，然后在场景中选择一些要分离的多边形面，在 ☑【修改】面板中单击 分离 按钮进行分离操作，如右图所示。

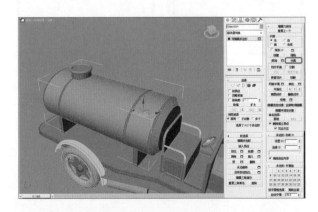

02 选择小车的车头模型，然后进入▣【多边形】层级，选择模型的一些面进行【分离】操作，如下图所示。

03 选择小车的底板模型，然后进入▣【多边形】层级，选择模型的一些面进行【分离】操作，如下图所示。

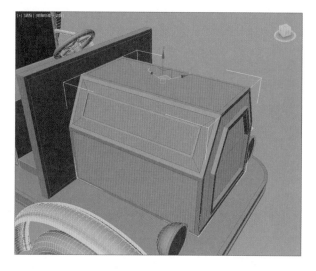

04 选择小车的油箱模型，然后进入▣【多边形】层级，选择模型的一些面进行【分离】操作，如下图所示。

05 选择小车的座椅模型，然后进入▣【多边形】层级，选择模型的一些面进行【分离】操作，如下图所示。

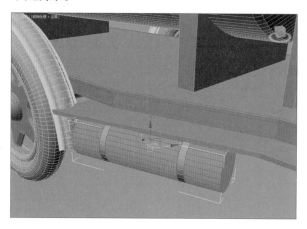

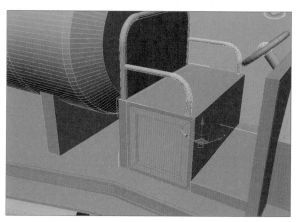

06 选择小车的挡风板模型，选择模型前面的面和后面的面进行【分离】操作，如右图所示。

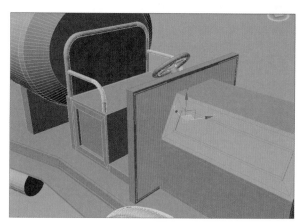

07 在材质编辑器中选择一个空白材质球，命名为【小车部分1】，如下左图所示。在【漫反射】通道添加【衰减】贴图，如下右图所示。

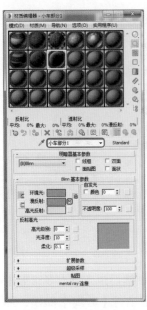 

08 将【小车部分1】材质赋予场景中小车刚分离的一些模型，如下图所示。

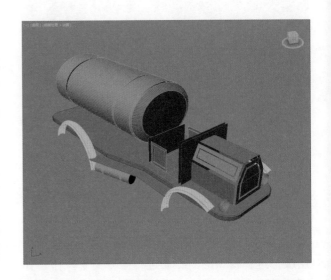

09 在前衰减通道中添加一张贴图【铁皮 1.jpg】并进行裁剪，具体参数如下左图所示。将侧衰减设置为中黄色【R221 G189 B91】，如下右图所示。

10 回到材质编辑器的顶层级，展开 **明暗器基本参数** 卷展栏，将默认的阴影着色方式由【Blinn】改成【各向异性】，设置【高光级别】为50、【光泽度】为10、【各向异性】为83，如下左图所示。将【漫反射颜色】通道中的【衰减】贴图复制到【凹凸】通道中，并保持30的凹凸量，如下右图所示。

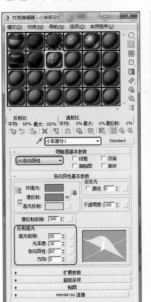 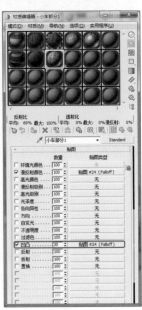

11 为每一个模型添加一个【UVW 贴图】修改器，设置【贴图类型】为【长方体】，再将【长度】、【宽度】、【高度】均设置为500mm，如下图所示。

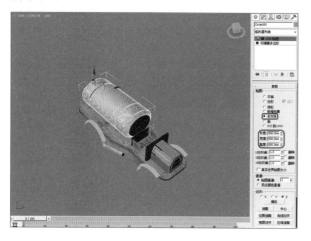

12 最后效果如下图所示。

13 选择之前分离的另一部分模型，如右图所示。

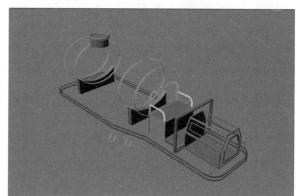

14 选择一个空白材质球并将其赋予选择的模型，命名为【小车部分2】，如右图❶所示。在材质编辑器中展开 —————明暗器基本参数————— 卷展栏，将默认的【Blinn】方式改成【各向异性】方式，设置【高光级别】为65、【光泽度】为10、【各向异性】为83，将【漫反射】颜色改成棕色【R68 G44 B13】，如右图❷所示。

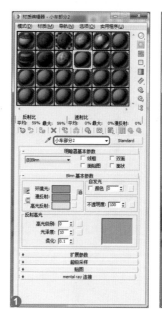

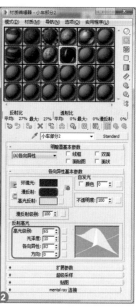

15 在【漫反射】通道添加一张【位图】贴图【铁皮1.jpg】，如下左图所示。展开 贴图 卷展栏，将【漫反射颜色】通道的贴图强度设置为30，如下右图所示。

16 展开 + 贴图 卷展栏，为【反射】通道添加一张【VR-贴图】程序贴图，设置贴图强度为16，如下图所示。

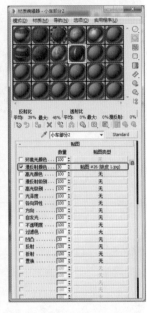

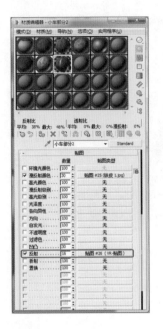

17 将【墙角线】材质赋予倚靠模型，如下左图所示。接着为模型添加【UVW贴图】修改器，设置【贴图类型】为【长方体】，再将【长度】、【宽度】、【高度】均设置为1000mm，如下右图所示。

18 设置一个新材质【车灯玻璃】，将其赋予车灯前面的玻璃模型，设置材质的【不透明度】为50、【高光级别】为150、【光泽度】为47，将【漫反射】颜色设置为蓝色【R53 G64 B119】，如下左图所示。在【反射】通道中添加一张【VR-贴图】，设置贴图强度为70，如下右图所示。

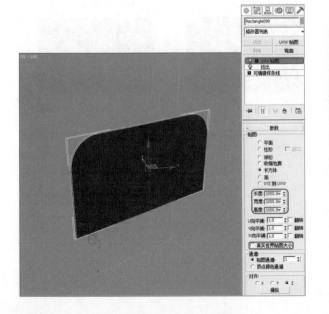

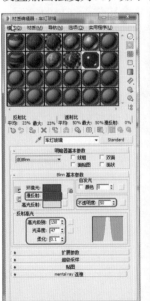
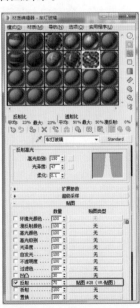

19 设置一个新材质【车轮】并赋予4个车轮模型，在 明暗器基本参数 卷展栏中将阴影着色方式改成【各向异性】，设置【高光级别】为45、【光泽度】为10、【各项异性】为83，再设置【过滤】颜色为灰黑色【R60 G60 B60】，如下图所示。

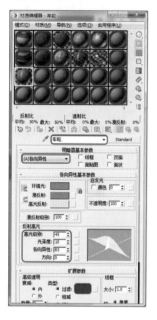

20 在【漫反射】通道中添加【衰减】贴图，在前衰减通道添加一张【位图】贴图【车轮.jpg】，如下左图所示。设置侧衰减为灰黑色【R47 G47 B47】，裁剪前衰减通道里的贴图，如下右图所示。

21 将前衰减通道里的贴图复制到【凹凸】通道中，设置贴图强度为150，如下左图所示。为模型添加【UVW 贴图】修改器，设置【贴图方式】为【柱形】，设置【长度】、【宽度】、【高度】为72mm、72mm、12mm，如下右图所示。

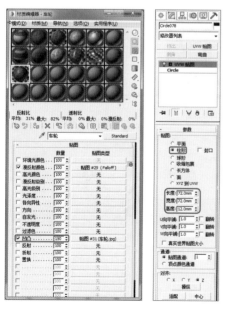

22 进入【凹凸】贴图通道，修改【瓷砖】数和角度，如下左图所示。经过修改后的效果如下右图所示。

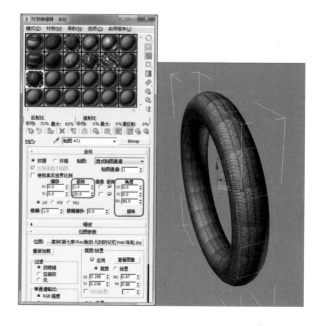

23 选择小车的方向盘赋予车轮材质,并调整好【UVW 贴图】修改器的参数,如下图所示。

24 选择轮圈模型,如下图所示。选择一个新的材质球赋予模型,更改材质名称为【轮圈】,展开 明暗器基本参数 卷展栏,将默认【Blinn】方式改成【各向异性】方式,设置【高光级别】为136、【光泽度】为10、【各向异性】为83,再将【漫反射】颜色改成纯黑色【R0 G0 B0】,如右图所示。

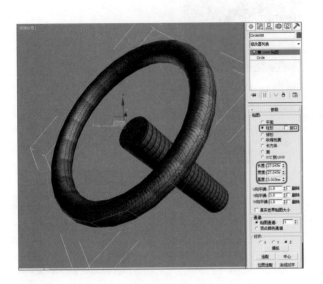

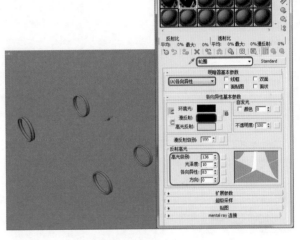

25 展开 贴图 卷展栏,在【反射】通道添加一张【VR-贴图】,并设置贴图强度为10,如下图所示。

26 将轮圈材质复制一个并修改名称为【轮圈支架】,修改【漫反射】颜色为红色【R133 G21 B9】,如下左图所示。将材质赋予小车的所有支架模型,如下右图所示。

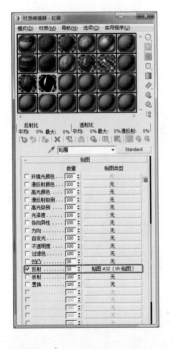

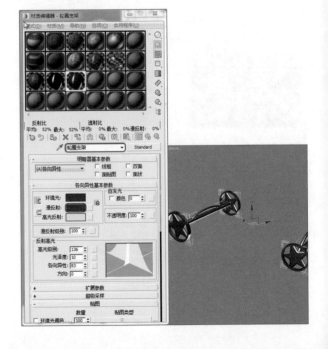

27 复制【轮圈支架】材质，改名为【轮圈装饰球】，将【漫反射】改成黄色【R209 G160 B12】，如左图所示。将材质赋予小车轮圈支架表面的装饰球模型，如下图所示。

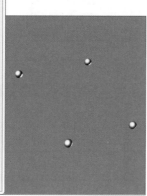

28 按键盘上的【F9】键渲染摄影机视图，效果如下图所示。

7.5.6 多面体材质的制作

多面体有6个面，需要6个材质球来完成一个多面体，每一个材质球负责模型的一个面，这样就可以使模型的每个面都有不同的图案或者花纹。制作此种效果需要使用【多维/子对象】材质。

01 在材质编辑器上创建一个新的 Standard 材质并命名为【多面体】，将其转换成 Multi/Sub-Object 【多维/子对象】材质，在弹出的【替换材质】对话框中选择【将旧材质保存为子材质】选项，如下图所示。单击 设置数量 按钮，将子材质数量改成6个，将6个子材质的名称分别改成1、2、3、4、5、6，如右图所示。

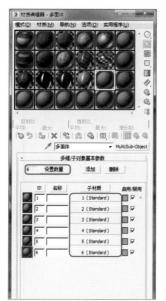

02 进入【1】材质球，为【漫反射】通道添加【位图】贴图【蝇子.jpg】，如下左图所示。然后将【漫反射颜色】通道中的贴图复制到【凹凸】通道中，如下右图所示。

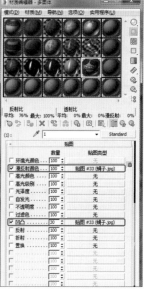

03 使用相同的方法为剩余的材质球【漫反射】通道和【凹凸】通道中各添加不同的卡通贴图，其顺序依次为2蜻蜓、3蜜蜂、4七星瓢虫、5蝎子、6蛾子，最终贴图内容如下图所示。

04 为模型材质增加破旧的质感，将做好的【多面体】材质转换成【混合】材质，如下图所示。

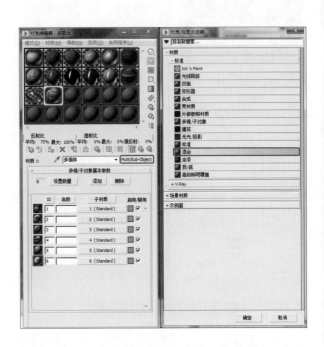

05 将【混合】材质的【材质2】命名为【多面体凹凸】，进入其中，在【漫反射颜色】通道中添加【位图】贴图【破旧墙体.jpg】，将贴图复制到【凹凸】通道中，保持默认的凹凸量30，如下左图所示。然后裁剪贴图，注意裁剪完成之后勾选【应用】复选框，裁剪大小及位置如下右图所示。

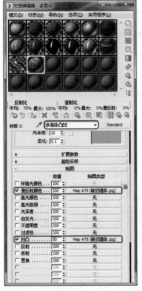

06 回到【混合】材质的顶层级，将【材质1】和【材质2】的【混合量】设置为45，如下图所示。

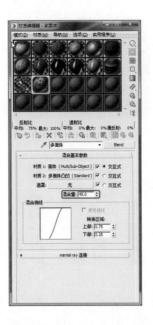

07 将【多面体】材质球复制一个，改名为【多面体2】，将其赋予另一个多面体模型，并进入【材质1】层级，如下左图所示。在这里要更换一些材质通道里的贴图，最终贴图内容如下右图所示。

08 将【多面体2】材质再次复制一个，将其赋予第三个多面体，材质名称改为【多面体3】，如下左图所示。修改【混合】材质内部材质的【漫反射】贴图，最终修改效果如下右图所示。

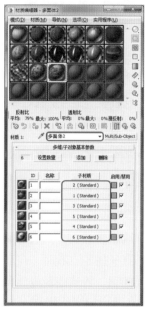

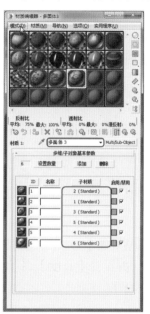
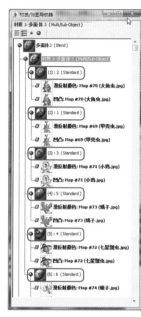

09 为场景中每个多面体盒子添加一个【UVW 贴图】修改器，设置【贴图方式】为【长方体】，调整到合适的大小即可，渲染效果如下图所示。

10 快速渲染摄影机视图，效果如下图所示。

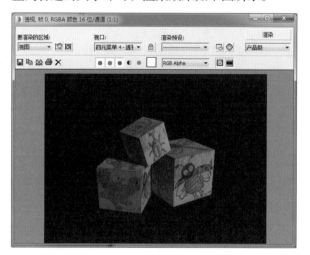

7.5.7 飞镖盘和飞镖材质的制作

飞镖盘材质只需要一张贴图就可以制作完成，飞镖模型材质分成两部分，第一部分是金属质感的材质，第二部分是塑料质感的材质。

01 在材质编辑器中选择一个新的材质球赋予场景飞镖盘模型，更改材质名称为【飞镖盘】，设置【高光级别】为57，如右图❶所示。在【飞镖盘】材质的【漫反射】通道中添加一张【位图】贴图【飞镖盘.jpg】，展开 贴图 卷展栏，将【漫反射颜色】通道中的贴图复制到【凹凸】通道中，并设置【凹凸】通道的贴图强度为50，如右图❷所示。

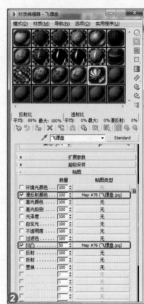

02 为飞镖盘模型添加【UVW贴图】修改器，保持默认的【平面】贴图方式，并设置【长度】、【宽度】均为185.5mm，如下图所示。

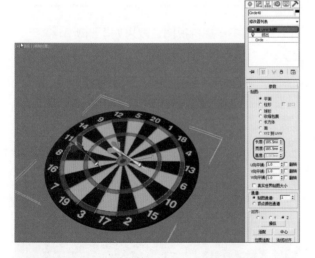

03 将飞镖模型转换成【可编辑多边形】，进入■【多边形】层级，选择模型的一些多边形面，在▨【修改】面板中单击 分离 按钮，将这些多边形面进行分离，对另一个飞镖也进行相同的操作，如下图所示。

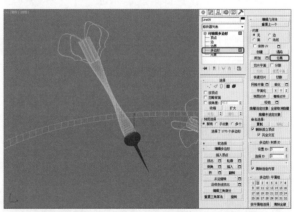

04 复制【轮圈】材质球，改名为【飞镖羽翼】，然后赋予场景中的飞镖模型，将【漫反射】改成亮黄色【R253 G229 B65】，设置【高光级别】为40、【光泽度】为10、【各向异性】为50，如下左图所示。复制【飞镖羽翼】材质并改名为【飞镖箭头】，设置【漫反射】为灰白色【R181 G181 B181】、【高光级别】为122、【光泽度】为10、【各向异性】为80，然后赋予飞镖箭头模型，如下右图所示。

05 将之前的【绳索】材质赋予飞镖盘的提绳，为其添加【UVW贴图】修改器，设置贴图类型为【长方体】，再将【长度】、【宽度】、【高度】设置为10mm、6.1mm、10mm，如下图所示。

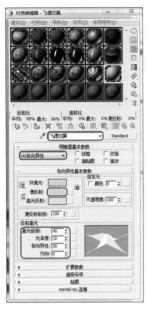 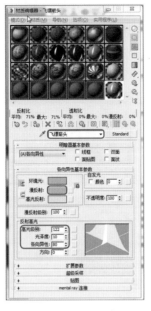 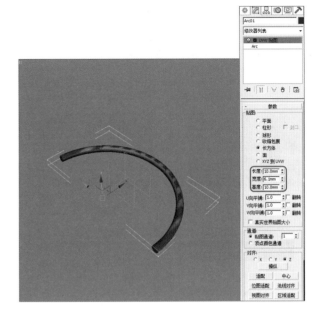

7.5.8 弹珠材质的制作

弹珠是玻璃材质，带有清晰的反射效果，场景中的弹珠还是比较多的，所以要多做两种弹珠材质。

01 编辑一个新的材质球【弹珠1】，把【漫反射】调整成蓝色【R54 G63 B119】，设置【高光级别】为150、【光泽度】为47、【不透明度】为50，在 扩展参数 卷展栏中将【过滤】色设置为黑灰色【R27 G27 B27】，如下左图所示。展开 贴图 卷展栏，在【反射】通道中添加【VR-贴图】，设置贴图强度为70，如下右图所示。

02 将材质赋予场景中左边的一个小弹珠，右边一个大点的弹珠，还有木鼓上边的一个弹珠，如下图所示。

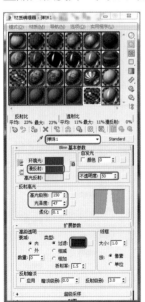 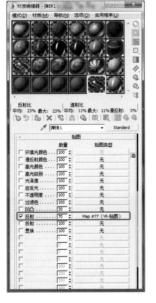

提示 关于画面的平衡问题

上图中的蓝色弹珠出现的位置正好构成了一个三角结构，这样画面的蓝色有呼应关系，从而让人看起来更舒服。

03 设置一个新的 VRayMtl 材质【弹珠2】，如下左图所示。在【漫反射】通道中添加一张【渐变】贴图，如下右图所示。

04 设置【颜色#1】为红色【R255 G66 B0】，如下图❶所示。设置【颜色#2】为黄色【R249 G205 B129】，如下图❷所示。设置【颜色#3】为粉红色【R249 G191 B176】，如下图❸所示。

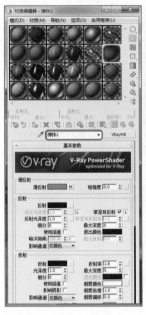
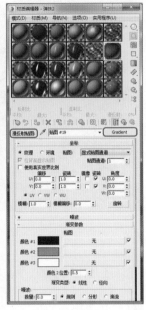

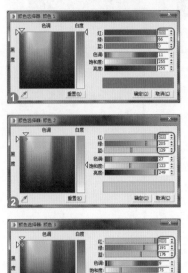

05 回到材质的顶层级，在【反射】参数区域激活【锁定】按钮，设置【高光光泽度】为0.9、【反射光泽度】为0.95，如下左图所示。在【反射】通道中添加一张【衰减】贴图，如下右图所示。

06 设置前衰减颜色为深灰色【R17 G17 B17】、侧衰减颜色为亮灰色【R114 G114 B114】，如下图❶所示。复制【弹珠2】材质并改名为【弹珠3】，如下图❷所示。将【漫反射】通道中的【渐变】贴图删除，为此通道添加【位图】贴图【车.jpg】并进行裁剪，如下图❸所示。将【弹珠3】材质赋予场景中的一些弹珠模型。

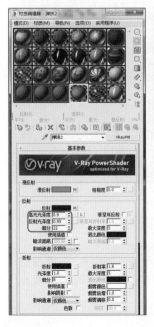

07 复制【弹珠3】材质，将新材质命名为【弹珠4】，如右图❶所示。将【漫反射】通道中的贴图换成【位图】贴图【WOOD_4.jpg】，并裁剪贴图，如右图❷和右图❸所示。

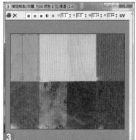

📍 提示 选取贴图的技巧

> 右图的弹珠选取贴图的时候专门选取暖色的贴图，这样可以和蓝色的弹珠形成色彩上的对比关系。

7.5.9 木鼓棒材质的制作

木鼓棒材质是典型的木材，可以通过常规的方法来制作。

01 复制【飞镖箭头】材质，将【漫反射】改成暗红色【R71 G27 B13】，设置【高光级别】为156、【光泽度】为28、【各向异性】为66、【过滤】色为黑灰色【R40 G40 B40】，如下图所示。

02 在【木鼓棒】材质的【漫反射】通道中添加一张【位图】贴图【木地板.jpg】，如下左图所示。设置【漫反射颜色】贴图的【数量】为40，如下右图所示。

03 将【木鼓棒】材质赋予场景中的两根木鼓棒，在 ☑【修改】面板中为模型添加【UVW 贴图】修改器，具体参数设置如下图所示。

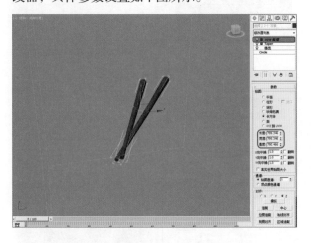

04 至此，场景中的所有材质就制作完成了，快速渲染摄影机视图，效果如下图所示。

7.6　场景整体效果的调整及渲染

观察之前的渲染结果，可以发现场景中的暗部还是有一点暗，虽然打了一盏辅助光源，但整体的暗部层次不是很明显，整体画面显得有点闷、不透气、空间感不足，下面就对这些问题进行调整。

7.6.1　场景灯光、空间的调整

材质的制作完成后，还要对后期的灯光及整体的空间进行调整，场景的调整可以大大提高整个画面的空间感和层次感。

01 本场景中的主光源强度有点强，有些局部出现了曝光过度的现象，选择主光源Direct002，在 ☑【修改】面板中展开 + 强度/颜色/衰减 卷展栏，将灯光的【倍增】设置为0.75，如下图所示。

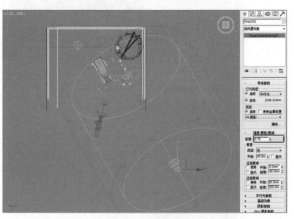

02 再次渲染摄影机视图，效果如下图所示。

03 按【F10】键，打开【渲染设置】窗口，在【V-Ray】选项卡中展开 ▭▭▭ 环境 ▭▭▭ 卷展栏，开启【全局照明（GI）环境】，设置其【倍增】为0.2，如下图所示。

04 再次渲染摄影机视图，效果如下图所示。

05 在顶视图中创建一盏【VR-灯光】，设置【1/2长】为500mm、【1/2宽】为500mm、【倍增】为1，勾选【不可见】复选框，在视图中使用 ◎【选择并旋转】工具进行旋转，设置灯光【颜色】为冷蓝色【R158 G189 B253】，如右图所示。

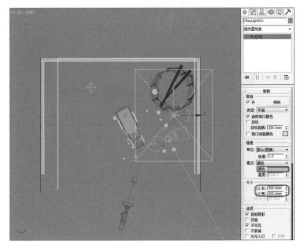

06 回到摄影机视图进行渲染，效果如右图所示。观察渲染出来的图像，可以看到整体的亮度得到了改善，效果还是不错的。

📍 提示 暗部区域的调整

场景暗部区域的调整通常可以采用以下几种方法：

- 增大辅助光源的强度；
- 再建立一个辅助光源；
- 开启【渲染设置】窗口中的环境光；
- 后期Photoshop的处理。

07 为场景增加空间感，在前视图中绘制一个 矩形 ，设置【长度】为800mm、【宽度】为1220mm，如下图所示。

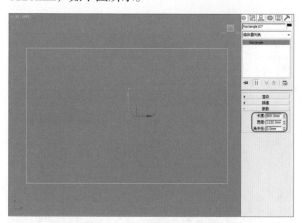

08 在场景中调整矩形的位置，如下图所示。

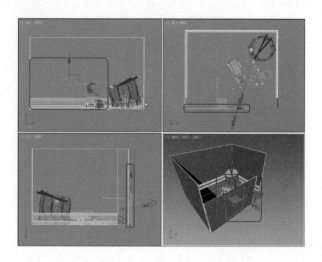

09 将刚绘制的矩形转换成【可编辑多边形】，然后为其赋予墙体材质，并为模型添加【UVW 贴图】修改器，设置【长度】、【宽度】、【高度】为600mm、500mm、1mm，如下图所示。

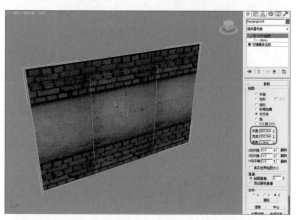

10 渲染摄影机视图，发现刚刚创建的墙体挡住了摄影机，如下图所示。

11 选择刚刚创建的墙体，通过右键快捷菜单打开【对象属性】对话框，取消对【对摄影机可见】复选框的勾选，如右图所示。

📍 提示 【对象属性】对话框的作用

【对象属性】对话框除了可以显示物体的坐标、面数等基本参数外，还可以控制物体的可见性；控制是否产生和接受投影；控制物体是否可以被渲染出来；控制物体是否产生运动模糊等效果，灵活修改一些参数可以满足一些特殊的制作效果。

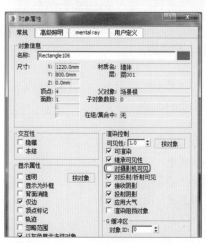

12 按键盘上的【F9】键渲染摄影机视图，如下图所示。

13 观察摄影机视图，发现摄影机在场景中还是被墙体挡住了，所以还要对摄影机进行修改，在场景中选择摄影机进入 【修改】面板，在【剪切平面】参数区域勾选【手动剪切】复选框，将【近距剪切】设置为370mm，【远距剪切】设置为2400mm，此时发现在视图中可以看到墙体后面的场景了，如下图所示。

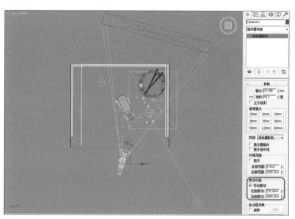

7.6.2 场景的灯光细分设置

灯光细分值的大小决定着光线和阴影的精细程度，灯光细分值越大，渲染出来的阴影越细腻柔和，反之渲染出来的阴影越粗糙。

01 选择场景中的主灯光，在 【修改】面板中展开 VRay阴影参数 卷展栏，将【细分】设置为25，如下图所示。

02 选择场景中的【VR-灯光】，在 【修改】面板中将【细分】设置为25，如下图所示。

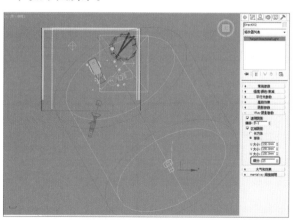

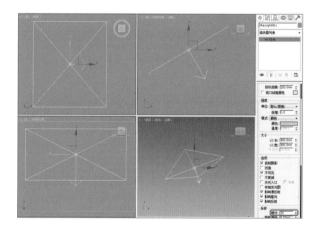

7.6.3 场景的VRay材质细分设置

场景VRay材质的细分设置，是指材质编辑器中的VRay材质的【反射细分】，由于使用的是中文版的3ds Max，一些插件如【场景助手】不能使用，所以本案例中的所有VRay材质的细分都要手动设置。

按键盘上的【M】键打开材质编辑器，将所有 VRayMtl 的反射【细分】设置为22，如右图所示。

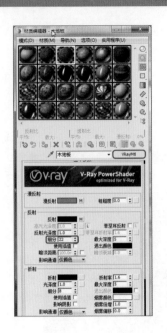

提示 关于3ds Max中文版的一些小Bug

右图中的材质细分参数在英文版的3ds Max中可以使用【场景助手】来统一修改，而中文版的3ds Max则不支持这一款插件。

7.6.4 VRay渲染面板的设置

在渲染最终大图之前先渲染光子图，这样可以节省渲染时间，光子图与最终大图的尺寸比例一般在1:4就可以。

01 按【F10】键打开【渲染设置】窗口，在【公用】选项卡中设置渲染图的【宽度】为500、【高度】为375，如下左图所示。在【V-Ray】选项卡中展开 全局开关[无名汉化] 卷展栏，勾选【不渲染最终的图像】复选框，在 图像采样器(抗锯齿) 卷展栏中设置【类型】为【自适应】，设置【图像过滤器】为【Mitchell-Netravali】，如下右图所示。

02 进入【GI】选项卡，展开 全局照明[无名汉化] 卷展栏，设置【当前预设】为【中】，设置【细分】为75、【插值采样】为20，如下左图所示。保存光子图，勾选【不删除】、【自动保存】、【切换到保存的贴图】三个复选框，如下右图所示。

03 单击████按钮，在弹出的对话框中设置光子图的保存路径，如下图所示。

04 展开████灯光缓存████卷展栏，设置【细分】为1200，同样保存【灯光缓存】的光子图，如下图所示。

05 进入【V-Ray】选项卡，展开████全局确定性蒙特卡洛████卷展栏，设置【自适应数量】为0.75、【噪波阈值】为0.002、【最小采样】为18，勾选【时间独立】复选框，展开████颜色贴图████卷展栏，设置【类型】为【线性倍增】，其余参数保持默认，如右图所示。

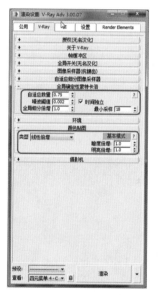

06 按【F9】键渲染摄影机视图，经过一段时间的渲染，光子图就渲染完成了，效果如右图所示。

提示 灯光缓存保存光子图解析

本场景中运用了【灯光缓存】模式，所以光子图需要保存两次。光子图一般保存在桌面上就可以了，光子图用过一次以后，最好不要再次使用。在渲染光子图时需要勾选【切换到被保存的缓存】复选框，这样当光子图渲染完成时系统会自动加载光子图。

07 打开【渲染设置】窗口，在【公用】选项卡中设置最终渲染大图的【宽度】为2000、【高度】为1500，如下左图所示。进入【V-Ray】选项卡，展开 全局开关[无名汉化] 卷展栏，取消勾选【不渲染最终的图像】复选框，如下右图所示。

08 单击 按钮渲染摄影机视图，如下图所示。

09 经过一段时间的渲染，最终大图渲染完毕了，效果如下图所示。

10 单击 按钮对大图进行保存，保存的格式为【TGA】，如下图所示。

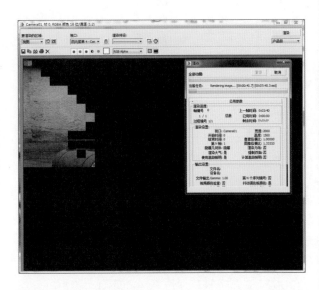

7.6.5　AO大图渲染的设置

AO大图是一张黑白通道图像，它的渲染是为了在Photoshop后期处理中使最终大图更具有分量感和体面感。

01 在3ds Max Design 2015的菜单栏中选择【编辑>暂存】命令，如下左图所示。选择场景中所有的灯光进行删除，如下右图所示。

02 在【GI】选项卡中关闭【启用全局照明】复选框，如下左图所示。打开【V-Ray】选项卡，进行相关设置，如下右图所示。

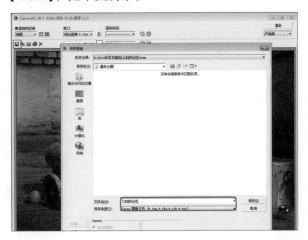

03 在材质编辑器中编辑一个 Standard 材质，命名为【OCC】，设置【自发光】为100，如下左图所示。在【漫反射】通道中添加一个【VR-污垢】贴图，设置【细分】为20，设置【半径】为200mm，如下右图所示。

04 将做好的【OCC】材质拖到【渲染设置】窗口的【覆盖材质】通道中，如下左图所示。使用默认的【实例】方式复制，如下右图所示。

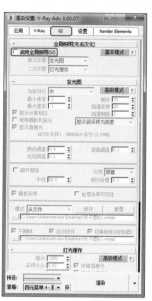

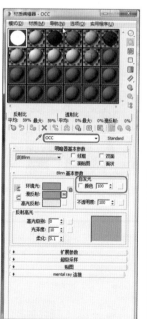
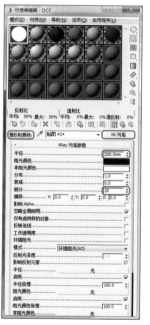

提示 什么是OCC和AO阻光

OCC也就是AO阻光，本意为环境光吸收，真实场景的转折地方会出现柔和的阴影，这张贴图可以让VRay渲染出的场景更加真实和具有分量感。

05 渲染摄影机视图，将渲染好的图像进行保存，保存的格式为【TGA】，如右图所示。

7.6.6　Object彩色通道大图渲染的设置

为了更加方便后期对局部细节的处理，在渲染出成品大图和AO大图后，还要渲染一张彩色【Object通道】图，它可以快速选取大图中每个物体，调整局部非常方便。

01 将【渲染设置】窗口中的【覆盖材质】复选框取消勾选，如下图所示。

02 将【BeforRender】插件拖到场景中，勾选【转换所有材质】复选框，然后单击 转换为通道宣染场景 按钮，如下左图所示。观察此时的材质编辑器，可以看到所有材质都转换成彩色标准的自发光材质，如下右图所示。

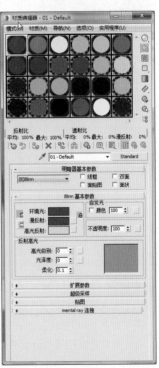

03 渲染摄影机视图并进行保存，格式仍然为【TGA】，如下图所示。

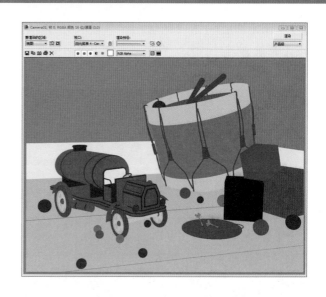

7.7　后期处理

本案例使用Photoshop CS6版本进行后期处理，下面介绍具体操作。

7.7.1　合并大图及整体调整

在后期处理大图时，首先要将之前渲染好的三张大图合并到一个图层中，然后按照【整体—局部—整体】的顺序进行调整。

01 将渲染好的三张大图在Photoshop里打开，如下图所示。

02 把两张通道图移动到场景大图中，然后调整好三张大图对应的图层在【图层】面板中的位置，如下左图所示。复制【背景】图层得到【背景 副本】图层，然后单击【背景】图层前面的小眼睛图标将其关闭，如下右图所示。

03 关闭【图层1】和【图层2】，只显示刚刚复制的【背景 副本】图层，在屏幕左侧工具箱中选择【仿制图章】工具，如下图所示。

05 使用相同的办法，对本场景中其他贴图没有衔接好的地方进行相同的处理（下图中红框标注的位置即需要处理的地方），最终处理后的效果如下图所示。

04 使用【仿制图章】工具对本场景中的墙体因前期贴图没有衔接好的位置进行处理，按住【Alt】键单击鼠标左键，吸取墙体的颜色，然后单击鼠标喷涂墙体贴图没有衔接好的地方，修改墙体后和修改墙体前的对比如下面两幅图所示。

06 在菜单栏中选择【图像>调整>亮度/对比度】命令，调整画面的整体亮度和对比度，将【亮度】调整为24，【对比度】调整为21，调整后的效果如下图所示。

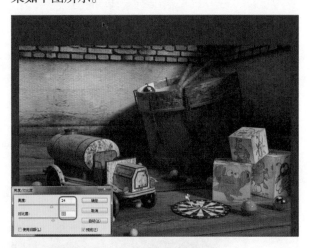

07 单击【图层1】旁边的小眼睛图标，开启【图层1】，如右图❶所示。将【图层1】的【混合模式】修改为【正片叠底】，将【不透明度】调成32%，如右图❷所示。在【图层1】上右击并选择【向下合并】命令，将【图层1】合并到【背景 副本】图层中，如右图❸所示。

08 此时整体画面的效果有点偏暗，在菜单栏中选择【图像>调整>曲线】命令，或者按键盘上的【Ctrl+M】组合键打开【曲线】对话框，在曲线上单击鼠标添加新节点，将节点的【输出】设置为190、【输入】设置为171，如右图所示。

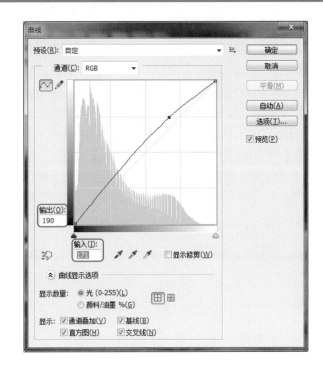

7.7.2　局部细节的调整

在整体调整之后接下来要对局部细节进行细致的调整，当然要想快速选择物体，上一节的【Object彩色通道】大图就起到了很大的作用。

01 下面对小车的车身进行调整，开启【图层2】并将【图层2】作为当前层，在Photoshop界面左边的工具箱中选择 ✦【魔棒】工具，取消勾选【连续】复选框，使用【魔棒】工具单击选择小车部分的色块，此时可以看到与小车相同的颜色区域都会被选中，如下图所示。

02 保持当前选区的状态，关闭【图层2】的小眼睛图标，单击【背景 副本】图层，如下图所示。

03 保持当前的选择，按【Ctrl+J】组合键将选区中的像素提取出并新建一个【图层3】，如右图❶所示。选择新建的【图层3】，在菜单栏中选择【图像>调整>色阶】命令，或者按【Ctrl+L】组合键打开【色阶】对话框，将色阶的【亮度】三角调整到238，让小车稍微提亮一点，如右图❷所示。按【Ctrl+B】组合键调出【色彩平衡】对话框，在【色调平衡】参数区域中选择【中间调（D）】单选按钮，设置【色阶】为【0、0、16】，如右图❸所示。

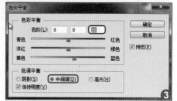

04 再次开启【图层2】，使用【魔棒】工具选择车轮的部位，回到【背景 副本】图层，按【Ctrl+J】组合键，将选区内像素提取出并新建一个图层。按【Ctrl+M】组合键调出【曲线】对话框，为曲线新加入一个节点，设置其【输出】为190、【输入】为172，为车轮提高一点亮度，如下图所示。

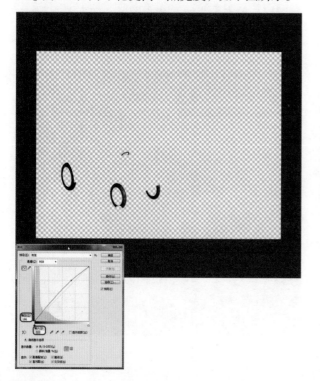

05 在【图层2】里用![魔棒]【魔棒】工具选择木鼓的上半部分和下半部分，按【Ctrl+J】组合键将选区内图像新建为一个图层。按【Ctrl+B】组合键，调出【色彩平衡】对话框，在【色调平衡】参数区域中选择【中间调（D）】单选按钮，设置【色阶】为【0、0、7】，如下图所示。

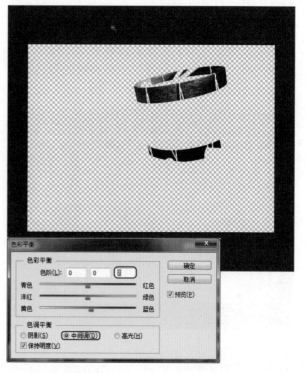

06 保持当前图层的选择，按【Ctrl+L】组合键打开【色阶】对话框，将色阶的【暗部】三角调整到14，如下左图所示。按【Ctrl+B】组合键调出【色彩平衡】对话框，在【色调平衡】参数区域中选择【中间调（D）】，设置【色阶】值为8、0、-5，如下右图所示。

08 按【Ctrl+L】组合键打开【色阶】对话框，将色阶的【亮部】三角调整到218，如下右图所示。找一张破旧铁皮的贴图拖到本场景中，按【Ctrl+T】组合键，将刚拖进来的贴图进行【自由变换】，如下图所示。

10 按Enter键确定当前铁皮变换之后的状态，在【图层2】中使用【魔棒】工具选择木鼓中间的部分，然后回到刚变倾斜的铁皮图层，如右图所示。

07 使用【魔棒】工具，在【图层2】中选择木鼓中间的部分，回到【背景 副本】图层中，按【Ctrl+J】组合键将选区新建为一个图层，如下图所示。

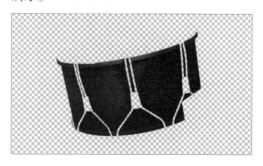

09 保持【自由变换】命令的激活，右击并选择【旋转】命令，将贴图旋转一些角度，让贴图与木鼓的倾斜角度一致，如下图所示。

11 紧接着上一步骤，单击【图层】面板最下边的 **12** 然后将图层的【混合模式】设置为【正片叠
▣【添加蒙版】按钮，系统会把铁皮图层选区以 底】，设置图层的【不透明度】为82%，最后效果
外的部分遮住，如下图所示。 如下图所示。

13 按【Ctrl+B】组合键调出【色彩平衡】对话框，
对铁皮图层进行微调，在【色调平衡】参数区域中
选择【中间调】，设置【色阶】为【-65、0、+49】，
如下左图所示。使用前面章节的方法将墙体作为一
个新图层建立出来，如右图所示。在菜单栏中选
择【图像>调整>亮度/对比度】命令，把【亮度】
调整为15，【对比度】调整为-10，如下右图所示。

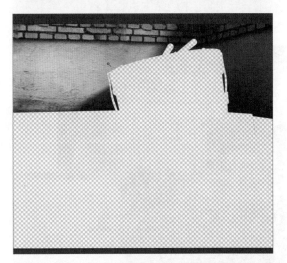

14 使用之前的方法，将木地板新建为一个图层，
如右图所示。执行【图像>调整>亮度/对比度】
命令，把【亮度】调整为30，【对比度】调整为
24，如下图所示。

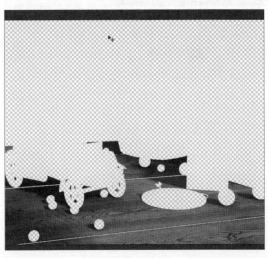

15 使用之前的方法，将三个多面体新建为一个图层，如下图所示。执行【图像>调整>亮度/对比度】命令，把【亮度】调整为18，【对比度】调整为30，如下左图所示。

16 保持当前图层的选择，按【Ctrl+L】组合键打开【色阶】对话框，将色阶的【暗部】三角调整到13，【亮部】三角调整到241，如下左图所示。再按【Ctrl+B】组合键，调出【色彩平衡】对话框，在【色调平衡】参数区域中选择【中间调】，设置【色阶】值为【0、0、9】，如下右图所示。

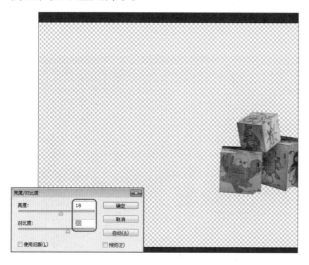

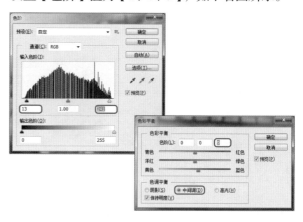

17 按【Ctrl+M】组合键，打开【曲线】对话框，在曲线上单击鼠标添加新的节点，设置节点的【输出】为39、【输入】为60，如下图所示。使用之前的方法选择飞镖盘，将其新创建为一个图层，接着在菜单栏中选择【图像>调整>色阶】命令，将【暗部】三角调整到15，【亮部】三角调整到236，如右图所示。

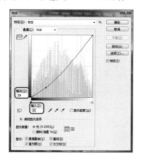

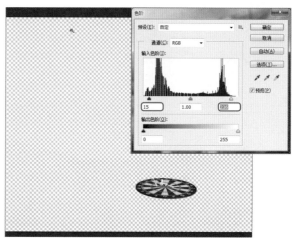

18 使用之前的方法将图中的所有弹珠选择出来并新创建一个图层，如右图所示。按【Ctrl+M】组合键打开【曲线】对话框，在曲线上单击鼠标添加新的节点，设置节点的【输出】为192、【输入】为165，如右图所示。此时观察整体的画面效果，发现墙面上的做旧质感不是很逼真，画面中的三个多面体也需要再添加一点破旧的质感。

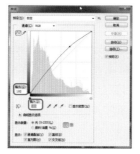

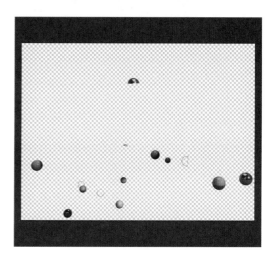

19 为墙体添加一张带有污渍的贴图，然后按【Ctrl+T】组合键，将带有污渍的图片进行大小调整，如下图所示。

20 双击确定贴图调整之后的大小，将此图层复制一个，再按键盘【Ctrl+T】组合键，把贴图的大小和右侧墙体进行匹配，然后通过右键快捷菜单将贴图进行【水平翻转】，再选择右键快捷菜单中的【透视】命令，然后调整贴图的透视效果，最后调整效果如下图所示。

21 选择上面的那张污渍贴图，通过【向下合并】命令把两张贴图进行合并，如下图所示。

22 配合色彩通道将墙体创建为选区，回到【图层13】中，也就是刚刚合并而成的那个图层，单击 按钮为此图层添加图层蒙版，将图层的【混合模式】调成【强光】，设置【不透明度】为40%，如下图所示。

23 使用相同的方法为画面中的多面体添加一张破旧贴图，按【Ctrl+T】组合键调整贴图的大小，如下图所示。

24 在【图层2】中使用 【魔棒】工具选择三个多面体，将其作为选区在破旧贴图图层中添加图层蒙版，把破旧贴图图层的【不透明度】设置为27%，【混合模式】调整成【柔光】，如下图所示。

7.7.3 最后整体的调整

局部细节调整完成后，再对图像做最后的整体调整，在做最后的调整之前要先将所有修改过的图层盖印到一个图层中。

01 选择【图层2】下面的图层，即【图层14】，按【Ctrl+Alt+Shift+E】组合键盖印可见图层，如下图所示。

02 在界面左边的工具箱中找到 ☺【套索】工具并单击，在图中心部分拖动鼠标绘制出一个选区，如下图所示。

03 保持当前的选择，单击鼠标右键，选择【羽化】命令，设置【羽化半径】为100像素。然后按【Ctrl+J】组合键，将选区内图像新建为一个图层，如右图所示。

⭘ 提示 羽化命令解析

【羽化】是让选区边缘有一个虚实的过渡，这样图片在后期合成的时候，图像的边缘区域有一个很好的衔接点。

04 在菜单栏中选择【图像>调整>去色】命令，将刚刚创建的图层去色，如下左图所示。在菜单栏中选择【滤镜>其他>高反差保留】命令，将【半径】设为1像素，如下右图所示。

05 将黑白图层的【混合模式】调整成【柔光】模式，按【Ctrl+E】组合键，将黑白图层向下合并，如下图所示。

06 使用 【套索】工具在图中画一个选区，位置还在图中央即可，通过右键快捷菜单进行【羽化】操作，设置【羽化半径】为100像素，如下图❶所示。保持当前的选择，按【Ctrl+M】组合键执行【曲线】命令，为曲线添加新的节点，设置新节点的【输出】为192、【输入】为172，如下图❷所示。

07 使用 【套索】工具在图中再次绘制一个选区，位置还在图中央即可，通过右键快捷菜单进行【羽化】操作，设置【羽化半径】为100像素，如下图❶所示。然后按【Ctrl+J】组合键，将选区新建为一个图层，如下图❷所示。在菜单栏中执行【滤镜>锐化>USM锐化】命令，设置锐化的【数量】为92%、【半径】为2像素、【阈值】为7色阶，如下图❸所示。

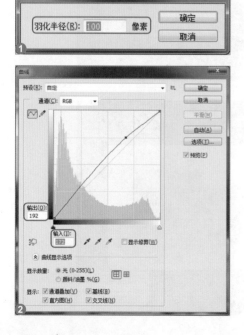

08 按【Ctrl+E】组合键将图层向下合并，单击【图层】面板右下角的 ■【创建新图层】按钮，创建一个新的空白图层，如下图所示。

09 选择刚刚创建的新图层，在左边的工具箱中单击 ■【渐变】工具，将渐变预设改成【黑白透明渐变】模式，如下图所示。

10 设置完成后在刚刚创建的图层中按住【Shift】键，就可以画出垂直的渐变效果，此时压暗前景推开空间感，配合【Ctrl+E】组合键将图层向下合并，如下图所示。

11 用 ■【矩形选框】工具在图中画出一个矩形选区，如下左图所示。单击鼠标右键，选择【羽化】命令，将【羽化半径】设置成100像素，如下右图所示。

12 按【Ctrl+Shift+I】组合键反选选区，此时会选择刚刚选区没有选到的部分，如右图所示。

13 按【Ctrl+M】组合键执行【曲线】命令，为曲线添加新的节点，将新节点的【输出】设置为39、【输入】设置为96，如下图所示，四周压暗后画面的空间也会推远。

14 此时本场景的后期处理就完成了，最终效果如下图所示。

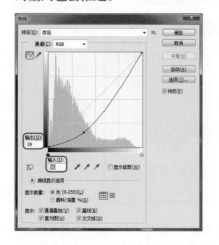

7.8 本章小结

　　本章学习了一个完整的从建模到后期处理的案例，在以后绘图时，要灵活运用所学的知识和技法，以达到更多不同的理想效果。

CHAPTER 08

客厅模型的创建与渲染

家装设计是一门重要的学科，而一套房子中最需要设计师去斟酌的则是客厅空间，客厅代表了一个家庭的门面，体现了主人的审美品位和社会地位，本案例就带领大家制作一个中式风格的客厅效果。

8.1 场景简介

本案例从一个【长方体】开始编辑，讲解了材质制作、灯光制作、渲染出图和后期处理的全部过程，着重表现天光和太阳光的照明作用，以及模糊反射对于真实质感的表达，最终效果如下图所示。

制作思路

从模型创建到场景调整，温习各种材质的制作技法，完成阳光下客厅的表现效果，最后使用Photoshop进行后期处理来升华图像。

学习目的

1. 学习使用【多边形建模】建立房间
2. 学习模型的【合并】
3. 掌握VRay白天效果的渲染方法
4. 掌握VRay材质的使用方法
5. 温习Object和AO通道的制作方法
6. 学习Photoshop对效果图的后期处理

8.2 长方体模型的制作

本场景是从一个长方体开始创建模型，将长方体转换为多边形物体，然后进行单面建模。

01 打开3ds Max软件，在菜单栏中选择【自定义> 单位设置】命令，打开【单位设置】对话框。在【显示单位比例】参数区域中选择【公制】，在下拉列表中选择【毫米】，如下图所示。

02 单击 ▢ 系统单位设置 ▢ 按钮，系统会弹出【系统单位设置】对话框，同样设定【毫米】为单位长度，如下图所示。

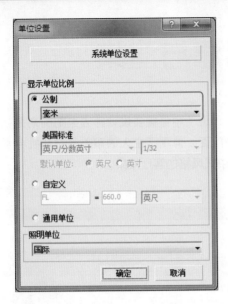

03 在 【创建】面板单击 【几何体】> 长方体 按钮，在顶视图中建立一个长方体模型，系统自动命名为【Box001】，如下图所示。

04 接着选择场景中的【Box001】，进入 【修改】面板修改【长度】为6000mm、【宽度】为8200mm、【高度】为2900mm，如下图所示。

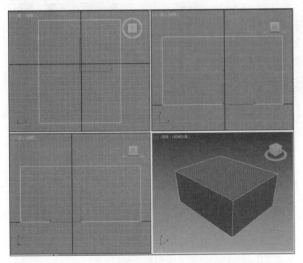

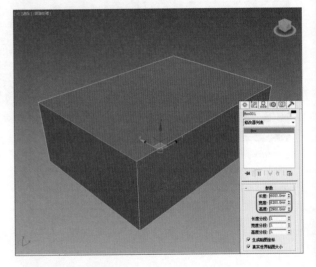

05 从【修改器列表】为【Box001】添加入一个【法线】修改器，如右图所示。

06 保持场景中模型的选择，单击鼠标右键，在弹出的快捷菜单中选择【对象属性】命令，打开【对象属性】对话框，在【显示属性】参数区域勾选【背面消隐】复选框，然后单击【确定】按钮完成操作，如下图所示。

07 紧接着上一步骤的操作之后，发现视图中的模型显示有了变化，此时可以观察到场景中模型的内部，如下图所示。

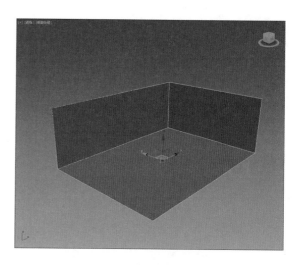

08 在软件界面的正下方有一个【坐标参数区域】，把【Box001】重心的位置设定为【X：0mm，Y：0mm，Z：0mm】即可，如下图所示。

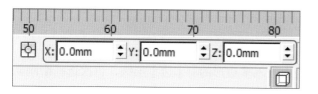

09 在屏幕右下角的【视图控制区】单击 【最大化视图切换】按钮，将透视视图最大化显示，如下图所示，也可以按【Alt+W】组合键来完成这一操作，最后通过右键快捷菜单把模型转换为【可编辑多边形】即可。

📍 **提示** 温习3ds Max中常用的部分快捷键

在3ds Max Design 2015软件中，【Ctrl】键是【加选】的意思，【Alt】键是【减选】的意思，按【F3】键可在【线框】和【实体】模式间切换，按【F4】键可同时显示或隐藏【线框】和【实体】。

8.3 房体模型的制作

房体是用多边形方式来建立完成的，在制作房体的过程中会使用到很多的建模命令。

01 按数字【2】键进入模型的 【边】层级，配合键盘上的【Ctrl】键选择模型的两根边，如下图所示。

02 展开 编辑边 卷展栏，单击 连接 按钮右侧的 按钮，系统自动弹出【连接边】浮动框，设置【连接边-分段】为1、【连接边-收缩】为0、【连接边-滑块】为0，如下图所示。

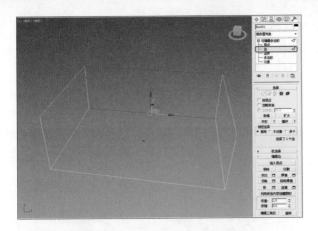

03 选择连接出来的新边，在视图下方的【X】轴坐标输入框中输入数值1600mm，如下图所示。

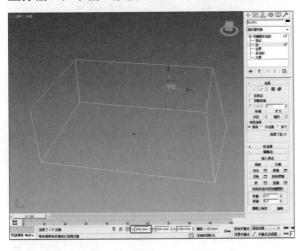

05 展开 编辑多边形 卷展栏，单击 挤出 按钮右侧的□按钮，系统自动弹出【挤出多边形】浮动框，设置【挤出多边形-高度】为-1600mm，如下图所示。

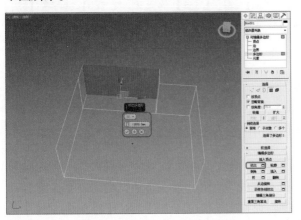

04 进入模型的▣【多边形】层级，选择模型的一个多边形面，如下图所示。

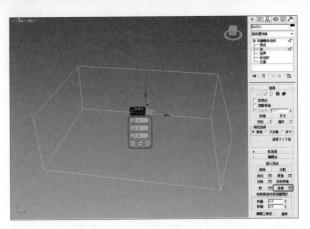

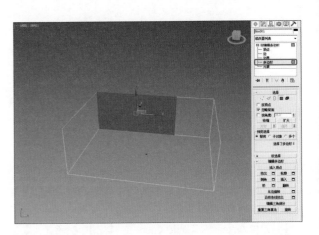

06 进入多边形的◢【边】层级，再次选择刚刚新建面上部和底部的两根边，如下图所示。

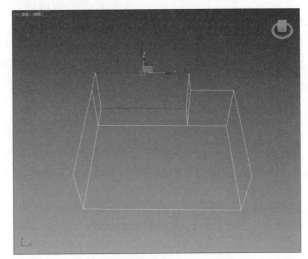

07 然后进行 连接 操作连接两根新边，将【连接边-收缩】设置为65，如下图所示。

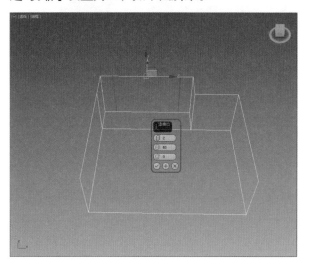

08 接着把新连接的两根边再次连接一根水平边，将【连接边-滑块】设置为70，如下图所示。

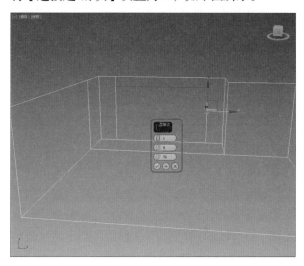

09 再次进入模型的■【多边形】层级，选择一个多边形面进行 挤出 操作，设置【挤出多边形-高度】为-240mm，如下图所示。

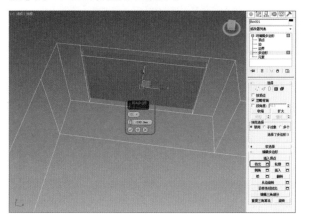

10 展开- 编辑几何体 卷展栏，单击 分离 按钮把选中的面分离出来，系统会弹出一个【分离】对话框，直接单击【确定】按钮即可，如下图所示。

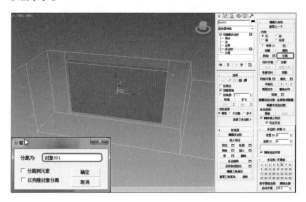

11 进入模型的◢【边】层级，选中3根多余的边，在◢【修改】面板展开- 编辑边 卷展栏，单击 移除 按钮，把多余的边清除，如右图所示。如果按键盘上的【Delete】键删除，会破坏模型的表面，因此必须使用【移除】命令来完成操作。

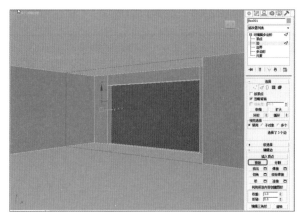

12 进入模型⊡【顶点】的层级，选择刚才清除的多余边相关的多余顶点，注意是两个顶点，同样使用【移除】工具进行清除，如右图所示。

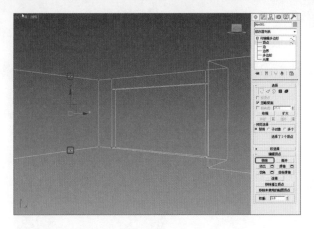

13 采用同样的方法清除多余的边和顶点，注意如果发现有些边或者顶点清除了之后模型结构被破坏了，那么说明这些边或者顶点是不能被清除的。选择两根边，如下图所示。

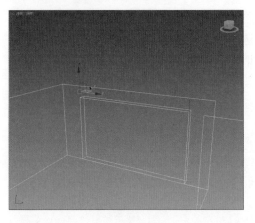

14 使用 ▭移除▭ 工具清除边，然后再进入⊡【顶点】层级移除顶点，如下图所示。

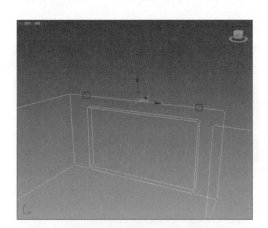

8.4　窗户、推拉门模型的制作

　　窗户和推拉门一般都是由玻璃、门框/窗框这两个结构组成。

01 回到房体模型的顶层级，选择刚才分离出来的【对象001】模型，进入模型的⊿【边】层级选中它的上下两条平行边，如右图所示。

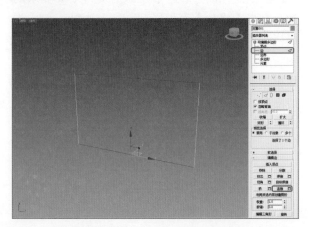

02 进行 [连接] 操作，连接3根新边，如右图所示。

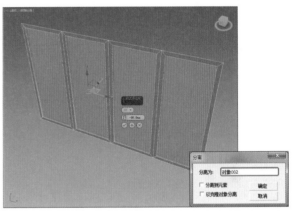

03 进入模型的 ■【多边形】层级，选择新分割成的四个多边形面进行 [插入] 操作，单击 [插入] 按钮右侧的 □ 按钮，在系统弹出的浮动框中设置【插入-组】为【按多边形】方式，【插入-数量】为80mm，如下图所示。

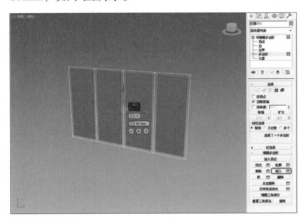

04 紧接着上一步的操作，挤出选择的面，设置【挤出多边形-高度】为-50mm。保持当前的选择，在 ☑【修改】面板展开 [编辑几何体] 卷展栏，单击 [分离] 按钮把多边形面分离出来，系统会自动命名为【对象002】，如下图所示。

05 回到模型的顶层级，在场景中选择【Box001】，进入它的 ☑【边】层级，选中它的一个立面的两根水平边，如下图所示。

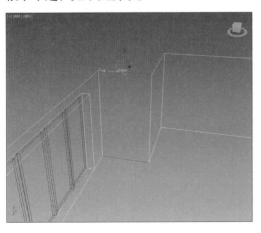

06 然后通过 [连接] 操作连接两根新边，并设置【连接边-收缩】为35，如下图所示。

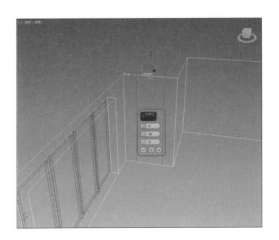

07 紧接着上一步骤的操作，对选中的两根边再次进行 连接 操作，连接两根新边，并设置【连接边-收缩】为65，如下图所示。

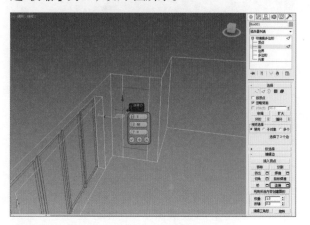

08 在 【修改】面板中进入模型的 【多边形】层级，选择新生成的面，如下图所示。

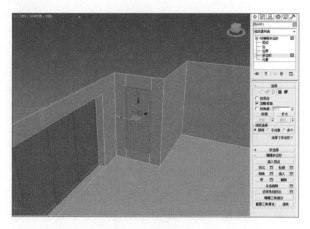

09 然后按键盘上的Delete键进行删除，如下图所示。

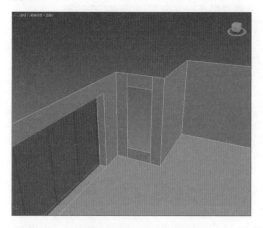

10 采用同样的办法对旁边的另外一个立面进行 连接 操作，选择两根边进行操作，如下图所示。

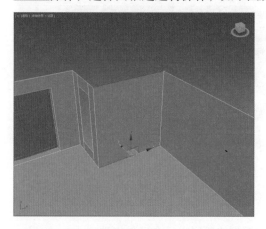

11 再次连接两根新边，并设置【连接边-收缩】为65，如下图所示。

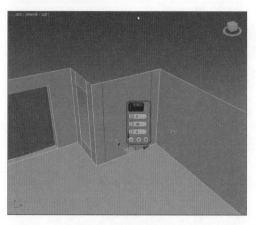

12 连接两次后直接进入模型的面层级，选择新生成的面进行删除，如下图所示。

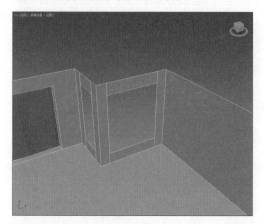

13 模型创建到这里先进行保存，单击█图标并选择【保存】命令，在弹出的【文件另存为】对话框中设置保存的位置及文件名称，注意保持默认的3ds Max格式，如右图所示。

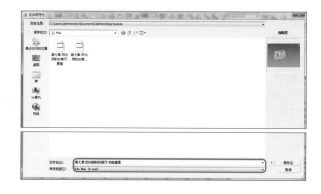

8.5　房间墙壁层次的制作

创建房间墙壁的层次，使整个房间更加生动有条理，不会让人产生一览无余的空旷感。

01 选中【Box001】物体的另一侧的两根边，如下图所示。

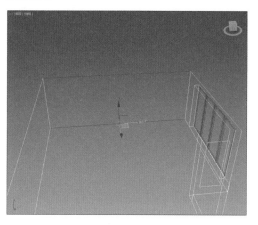

02 然后通过 连接 命令连接两根边，并设置【连接边-收缩】为20，如下图所示。

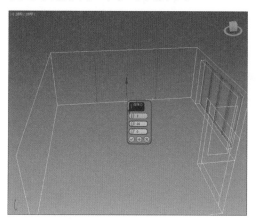

03 紧接着上一步骤的操作，对选中的两根边进行 切角 操作，设置【切角-边切角量】为180mm，如下图所示。

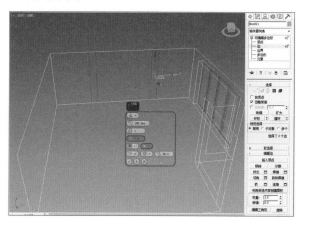

04 进入模型的■【多边形】层级，选中切角生成的多边形面，然后进行 挤出 操作，设置【挤出多边形-高度】为200mm，如下图所示。

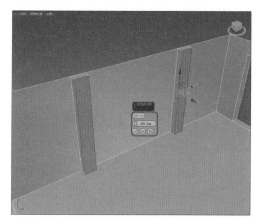

05 进入模型的 ✐【边】层级，选中模型的两根边，如下图所示。

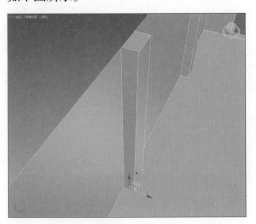

06 然后通过 连接 命令连接一根新边，并设置【连接边-滑块】为30，如下图所示。

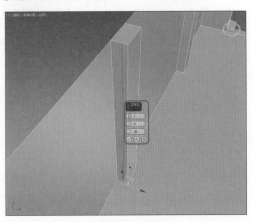

07 进入模型的 ■【多边形】层级，选中一个狭长的面进行 挤出 操作，并设置【挤出多边形-高度】为100mm，如下图所示。

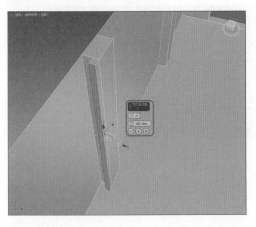

08 对模型柱子的另一侧和另一个柱子也进行同样的操作，最后效果如下图所示。

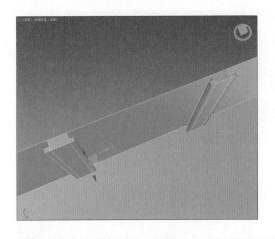

09 进入模型的 ■【多边形】层级，选择一些狭长的面进行 倒角 操作，并设置【倒角-高度】为10mm、【倒角-轮廓】为-10mm，如下图所示。

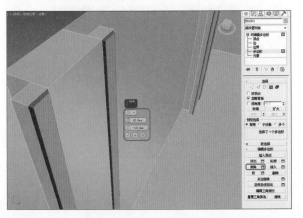

10 选择模型的一个多边形面，进行 挤出 操作，并设置【挤出多边形-高度】为-500mm，如下图所示。

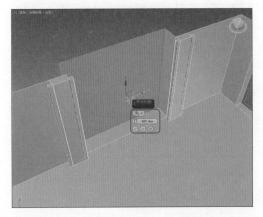

11 进入模型的 ☑【边】层级，按住键盘上的【Ctrl】键选中两根边，如下图所示。

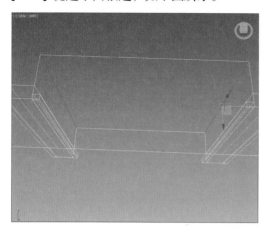

12 单击 切角 按钮进行切角操作，设置【切角-边切角量】为200mm，如下图所示。

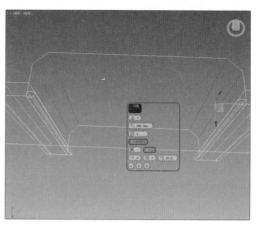

13 保持上一步骤的选择，使用 连接 工具进行新的连接，设置【连接-分段】为2、【连接边-收缩】为43、【连接边-滑块】为17，如下图所示。

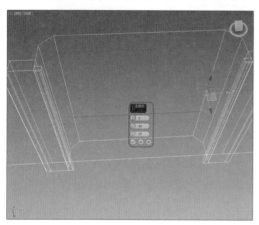

14 再次为模型添加两条新边，首先选择模型的两根边，如下图所示。

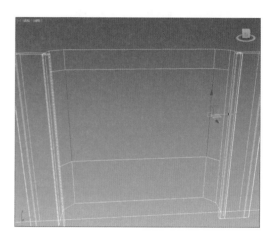

15 使用 连接 工具连接一根边，设置【连接边-滑块】为35，如下图所示。

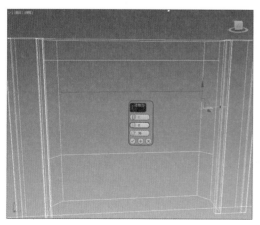

16 选择模型的3根横边，如下图所示。

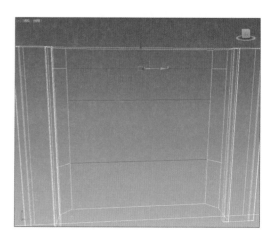

17 使用 连接 工具连接一根新边，其他数值保持不变，如下图所示。

18 按住键盘上的【Ctrl】键选择一些边，如下图所示。

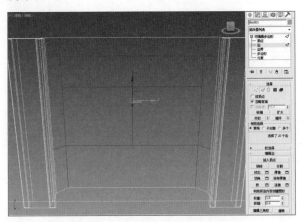

19 然后进行 切角 操作，设置【切角-边切角量】为20mm，如下图所示。

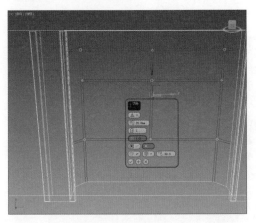

20 选择模型的窗框面进行 挤出 操作，设置【挤出多边形-高度】为50mm，如下图所示。

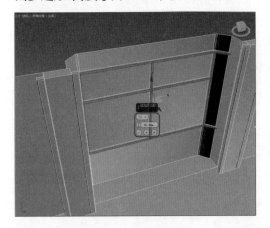

21 选择一些面使用 分离 工具进行分离，如下图所示。

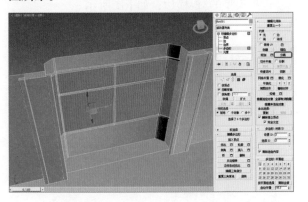

22 在弹出的对话框中将分离出来的模型命名为【玻璃1】，然后单击【确定】按钮，如下图所示。

8.6　房间主体的延伸

　　为了使房间有更多的层次感及空间感，在接下来的制作中会将主体房间进行延伸操作，加大主体房的空间。

01 再次选择模型的两根边，如下图所示。

02 接着进行　连接　操作，设置【连接边-分段】为1、【连接边-滑块】为-10，如下图所示。

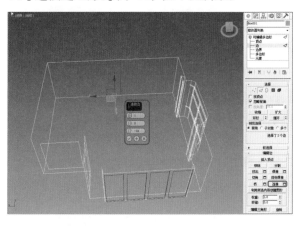

03 选择左侧多边形面，单击　挤出　按钮，设置【挤出多边形-高度】为-3000mm，如下图所示。

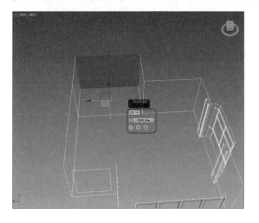

04 再次选择模型的两根边，如下图所示。

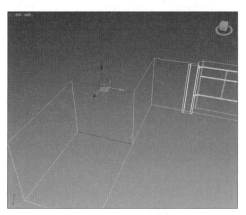

05 对选择的边进行　连接　操作，设置【连接边-分段】为1、【连接边-滑块】为-70，如右图所示。

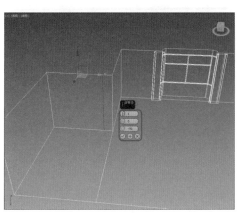

06 进入模型的▣【多边形】层级，选择新生成的多边形面进行 挤出 操作，设置【挤出多边形-高度】为-3000mm，如右图所示。

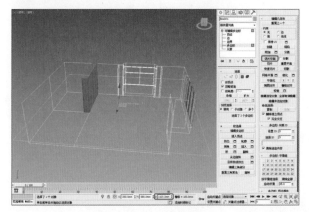

07 选择窗户旁边的一个面，复制它的【X】轴向的坐标值-4100mm，如下图所示。

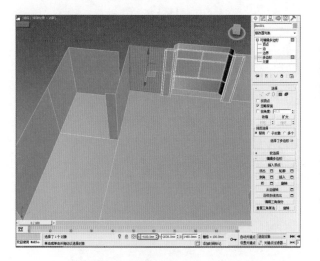

08 选择刚才挤出的那个面，将复制的【X】轴向的坐标值粘贴到新面的【X】轴坐标输入框中，按【Enter】键确认，结果如下图所示。

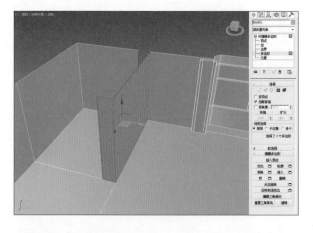

09 选择房子内部立面墙的3个面，如下图所示。

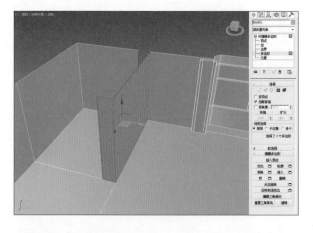

10 展开- 编辑几何体 卷展栏，单击 切片平面 按钮，此时视图中出现了黄色的切片平面，在透视视图的【Z】轴坐标值输入框中，把切片平面的高度放置在1100mm的位置，如下图所示。

11 调整好切片平面高度之后按下 切片 按钮，这样就完成了切片操作，再次单击 切片平面 按钮使其弹上来，这些按钮位置如下图所示。

12 进入模型的 【边】层级，选择模型的两根边，如下图所示。

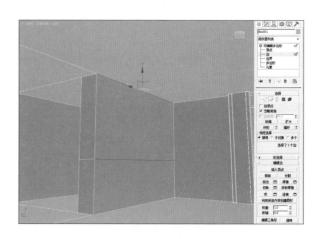

13 紧接着上一步操作，对选择的边进行 连接 操作，设置【连接边-分段】为10，如下图所示。

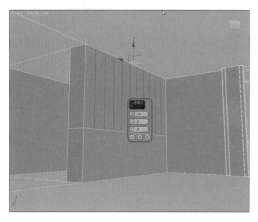

14 对墙的另一侧也进行相同的操作，结果如下图所示。

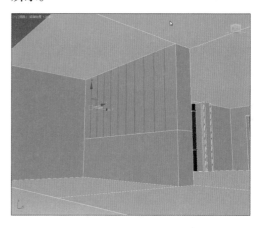

15 进入模型的 【多边形】层级，选择模型的一些多边形面，注意此时是选择墙上的面积大一点的多边形面，如下图所示。

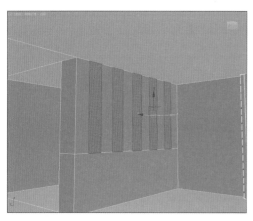

16 紧接上一步操作，展开 编辑边 卷展栏，单击 桥 按钮，结果如下图所示。

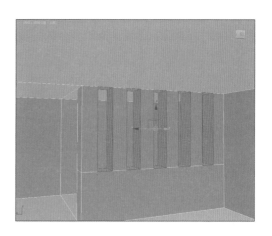

8.7　重合面的处理

在制作模型时免不了会产生一些重合面，在这里要对其进行修整和处理，删除多余的重合面会加快渲染速度。

01 先选择地面，按键盘上的【Delete】键进行删除，如下图所示。

02 再次选择一些面，也按键盘上的【Delete】键进行删除，如下图所示。

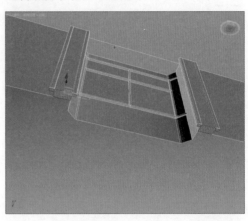

03 然后再把顶部的重合面删除，如下图所示。

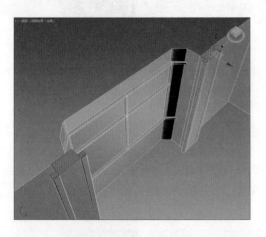

04 对于一些多余的边进行　移除　操作，如下图所示。

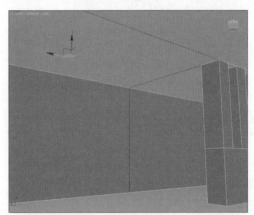

05 进入模型的 【顶点】层级，选择多余的一些顶点，再次进行　移除　操作，如右图所示。

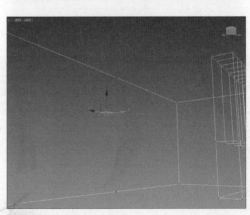

06 进入模型的 ⊙【边界】层级，选择地面边界，如下图所示。

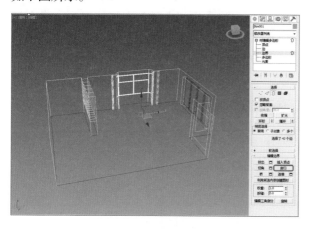

07 单击 — ｜ 编辑边界 ｜卷展栏中的｜ 封口 ｜按钮，结果地面会新生成一个面，如下图所示。

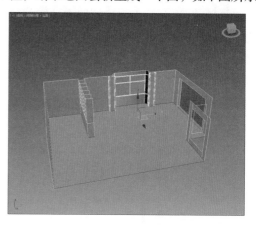

8.8 场景模型的管理

一个场景建模完成后，要对场景中的模型进行管理及分类，这样方便场景后期的材质指定和调整，本场景在后面会添加一些家具模型和其他装饰性的模型，因此下面开始对场景进行管理和分类。

01 选中【Box001】模型，改名为【房间】，如下图所示。

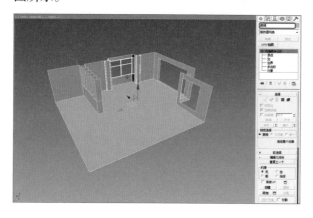

02 选中场景里的【对象001】模型，改名为【推拉门】，如下图所示。

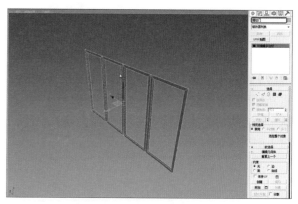

03 再选择场景中的【对象002】模型，改名为【玻璃2】，如右图所示。

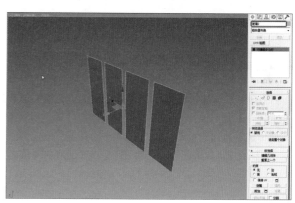

04 在主工具栏单击▣【层管理器】按钮，会弹出【场景资源管理器-层资源管理器】窗口，如下左图所示。在窗口中单击▣【创建新层】按钮创建一个新层，在层名称上单击鼠标，把新层改名为【房】，以方便用户对场景中的模型进行管理，如下右图所示。

05 在场景中选择【房间】模型，在【场景资源管理器-层资源管理器】窗口中选择【房】层，然后在窗口中将【房间】模型直接拖曳到【房】层中，这样【房间】模型就被放入了【房】层中，如下图所示。

06 使用同样的办法再次建立一个【门窗】层，把【推拉门】和【玻璃1】、【玻璃2】放入【门窗】层中，如图❶所示。在【场景资源管理器-层资源管理器】窗口中单击【0（默认）】层前面的▣按钮，重新回到【0（默认）】层，如果不回到【0（默认）】层的话，后续建立的模型都会建立在【门窗】层里，如右图❷所示。

📍 提示【场景资源管理器-层资源管理器】简介

打开3ds Max Design 2015的【场景资源管理器-层资源管理器】，在默认的状态下只有一个层，就是默认的【0（默认）】层，当然在窗口中可以新建层，还可以对层中的模型进行更改名称以及隐藏、冻结、渲染、颜色、光能传递等操作。在默认的【0（默认）】层的前面有一个▣图标，此时在场景中创建任何物体都会归属于【0（默认）】层中，如果将层前面的▣图标在其他层前面单击并亮起的话，那么再次创建物体时物体就会在其他层中。

8.9　合并家具模型

本场景中的家具模型是已经完成的，这里直接合并进入场景即可，然后对合并进来的家具模型进行层管理以及位置上的调整。

01 单击 图标并选择【导入】命令，再选择【合并】命令，会弹出【合并】对话框，找到配套光盘中的【场景家具模型】文件夹，选择【家具1.max】文件，单击 全部(A) 按钮就可以把此文件中的所有模型全部选中，单击【确定】按钮完成操作，如下图所示。

02 把【家具2.max】也合并进来，对模型进行移动和旋转调整，结果如下左图所示。选择刚刚合并进来的所有饰品，打开 【场景资源管理器-层资源管理器】窗口，把两次合并的所有模型放置到一个新建的层里，再将层命名为【饰品】，如下右图所示。

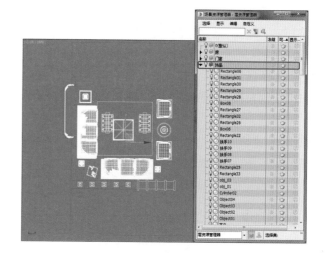

8.10　建立摄影机调整构图

在模型制作完成以后，首先要做的就是为场景创建摄影机，一张优秀的作品的摄影机构图非常重要。摄影机的角度构图是根据个人的审美素质来决定的，每个人有着不同的思想和不同的审美观，所以对事物的理解也会有差异，当然最后做出来的效果也是有所不同的。

01 回到 【创建】面板，单击 【摄影机】按钮，再单击 目标 按钮，在顶视图里拖动鼠标建立一台摄影机，如右图所示。

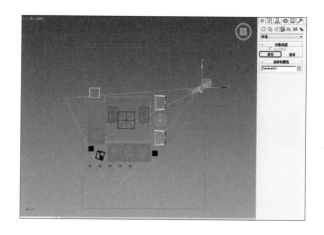

02 在透视视图中选择【摄影机】，将【摄影机】的【Z】轴高度设置为1380mm，如下图所示。

03 将【摄影机目标点】的【Z】轴高度同样设置为1380mm，如下图所示。

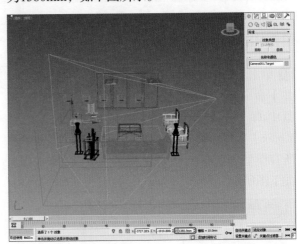

04 选择任意视图，按【C】键进入【摄影机视图】，观察摄影机视图效果，如下图所示。

05 扩大摄影机的视角。单击选择【摄影机01】，在【修改】面板展开-　　　参数　　　卷展栏，将【镜头】设置为28mm，如下左图所示。此时摄影机视图的效果如下右图所示。

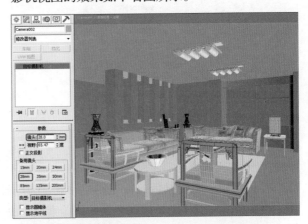

06 在顶视图进一步调整摄影机的位置，之后观察摄影机视图的最终效果，如右图所示。

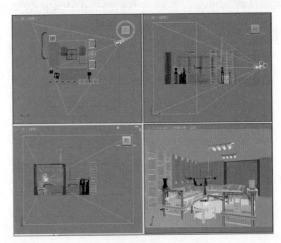

07 在工具栏单击 【渲染设置】按钮，系统弹出渲染设置面板，在【公用】选项卡中展开

指定渲染器 卷展栏，单击【产品级】右侧的方形按钮 ，如下左图所示。系统弹出【选择渲染器】对话框，选择【V-Ray Adv 3.00.07】渲染器，单击【确定】按钮完成操作，如下右图所示。

08 按键盘上的【F9】键快速渲染摄影机视图，如下图所示。

09 滚动鼠标中键，放大顶视图可以看到摄影机的位置已经超出了房间的边缘，在摄影机的

参数 卷展栏里找到【剪切平面】参数区域，勾选【手动剪切】复选框，并设置【近距剪切】为1000mm、【远距剪切】为11000mm，然后摄影机就可以穿过墙体看到里面了，如右图所示。

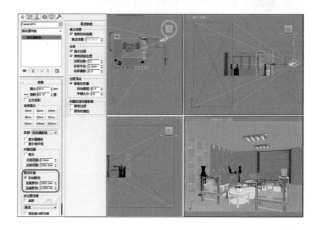

10 按键盘上的【F9】键渲染摄影机视图，显示结果就正常了，如右图所示。

8.11 场景材质的制作

本场景中的材质还是比较多的，但是制作起来并不是很难，比如地板、胡桃木、沙发、地毯等，在本节中会对每个材质的制作进行详细的讲解。

8.11.1 大理石材质的制作

大理石的表面具有反射效果，质地坚硬，外观光滑，下图所示的是一些常见的大理石地板。

01 按键盘上的【M】键打开材质编辑器，此时会弹出默认的【Slate材质编辑器】，如下图所示。

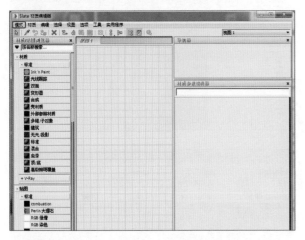

02 单击材质编辑器中的【模式】下拉菜单，切换到【精简材质编辑器】模式，选择一个材质样本球，单击 Standard 按钮，系统弹出【材质/贴图浏览器】对话框，选择 VRayMtl 材质类型，单击【确定】按钮完成材质转换，结果如下图所示。

♀ 提示 【菲涅耳反射】复选框的取消勾选

在VRay Adv 3.00.07渲染器环境下，VRayMtl 材质的【菲涅耳反射】复选框默认处于勾选状态，但使用【衰减】贴图来产生【菲涅耳反射】则可以直接控制反射的强度和色彩，形式上更加灵活一些，因此我们采用【衰减】贴图来产生【菲涅耳反射】效果，如无特别叙述，本例中和本书中的所有 VRayMtl 材质的【菲涅耳反射】复选框都要取消勾选。

03 把材质命名为【大理石地面】，设置材质的【反射光泽度】为0.8、【最大深度】为3，取消勾选【菲涅耳反射】复选框，为【反射】通道添加【衰减】贴图，设置前衰减颜色为黑灰色【R30 G30 B30】、侧衰减颜色为灰色【R176 G176 B176】，如下左图所示。为材质的【漫反射】通道中贴入一张【平铺】贴图，如下右图所示。

 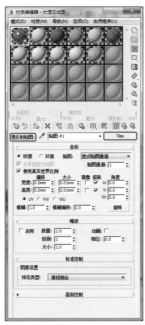

04 在【平铺】贴图的 坐标 卷展栏中取消勾选【使用真实世界比例】复选框，如下左图所示。展开 高级控制 卷展栏，在【平铺设置】参数区域的【纹理】通道中加入一张【位图】贴图【月光黑.jpg】，设置【水平数】为1、【垂直数】为1，在【砖缝设置】参数区域中设置【水平间距】和【垂直间距】都为0.05，如下右图所示。

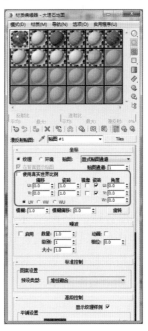 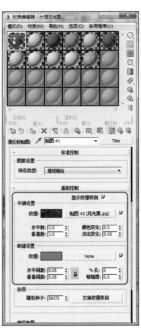

05 打开材质编辑器中的 贴图 卷展栏，以【复制】方式把【漫反射】通道的【平铺】贴图复制到【凹凸】通道，如右图❶所示。进入【凹凸】通道中的贴图层级，清除掉【位图】贴图【月光黑.jpg】，方法是在贴图通道上右击并选择【清除】命令，如右图❷所示。

📍 **提示** 使用真实世界比例

在3ds Max的贴图层级中有一个【使用真实世界比例】复选框，这个命令会按照贴图的实际大小来显示贴图在材质表面的情况，但这一效果将导致贴图尺寸在场景中的不正确显示，因此这个复选框要取消勾选，同样的道理，在【UVW贴图】修改器中也要取消勾选【真实世界贴图大小】复选框。
后面的章节中不再统一叙述，这两个复选框都要取消勾选。

06 选择【房间】模型，按键盘上的【4】键，进入■【多边形】层级，选择地板的多边形面，使用 分离 工具进行分离并命名为【地面】，如下图所示。

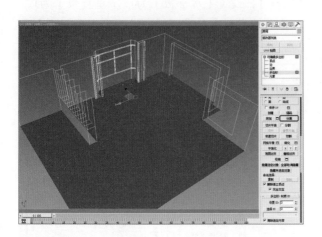

07 在材质编辑器中选择【大理石地面】材质，单击■【将材质指定给选定对象】按钮，把材质赋予【地面】模型。在材质编辑器上单击■【视口中显示明暗处理材质】按钮，可以在视图中显示贴图纹理，如下图所示。

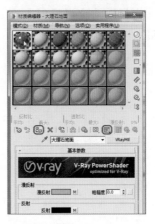

08 紧接上一步的操作，为【地面】加入一个【UVW 贴图】修改器，设置合适的贴图坐标，如下左图所示。在主工具栏中的■【角度捕捉切换】按钮上右击，打开【栅格和捕捉设置】对话框，将【角度】设置成45°，如下右图所示。

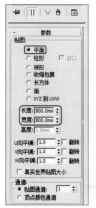

09 设置完成之后在修改器堆栈中进入【UVW贴图】修改器的【Gizmo】层级，来到顶视图使用■工具将贴图旋转45°，如下图所示。

8.11.2　乳胶漆材质的制作

　　乳胶漆通常都是用来粉刷墙体，墙体也具有反射效果，但是墙体的反射效果比较弱，比较模糊，所以本案例中就不对墙体设置反射效果，这样对渲染速度也会有所加快。

01 设置一个 VRayMtl 材质【乳胶漆】，设置【漫反射】颜色为纯白色【R255 G255 B255】，如下图所示。

02 选择【房间】模型，为其赋予【乳胶漆】材质，如下图所示。

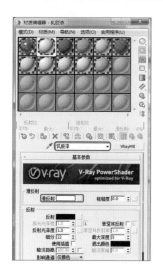
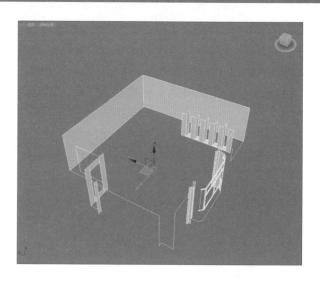

8.11.3 胡桃木材质的制作

胡桃木多数用于建材与家具制作，如门框、地板和室外景观小区中的木质凉亭等。胡桃木表面的特性如下面两张图所示。

01 编辑一个新的 VRayMtl 材质【胡桃木】，设置【反射光泽度】为0.8、【最大深度】为3，在【反射】通道加入【衰减】贴图，其参数与大理石地面的【衰减】反射参数相同，如右图❶所示。为【漫反射】通道添加【位图】贴图【木材.jpg】，设置【位图】的【模糊】为0.01，如右图❷所示。

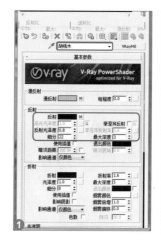
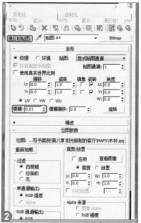

02 在视图中选择两个【椅子】模型组，执行【组>打开】命令，暂时打开组，选择各个零部件设置合适的贴图方式，然后单击 适配 按钮让贴图自动包裹模型。将【胡桃木】材质赋予它们，如下图所示。

03 将【胡桃木】材质赋予场景中的一些模型，然后为每个模型都添加一个【UVW 贴图】修改器，并单击 适配 按钮建立合适大小的贴图坐标，如下图所示。

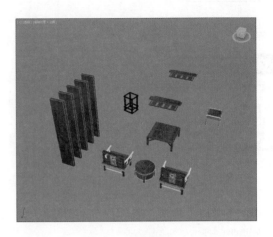

04 将【胡桃木】材质复制出一个，然后再把材质名称改成【胡桃木2】，把【漫反射】通道的【贴图】换成【木材2.jpg】，如下图所示。

05 将【胡桃木2】材质赋予场景的一些模型，然后设置合适的贴图坐标即可，如下图所示。

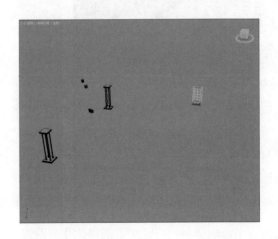

8.11.4　布料材质的制作

布料一种柔软的物体，其表面会有毛茸茸的质感，一些布料的效果如下图和右图所示。

01 建立 [VRayMtl] 材质【布料】，为【漫反射】通道加入【衰减】贴图，设置前衰减为灰色【R220 G220 B220】，设置侧衰减为纯白色【R255 G255 B255】，如右图❶所示。展开 [贴图] 卷展栏，为【凹凸】通道加入一张【位图】贴图【布料.jpg】，设置凹凸强度为500，如右图❷所示。

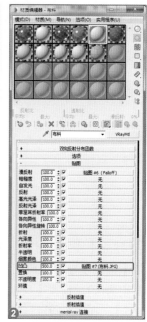

02 选择【沙发】模型的一部分赋予【布料】材质，然后设置合适的坐标贴图坐标即可，如右图所示。

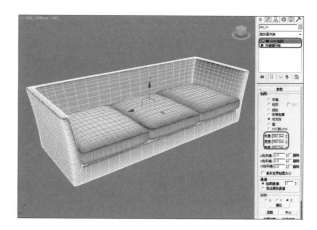

03 建立【布料2】、【布料3】、【布料4】、【布料5】材质，这些材质与【布料】材质参数相同，只是在【衰减】贴图参数里加入的【位图】不同，分别是：【布料2.jpg】、【布料3.jpg】、【布料4.jpg】、【布料5.jpg】。在【布料3】材质的【漫反射】贴图层级中，可以看到前和侧都加入贴图，只是侧通道【位图】强度为50，如右图❶所示，【布料2】、【布料4】和【布料5】材质也都这样处理。将这些材质分别赋予沙发上的靠垫，设置合适的贴图坐标即可，如右图❷所示。

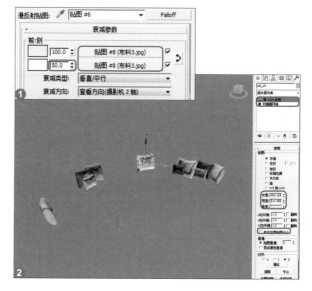

8.11.5 瓷器材质的制作

瓷器表面质地坚硬光滑，具有很强的反射效果。在光照的条件下，瓷器的表面会产生很强的高光点。右图所示的就是瓷器的真实效果。

01 建立【瓷器】材质，在【漫反射】通道加入一张【位图】贴图【荷花绿.jpg】，设置【反射光泽度】为0.9，设置【反射】颜色为灰色【R57 G57 B57】，如下图所示。

02 最后把材质赋予场景中的瓷瓶，设置合适的贴图坐标即可，如下图所示。

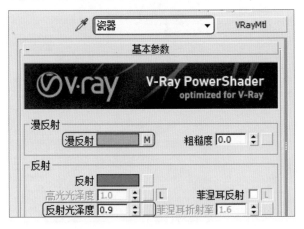

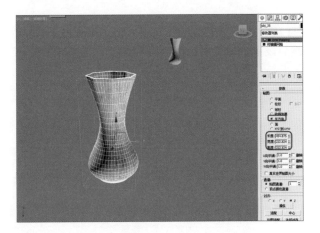

8.11.6 灯布材质的制作

本场景中的灯罩是布料材质，在制作中根据场景效果来决定灯布的亮度，制作方法如下。

01 建立【灯布】材质，在【漫反射】通道加入【衰减】贴图，在【衰减】贴图的前衰减通道贴入【位图】贴图【国画.jpg】，在侧衰减通道中也添加【位图】贴图【国画.jpg】，并将侧衰减的颜色和贴图之间的【混合量】数值调整到50，让贴图和颜色各占一半的比例，如右图所示。

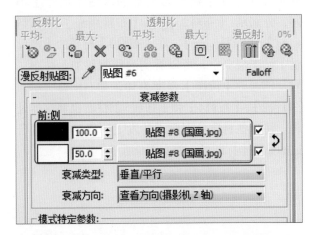

02 在【凹凸】通道贴入【位图】贴图【布料.jpg】，设置凹凸通道贴图强度为100，将材质赋予顶灯和右侧小桌上的灯罩，如右图所示。

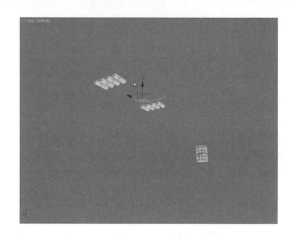

03 注意给每一个灯罩单独设置合适大小的贴图坐标，如下图所示。

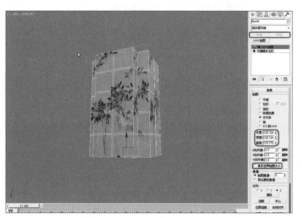
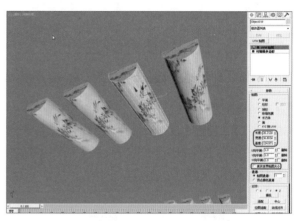

8.11.7　金属、自发光材质的制作

金属具有很强的反射效果，自发光材质则用来模拟射灯的光亮部分。

01 建立【金属】材质，设置【反射】为亮灰色【R237 G237 B237】，设置【反射光泽度】为0.9，这样材质会产生一些高光，如下图所示。

02 将材质赋予筒灯的金属部分，如下图所示。

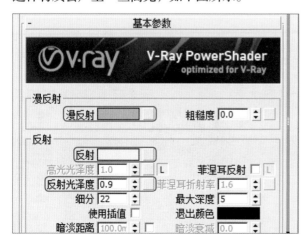

03 创建一个新的 VR-灯光材质 类型材质【自发光】，如下图所示。

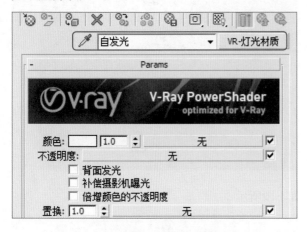

04 将制作好的材质赋予场景自发光模型，如下图所示。

8.11.8　石材材质的制作

石材具有清晰的反射效果，表面光滑，具体制作方法如下。

01 建立【石材】材质，设置【反射】为灰色【R92 G92 B92】，设置【反射光泽度】为0.9、【最大深度】为3，再为【漫反射】贴一张【位图】贴图【石材2.jpg】，如下图所示。

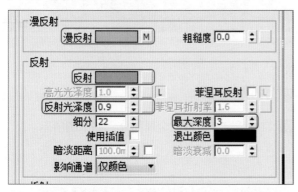

02 选择【房间】模型，进入■【多边形】层级，选择三个多边形面，使用 分离 工具进行分离并命名为【石材】，如下图所示。

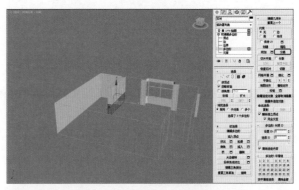

03 把【石材】材质赋予模型，设置合适的贴图坐标，如右图所示。

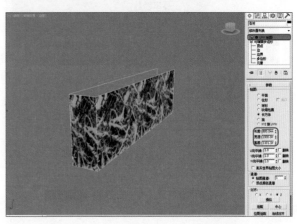

📍 **提示** 右图中的墙面石材问题

在实际的施工中，墙面的石材一般都是成块贴到墙上，一般不会出现整体的一大块石材，本例中为了讲解效果图制作而故意夸张了实际情况。

8.11.9 玻璃材质的制作

玻璃具有透明折射属性和菲涅耳反射属性，使用 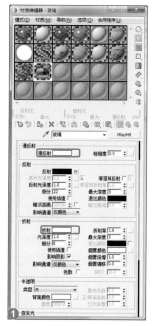 可以轻松制作出玻璃材质。

建立【玻璃】材质，将【漫反射】、【折射】颜色都设置为纯白色【R255 G255 B255】，如右图❶所示。在【反射】通道中加入【衰减】贴图，保持默认衰减数值，如右图❷所示。将材质赋予茶几、窗户、推拉门的玻璃部分，如下图所示。

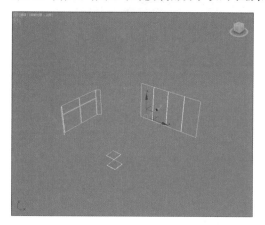

8.11.10 地毯材质的制作

地毯是以棉、麻、毛、丝、草等天然纤维或化学纤维为原料进行加工制成，在生活中也很常见，用于室内装饰可以产生华贵的视觉效果。

建立【地毯】材质，为【漫反射】加入【衰减】贴图，在前衰减和侧衰减贴图通道均加入【位图】贴图【地毯2.jpg】，设置侧衰减混合数值为50，如右图❶所示。最后在【凹凸】通道中也添加一张【位图】贴图【地毯2.jpg】，设置贴图强度为50，如右图❷所示。将材质赋予地毯模型，设置合适的贴图坐标，如下图所示。

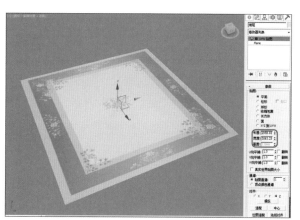

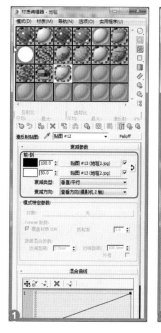

8.11.11 文化石材质的制作

文化石在室外建筑领域和室内装饰领域都很常用，可给人以强烈的人文气息，文化石的真实效果如右图所示。

01 建立【文化石】材质，在【漫反射】和【凹凸】通道中分别加入【位图】贴图【文化石.jpg】和【文化石凸凹.jpg】，设置凹凸通道贴图强度为70，如右图所示。

💡 **提示** 关于凹凸通道贴图的使用问题

材质编辑器的【凹凸】、【不透明度】、【置换】等通道对于黑白贴图的计算更加精确，因此尽量使用这类通道来添加贴图。

02 选择【房间】模型，使用 分离 工具分离几个面，把分离出来的面命名为【文化石】，如下图所示。

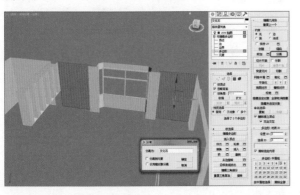

03 然后把【文化石】材质赋予上一步分离出来的面，设置合适的贴图坐标，如下图所示。

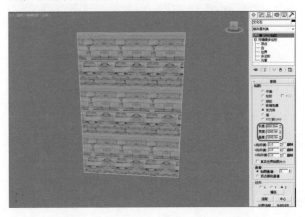

8.11.12 藤筐材质的制作

藤筐是用藤条编织而成的，具有凹凸不平的质感，下图和右图就是一些由藤条编织的藤筐。

01 建立【藤】材质，在【漫反射】通道加入【位图】贴图【藤.jpg】，在【凹凸】通道加入【位图】贴图【藤凸凹.jpg】，设置凹凸通道贴图强度为30，如右图❶所示。在【漫反射】通道和【凹凸】通道中设置U、V方向的【瓷砖】都为5，如右图❷所示。

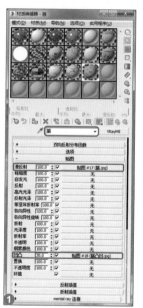

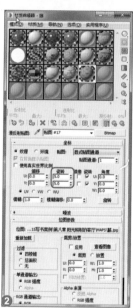

02 选择【小盆】群组将其打开，把材质赋予所有模型，然后设置合适的贴图坐标，如下图所示。

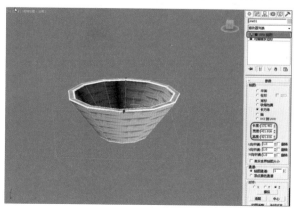

03 将之前【布料3】材质赋予场景椅子上的坐垫模型和木架中间的方格模型，如下图所示。

04 把【石材】材质赋予场景中筒灯下方的方石，如下图所示，到这里本场景中的材质都完成了。

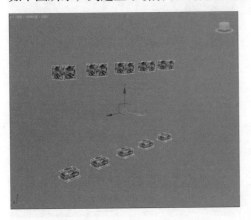

05 按键盘上的【F9】键渲染摄影机视图，效果如下图所示。

8.12 场景灯光的建立

在3ds Max Design 2015软件中灯光有两种，一种是【光度学灯光】，一种是【标准灯光】，安装VRay渲染器以后，在3ds Max软件中会多出一种【VRay灯光】，在以后的学习中读者会慢慢了解到每种灯光的属性。

01 打开【渲染设置】窗口，打开【公用】选项卡，调整渲染图片尺寸为宽度500、高375，如下左图所示。打开【V-Ray】选项卡，关闭【默认灯光】，设置【二次光线偏移】为0.001，展开 图像采样器(抗锯齿) 卷展栏，设置采样方式为【固定】，暂时取消【图像过滤器】，如下右图所示。

02 展开 环境 卷展栏，勾选【全局照明（GI）环境】和【反射/折射环境】复选框，并设置【反射/折射环境】颜色为纯白色，如下左图所示。进入【GI】选项卡，展开 全局照明[无名汉化] 卷展栏，勾选【启用全局照明】复选框，设置【二次引擎】为【灯光缓存】模式，如下右图所示。

03 展开 发光图 卷展栏，设置【当前预设】为【自定义】，设置【细分】为20、【最小速率】设置为-5、【最大速率】为-5，勾选【显示计算相位】复选框，展开 灯光缓存 卷展栏，设置【细分】为100，如下图所示。

04 进入【V-Ray】选项卡，在 全局确定性蒙特卡洛 卷展栏中设置【自适应数量】值为0.85、【噪波阈值】为0.1，如下左图所示。在【设置】选项卡中展开 系统 卷展栏，取消勾选【显示消息日志窗口】复选框，如下右图所示。

05 选择【推拉门】模型里的玻璃进行删除，因为在摄影机视图看不到它，然后按【F9】键渲染摄影机视图，结果如右图所示。

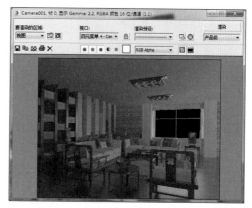

06 在窗口和推拉门的地方创建一些 VR-灯光 ，每一盏灯光力求与各自窗口大小一致，如右图所示。

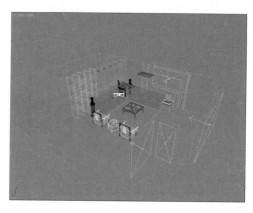

07 这些灯光都要勾选【选项】参数区域中的【不可见】复选框，设置强度【倍增】值为5、【灯光颜色】为冷色【R217 G230 B254】，如下左图所示。渲染摄影机视图，效果如下右图所示。

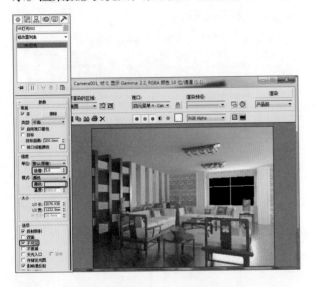

09 进入【创建】面板，单击【灯光】按钮，选择【光度学】类型，单击 目标灯光 按钮，在前视图的筒灯模型下创建目标点光源，如下图所示。

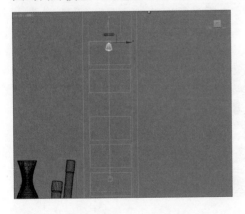

11 然后以【实例】方式复制目标灯光并放好位置，如右图所示。

08 进入【创建】面板并单击【灯光】按钮，选择【标准】灯光类型，单击 目标平行光 按钮，如下左图所示。在视图中创建一盏目标平行光【Direct001】，勾选【阴影】并使用【VR-阴影】，设置【聚光区/光束】为5000mm、【衰减区/区域】为7000mm，在- VRay 阴影参数 卷展栏勾选【区域阴影】并设置【U大小】、【V大小】、【W大小】均为300mm，如下右图所示。

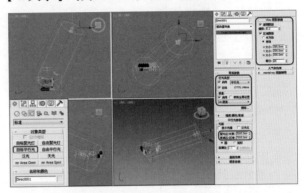

10 再到顶视图选择灯光，使用【选择并移动】工具，将刚刚创建的目标灯光移动到场景的筒灯下方，如下图所示。

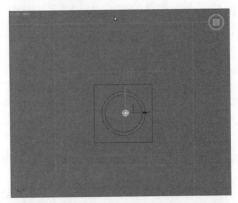

12 选择【目标灯光】后来到 【修改】面板，勾选【阴影】参数区域中的【启用】复选框并使用【VR-阴影】，将【灯光分布（类型）】设置为【光度学Web】，在 - 分布（光度学 Web） 卷展栏单击 < 选择光度学文件 > 按钮，在系统弹出的对话框中加载光度学文件【多光.ies】，如右图所示。

13 在 - VRay 阴影参数 卷展栏勾选【区域阴影】复选框并设置【U大小】、【V大小】、【W大小】均为100mm，然后按键盘上的【F9】键渲染摄影机视图，效果如右图所示。

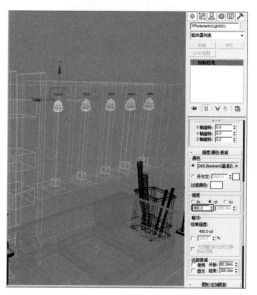

14 此时场景中筒灯的亮度有点过，接下来要对筒灯进行调整。选择一个【目标灯光】，修改其【强度】为400cd，这时候所有的【目标灯光】都会进行一样的变化，如右图所示。

15 将所有的【VR-灯光】的颜色改成【R199 G220 B253】，如下图所示。

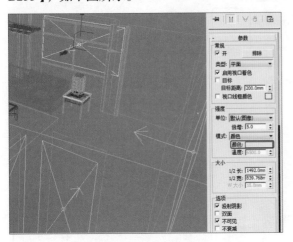

16 再次渲染摄影机视图，结果如下图所示。

17 此时渲染图像显得很苍白，而且不清晰，将【Gamma】设置为1，如下图所示。

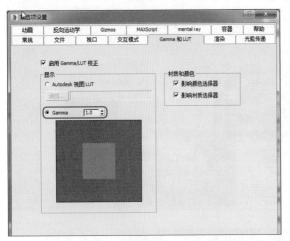

18 按键盘上的【F9】键渲染摄影机视图，发现此时的效果比之前好了很多，如下图所示。

19 为了突出阳光主体，选择【Direct001】并扩大其照射范围，增强【倍增】为1.5，如下图所示。

20 同时适当减小【VR灯光001】的【倍增】为3，如下图所示。

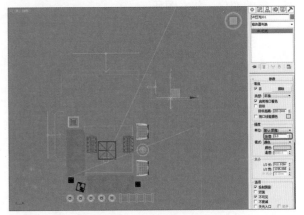

21 按【F9】键渲染摄影机视图，发现有些局部发生曝光过度现象，如下图所示。

22 打开【渲染设置】窗口，切换到【V-Ray】选项卡，展开 颜色贴图 卷展栏，设置曝光【类型】为【指数】方式，如下图所示。

8.13 整体调整

这里的整体调整是对场景灯光以及材质的调整，每个案例在最后阶段都要做最终的整体调整，使其整体效果更好，层次更丰富。

01 提高场景中【VR灯光002】的强度。设置灯光【倍增】为7，取消勾选【影响高光】和【影响反射】两个复选框，将灯光【颜色】设置为冷色【R208 G227 B254】，如下图所示。

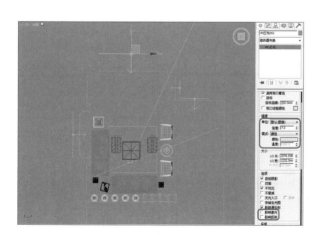

02 场景中【沙发】模型组有曝光过度的现象，最简单的解决方法是降低曝光过度的灯光【Direct001】的强度，另一种方法是选择曝光过度的灯光【Direct001】，在【修改】面板展开 高级效果 卷展栏，取消勾选【高光反射】复选框，如下图所示。

03 对于使用VRay渲染器的用户来说，可以采用另一种方法，就是改变场景的【暗度倍增】和【明亮倍增】。打开【渲染设置】窗口，展开 颜色贴图 卷展栏，设置【明亮倍增】为1.3、【暗度倍增】为1.5，如下图所示。

04 按键盘上的【F9】键渲染摄影机视图，效果如下图所示。

8.14 渲染最终图像

最终渲染就是要渲染一张高精度的大图，在【渲染设置】窗口中可以对渲染出的图像进行一系列的参数设置，比如图像尺寸、比例、质量以及图像保存的格式等。

8.14.1 光子图的设置

光子图不是最终的图像，光子图是将场景计算出来的光照信息储存在vrmap文件中，以方便渲染大图时使用，它也是VRay渲染器的核心功能之一。在渲染最终大图之前，首先渲染光子图，然后利用光子图进行最终的渲染，以便最快地完成成品图。

01 进入【渲染设置】窗口【公用】选项卡，将渲染光子图的【宽度】设置为500，【高度】设置为375，并单击 按钮锁定尺寸比例，如右图①所示。进入【V-Ray】选项卡，展开 全局开关[无名汉化] 卷展栏，勾选【不渲染最终的图像】复选框，展开 图像采样器(抗锯齿) 卷展栏，将【图像采样器】设置为【自适应】类型，开启【图像过滤器】并设置【过滤器】为【Mitchell-Netravali】，如右图②所示。

02 进入【GI】选项卡，展开 发光图 卷展栏，设置【当前预设】为【中】，设置【细分】为75、【插值采样】为20，勾选【不删除】、【自动保存】、【切换到保存的贴图】三个复选框，设置光子图的保存路径，如下左图所示。展开 灯光缓存 卷展栏，设置【细分】为1200，勾选【不删除】、【自动保存】、【切换到被保存的缓存】，设置光子图的保存路径，如下右图所示。

03 进入【V-Ray】选项卡，展开 全局确定性蒙特卡洛 卷展栏，设置【自适应数量】为0.75、【噪波阈值】为0.002、【最小采样】为20，如下图所示。

04 在场景中选择每个【VR-灯光】，设置其【细分】为20，这样可有效减少杂点，如右图所示。

提示　保存光子图的次数

本场景中运用了【灯光缓存】模式计算二次反弹，所以光子图需要保存两次，在渲染光子图时勾选【切换到保存的贴图】和【切换到被保存的缓存】复选框，这样当光子图计算完成时系统会自动加载光子图。

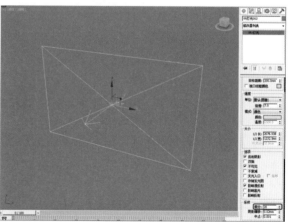

05 选择阳光【Direct001】，修改【细分】值为25，如右图所示。

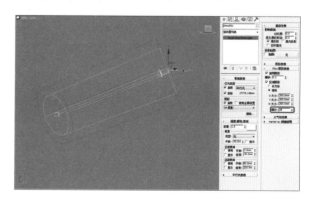

06 选择【目标灯光】，设置【细分】为20，如右图所示。

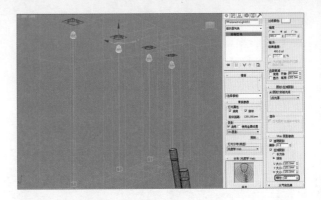

07 将材质编辑器中所有【VRayMtl】的【细分】进行修改，设置值为22，如下图所示。

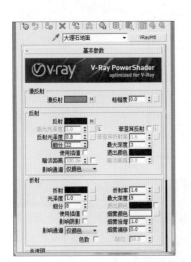

08 按【F9】键渲染摄影机视图，此时系统就开始渲染光子图，经过一段时间的渲染，本场景的光子图就渲染完毕了，如下图所示。

8.14.2　最终大图的设置

我们需要一张尺寸够大，精度够高的图像，在计算完光子图后就可以直接渲染大尺寸高精度的图像。

01 由于之前渲染光子图时勾选了【切换到保存的贴图】和【切换到被保存的缓存】复选框，因此系统会自动加载计算过的光子图，如右图所示。

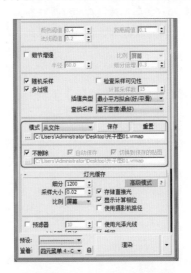

02 在【渲染设置】窗口的【公用】选项卡中设置最终大图的渲染尺寸为2000×1500，如下左图所示。进入【V-Ray】选项卡，展开 全局开关[无名汉化] 卷展栏，取消勾选【不渲染最终的图像】复选框，如下右图所示。

03 按【F9】键渲染摄影机视图，经过很长一段时间的渲染，本场景的最终大图就渲染完成了，效果如下图所示。

8.14.3　AO大图的渲染设置

AO大图也叫OCC大图，这张图像的渲染是为了在Photoshop后期处理中配合最终大图进行合成，它是以黑白方式显示的图像，此图在后期合成时会使最终大图更具分量感。

01 在3ds Max Design 2015的菜单栏中执行【编辑>暂存】命令，如下左图所示。当执行了【暂存】命令以后，删除场景中所有的灯光，如下图所示。

02 在【渲染设置】窗口中关闭【启用全局照明】复选框，如下图所示。

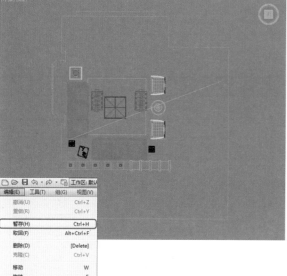

03 在材质编辑器中设置一个 Standard 材质，命名为【OCC】，设置【自发光】为100，如下左图所示。在【漫反射】通道添加【VR-污垢】贴图，设置【细分】为20，设置【半径】为200mm，如下右图所示。

04 在【渲染设置】窗口中取消勾选【全局照明（GI）环境】和【反射/折射环境】复选框，并勾选【覆盖材质】和【过滤贴图】以及【过滤GI】复选框，如下图所示。

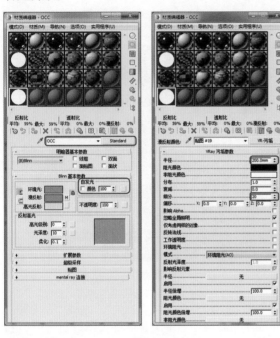

05 以【实例】方式将制作好的【OCC】材质拖动到【覆盖材质】通道中，如下图所示。

06 按键盘上的【F9】键渲染摄影机视图，其效果如下图❶所示。将渲染好的【AO】大图进行保存，保存的格式设置为【TGA】，如下图❷所示。

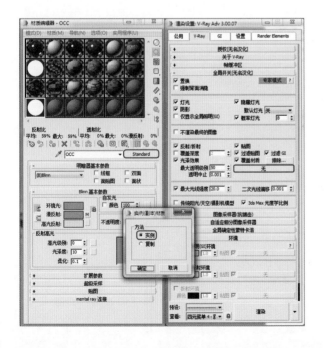

8.14.4　Object彩色通道大图的渲染设置

为了方便后期处理，在渲染出成品大图和AO大图后，还要渲染彩色通道图，利用它可以快速选取大图中每一件物体，因此非常实用。

01 打开【渲染设置】窗口，在 `全局开关[无名汉化]` 卷展栏中，取消勾选【覆盖材质】复选框，如下图所示。

02 将【BeforeRender】插件拖到场景中，勾选【转换所有材质】复选框，再单击 `转换为通道宣染场景` 按钮，如下左图所示。此时所有材质都转换成彩色自发光材质，如下右图所示。

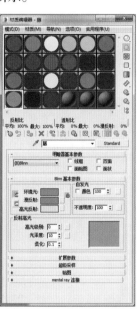

03 按键盘上的【F9】键渲染摄影机视图，然后将其保存即可，最终效果如右图所示。

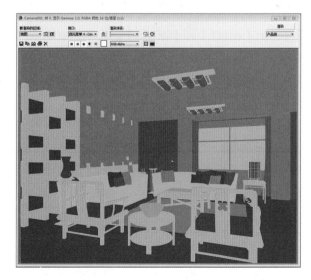

8.15 后期处理

后期处理的制作思路是【整体→局部→整体】，首先对最终大图的整体关系入手，如远近的虚实关系、场景冷暖对比关系等，然后逐步深入到局部调整，如地板、墙体、家具等关系的调整，最后再对整体的效果进行最后的整合。

8.15.1 合并大图及整体调整

在进行后期处理工作时，首先要将之前渲染好的三张大图合并到一张图像中，这样方便大图的后期合成以及整体的调整。

01 将之前渲染好的三张大图在Photoshop里打开，如下图所示。

02 把【AO大图】和【Object彩色通道大图】移动到【阳光客厅.tga】中，在【图层】面板将其位置摆放整齐，如下左图所示。将背景图层复制一个，然后单击原始背景图层前面的小眼睛图标将其关闭，如下右图所示。

03 关闭【图层1】和【图层2】，只显示刚刚复制的【背景 副本】图层，选择菜单栏中的【图像>调整>亮度/对比度】命令，把【亮度】设置为5，【对比度】设置为12，如下图所示。

04 单击【图层1】旁边的小眼睛图标，开启【图层1】，为大图增加立体感和分量感，设置【图层1】的混合模式为【柔光】，并将【不透明度】设置为50%，如下图所示。

05 在【图层1】上右击并选择【向下合并】命令，将【图层1】合并到【背景 副本】图层中，此时两个图层就变成了一个图层，如右图所示。

8.15.2 局部细节的调整

在整体调整过后，接下来要对局部细节进行细致的调整，当然要想快速地选择局部，这里【Object 彩色通道大图】就起到很大的用处了，下面就开始对大图的局部细节进行调整。

01 下面对场景中的椅子进行调整。开启【图层2】，并将【图层2】作为当前激活层，在Photoshop左边的工具箱中选择 【魔棒】工具，并取消勾选【连续】复选框，再使用 【魔棒】工具单击选择椅子的色块，此时可以看到椅子相同的颜色都会被魔棒选择到，如下图所示。

02 将【图层2】关闭，选择【背景 副本】图层，然后按【Ctrl+J】组合键，将选区图像提取后创建一个图层，这样对新建的图层进行调整不会影响到原来的图层，如下图所示。

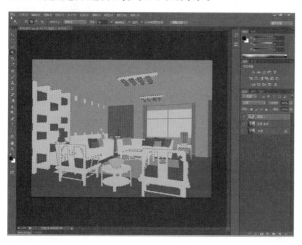

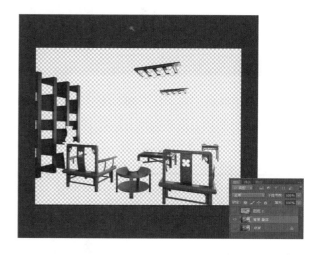

03 选择新建的椅子图层，在菜单栏中选择【图像>调整>色阶】命令，或者按下【Ctrl+L】组合键打开【色阶】对话框，将色阶的【暗部】三角调整到11，让椅子稍微暗一点，效果如下图所示。

04 使用相同的方法，将地板选择出来，按下【Ctrl+L】组合键打开【色阶】对话框，将色阶的【暗部】三角调整到19，让地板稍微暗一点，效果如下图所示。

05 打开一张室外贴图，将贴图拖到本场景中，并将其对应的图层放置在【背景 副本】图层下边，如下图所示。

06 在【图层2】中选择窗户玻璃，回到【背景 副本】图层中按【Ctrl+J】组合键，将选区新建为一个图层【图层6】，如下图所示。

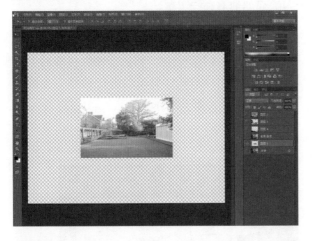

07 隐藏【图层6】，再次使用 ⟨ 【魔棒】工具将玻璃作为选区，回到【背景 副本】图层中按【Delete】键删除玻璃部分，如下图所示。

08 选择刚添加的室外贴图，将其移动到窗口玻璃的位置，再按下【Ctrl+T】组合键，将贴图进行【自由变换】，如下图所示。

09 调整室外图像的大小及透视效果，之后按【Ctrl+L】组合键打开【色阶】对话框，将色阶的【亮部】三角调整到226，如下图所示。

10 开启分离出的窗户【图层6】，设置【不透明度】值为22%，如下图所示。

8.15.3　最后的整体调整

　　局部细节调整完成后，再对图像做最后的整体调整，在做最后的调整之前要将所有修改过的图层盖印到一个图层中，最后的调整是调整图像整体的色调、明暗对比、空间感等。

01 选择【图层2】彩色大图下边的【图层3】作为当前选择层，如下左图所示。按【Ctrl+Alt+Shift+E】组合键来进行【盖印可见图层】操作，结果可见图层就盖印到一个新的图层【图层7】中了，但同时还保留了之前的图层，如下右图所示。

02 在Photoshop工具箱中选择 【套索】工具，在图中画一个选区，然后右击并选择【羽化】命令，在弹出对话框中设置【羽化半径】为100像素并确定，如下图所示。

💡 提示　盖印可见图层的解析

　　【盖印可见图层】是指将之前修改过的所有图层盖印到一个新图层中，并且在图层面板中还保留之前的图层，依然有返回修改的空间和余地。

03 然后按【Ctrl+J】组合键,将选区新建为一个图层【图层8】,如下图所示。

04 选择菜单栏中的【图像>调整>去色】命令,将刚刚创建的图层进行去色,如下图所示。

05 在菜单栏中选择【滤镜>其他>高反差保留】命令,将【半径】设为1像素,如下图所示。

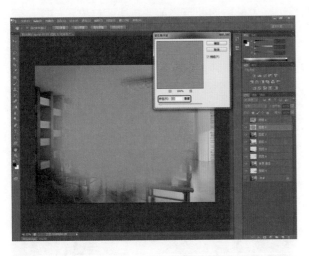

06 将【图层8】的【混合模式】调整成【叠加】模式,【不透明度】设置到82%左右,再观察当前的效果,会发现图像变得清晰了,如下图所示。

07 将【图层8】向下合并,再次使用 ⊘【套索】工具在图中画一个选区,右击并选择【羽化】命令,在弹出对话框中设置【羽化半径】为100像素,单击【确定】按钮,如右图所示。

08 保持当前的选择，按【Ctrl+M】组合键执行【曲线】命令，在弹出的【曲线】对话框中单击鼠标添加新的节点，将节点的【输出】设置为190、【输入】设置为172，如下右图所示。调整后的效果如下图所示。

09 单击图层面板右下角的 【创建新图层】按钮，此时就创建了一个新的【图层8】，如下左图所示。选择刚刚创建的新图层，在工具箱中选择 【渐变】工具，将【渐变】默认的【不透明模式】改成【透明模式】，只需在【预设】参数区域中直接单击上一排的第二个渐变颜色即可，之后单击【确定】按钮，如下右图所示。

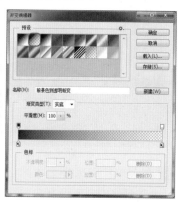

10 设置完成后，在刚刚创建的【图层8】中按住【Shift】键，绘制出直线渐变，如右图所示。

11 将【图层8】的【混合模式】设置为【正片叠底】，【不透明度】值设置为26%，如右图所示。

12 接着压暗前景，推开画面的空间感。按【Ctrl+E】组合键，将【图层8】向下合并，用■【矩形选框】工具在图中画出一个矩形选区，如下图所示。

13 单击鼠标右键，选择【羽化】命令，将【羽化半径】设置成100像素，单击【确定】按钮，如下图所示。

14 在菜单栏中选择【选择>反向】命令，此时选区会选到刚刚选区没有选到的部分，如下图所示。

15 按【Ctrl+M】组合键执行【曲线】命令，在弹出的【曲线】对话框中单击鼠标添加新的节点，将节点的【输出】设置为33，【输入】设置为48，如下右图所示。四周压暗后画面的空间也会推得很远，如下图所示。

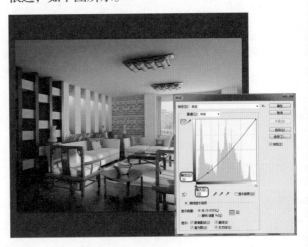

16 使用◯【套索】工具在图中画一个选区，设置【羽化半径】为100像素，然后在菜单栏中执行【图像>调整>亮度/对比度】命令，调整画面的整体亮度和对比度，其中【亮度】调整为8，【对比度】调整为5，如下图所示。

17 为了使画面的整体色调统一，在这里为画面添加一个【照片滤镜】调整图层。单击图层面板的◯【创建新的填充或调整图层】按钮，然后选择【照片滤镜】选项，选择一个加温滤镜，将【浓度】设置为5%即可，如下图所示。

18 保持当前图层的选择，再次按【Ctrl+Alt+Shift+E】组合键盖印可见图层，最后结果如下图所示。

19 执行【文件>存储】命令对本场景进行保存，格式使用默认的【PSD】格式，如下左图所示。至此，本场景的后期处理工作就完成了，最终效果如下图所示。

8.16　本章小结

　　本章重点学习了一个完整的从建模、材质制作、灯光布置、渲染到后期处理的详细室内效果图制作流程，通过一个简单的中式风格客厅设计，让读者了解日景空间的制作思路。读者以后在绘图时，要灵活运用之前所学的知识和技法，制作出更多不同风格的理想效果图。

CHAPTER 09

地铁车厢场景的渲染

都市的地铁成就了快速交通，成了很多上班族每天必须乘坐的有效工具。
每天末班的地铁载满了沉沉的疲惫感，当旅客都下车之后，在车厢内可
以看到的是剩余的工作压力、紧张以及一丝对家的港湾的期待。

9.1 本例概述

本例使用了【可编辑多边形】的方式进行框架的构建，列车座椅使用了【可编辑样条曲线】进行编
辑，然后配合【挤出】修改器进行建立，别的模型也都大同小异，最后调整好比例和位置即可，最后的
效果如下图所示。

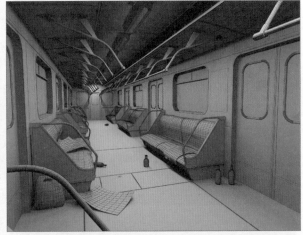

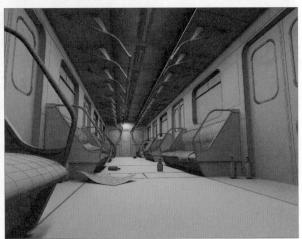

9.2　渲染器的设置

本案例仍然使用【VRay Adv 3.00.07渲染器】来进行材质渲染操作，因此首先应该切换渲染器为VRay渲染器。

01 按【F10】键打开【渲染设置】窗口，在【公用】选项卡下展开　指定渲染器　卷展栏，在【产品级】中单击右侧的　按钮，系统弹出【选择渲染器】对话框，可以看到可供选择的渲染器，然后双击【V-Ray Adv 3.00.07】选项，就完成了渲染器的切换，如下图所示。

02 来到【渲染设置】窗口的【设置】选项卡中，展开 - 　　　系统　　　卷展栏，然后取消勾选【显示消息日志窗口】复选框，这样渲染时不会跳出日志信息，如下图所示。

03 进入【V-Ray】选项卡，展开 图像采样器(抗锯齿) 卷展栏，设置图像采样器类型为【固定】，取消勾选【图像过滤器】复选框，这样可以在测试渲染的时候加快渲染速度，如下图所示。

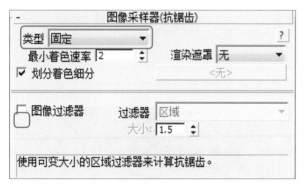

9.3　列车灯光的建立

由于场景时间已经是夜晚，本案例使用人工照明，也就是列车的顶灯来进行照明的建立，因此灯光系统相对简单，可以使用【VRay灯光】来照明。

01 在 ⚙ 【创建】面板单击 VR-灯光 按钮，在顶视图中拖动鼠标建立一盏【VR-灯光】，然后来到左视图或者前视图中调整高度，将其放置到第一盏吸顶灯下，如下图所示。

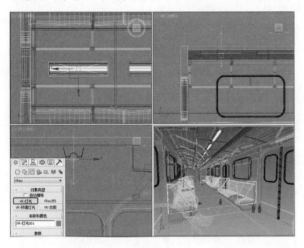

02 选择灯光来到 📝 【修改】面板设置灯光的属性，设置【倍增】为10，勾选【不可见】复选框，这样渲染时看不到白色的灯光，如下左图所示。渲染摄影机视图的效果如下右图所示。

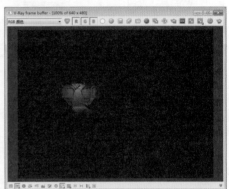

03 选择灯光进行关联复制，在顶视图中按住【Shift】键进行移动，在系统弹出的对话框中选择【实例】方式，给每一个吸顶灯模型下面都复制出一盏面光源，如右图所示。

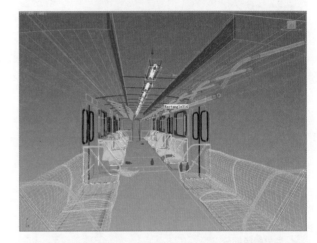

04 渲染摄影机视图，此时照明效果如右图所示。

📍 提示 复制方式的称谓

在3ds Max 7中文版推出之前，设计师都使用英文版的软件，那时候复制的称谓就是拷贝【Copy】、关联【Instance】、参考【Reference】，而中文版3ds Max的翻译是【复制】，【实例】，【参考】，资深的Max用户都会使用【关联】来称呼第二种复制方式，而一般不会使用【实例】来称呼。如果读者参阅某些英文版的教程书籍遇到这个称呼，就应该明白【关联】方式就是【实例】方式，而【关联】的叫法才是更有Max味道的正宗叫法。

05 在【渲染设置】窗口进入【GI】选项卡，勾选间接照明的【启用全局照明】复选框，修改二次反弹的引擎为【灯光缓存】，如下图所示。

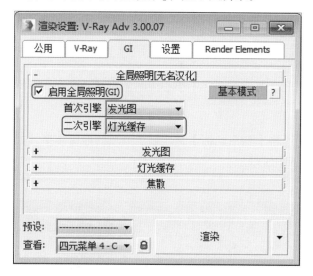

06 来到 - 发光图 卷展栏，修改其参数，如下图所示。

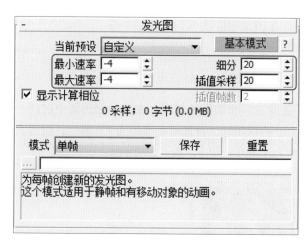

07 进入 - 灯光缓存 卷展栏，设置【细分】为100，如下图所示。

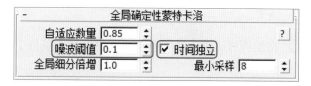

08 进入【V-Ray】选项卡，展开 全局确定性蒙特卡洛 卷展栏，设置【噪波阈值】为0.1，勾选【时间独立】复选框，可加快渲染速度，如下图所示。

09 按【F9】键快速渲染摄影机视图，可以看到如右图所示的结果。

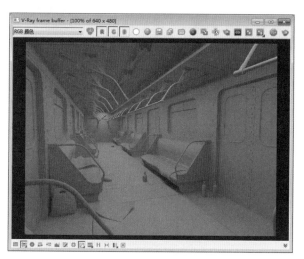

9.4　列车材质的制作

　　由于列车要求有残破的感觉，因此本场景需大量使用【混合】材质和【混合】贴图来完成，一般来说，场景的材质建立顺序是先从大面积的开始，这样更容易控制场景的色彩关系。

9.4.1　地板材质的制作

　　列车的地面为硬质的皮革材质，由于是到站的空车厢，有一些乘客不小心泼洒上的红酒痕迹，因此需要使用【混合】材质来表现这一颇具难度的效果。

01 建立列车地板的材质。在材质编辑器中选择一个空白材质球，设置材质类型为 VRayMtl ，设置名称为【列车地板】，如下图所示。

02 将【列车地板】材质赋予列车的地板模型，如下图所示。

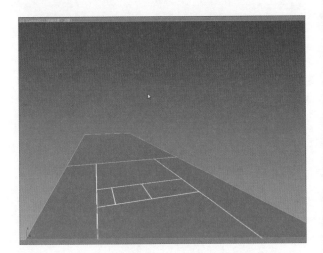

03 在地板材质的【漫反射】通道中添加【混合】贴图，如下图所示。

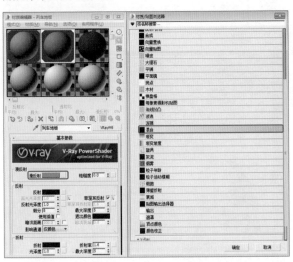

04 在【混合】贴图的第一个通道【颜色#1】中添加【位图】贴图【地板001.jpg】，如下图所示。

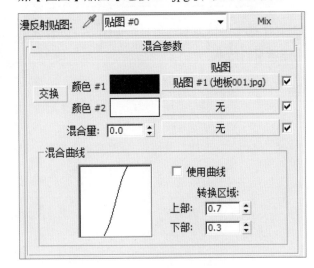

05 进入【地板001.jpg】的贴图层级，然后设置U向的【瓷砖】参数为0.8，V向的【瓷砖】参数为1.1，注意【贴图通道】号一定要设置为1，如下图所示。

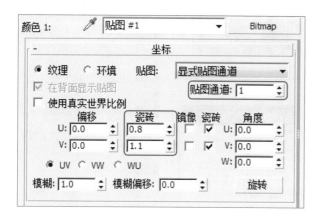

07 在【混合】贴图的【颜色#2】贴图通道中添加【位图】贴图【地板002.jpg】，如下图所示。

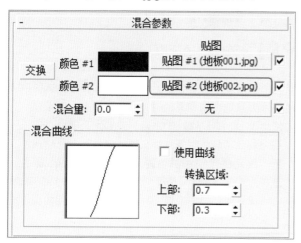

06 为模型添加【UVW贴图】修改器，设置贴图方式为【平面】，设置【长度】为103.83、【宽度】为70.503，保持【贴图通道】号也设置为1，这样可以控制到这张位图，如下右图所示。此时观察摄影机视图中的贴图显示情况，如下图所示。

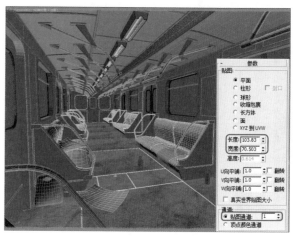

08 在贴图层级设置【贴图通道】号为2，如下图所示。

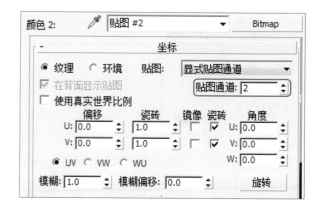

09 再次给模型添加一个【UVW贴图】修改器，设置贴图方式为【平面】，设置【长度】为100、【宽度】为100，设置【贴图通道】号为2，如右图❶所示。在【混合量】通道中添加【位图】贴图【Concrete.Precast Structural Concrete.Smooth.bump.jpg】，然后设置这张位图的【贴图通道】号为3，如右图❷所示。

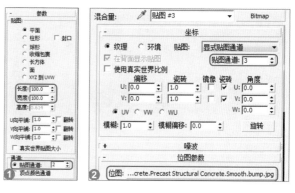

10 为模型添加【UVW贴图】修改器，设置贴图方式为【平面】，设置【长度】为165、【宽度】为800、【贴图通道】号为3，如下右图所示。按【F9】键快速渲染摄影机视图，如下图所示。

12 设置【反射光泽度】为0.75、【最大深度】为1，取消勾选【菲涅耳反射】复选框，如下图❶所示。此时渲染摄影机视图可以看到最后的结果如下图❷所示。

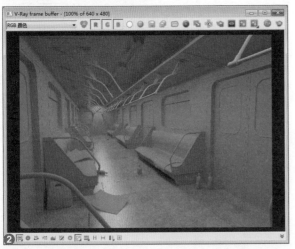

11 回到材质的顶层级，在【反射】通道中添加一个【衰减】贴图，如下图❶所示。设置衰减的前和侧颜色分别为【R10 G10 B10】的灰度和【R120 G120 B120】的灰度，如下图❷所示。

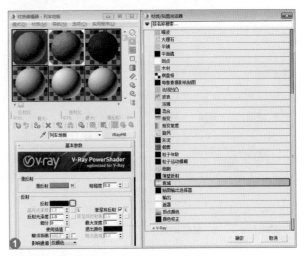

提示 关于颜色灰度

色彩构成学中有著名的孟赛尔色立体，色立体的中心轴为从纯白到纯黑的【无彩色】变化，3ds Max使用R（红）G（绿）B（蓝）方式定义颜色，如果红绿蓝三色颜色相同，那么颜色就是无彩色的灰度色，因此步骤11中讲述的【衰减】贴图两个颜色分别为10灰度和120灰度，也就是颜色的R（红）G（绿）B（蓝）都为10和120。下图所示的就是孟赛尔色立体系统模型。

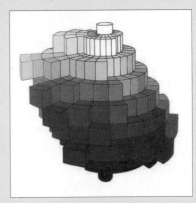

13 在材质的【凹凸】通道添加一个【混合】贴图，设置两个通道的贴图分别为【漫反射】贴图各自的凹凸灰度图像，注意各自的【瓷砖】数值设置和【贴图通道】设置也需要和【漫反射】中各自对应的贴图一致，最后设置总体【混合量】为30，如下图❶所示。设置总体【凹凸】通道贴图强度为15，如下图❷所示。渲染摄影机视图，可以看到地面产生的凹凸质感，如下图❸所示。

14 制作地板明暗不同部分不同的反射程度效果。在材质的【反射光泽】通道添加【位图】贴图【反射肌理.jpg】，设置【贴图通道】为1，设置贴图强度为15，如下图❶所示。此时渲染摄影机视图，可以看到当前效果如下图❷所示。

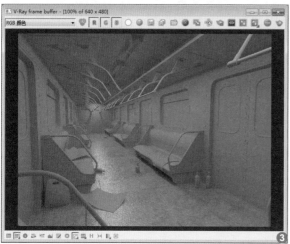

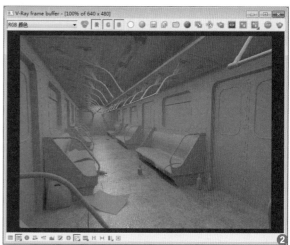

15 制作地面上泼洒的已略微干涸的红酒。泼洒到地面上的红酒，仅仅是薄薄的一层，且已开始干涸，因此不需要设置酒水的透明属性，在地板材质总层级界面单击 VRayMtl 按钮，在【材质/贴图浏览器】对话框中双击【混合】材质，如右图所示。在弹出的【替换材质】对话框中选择【将旧材质保存为子材质】选项，如下图所示。

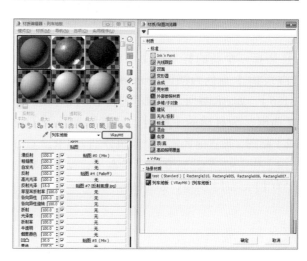

16 然后设置【混合】材质的2号材质名称为【红酒】、材质类型为 Standard 类型，如下左图所示。设置红酒材质的【漫反射】颜色为暗红色【R31 G1 B1】，设置【高光级别】为80，设置【光泽度】为35，如下右图所示。

17 在【混合】材质的【遮罩】通道添加一张【位图】贴图【地板mask.jpg】，设置【贴图通道】号为4，如下左图所示。然后展开贴图的 输出 卷展栏，勾选贴图的黑白【反转】复选框，如下右图所示。

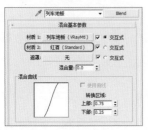 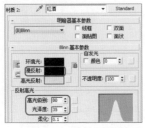 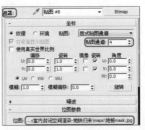 

18 为地板模型再次添加一个【UVW贴图】修改器，设置【贴图通道】号为4，然后设置【贴图方式】为【平面】，设置【长度】为165、【宽度】为794，如下图所示。渲染摄影机视图，可以看到最后的效果如右图所示。

9.4.2 墙面材质的制作

列车的墙面是比较平滑的人工塑料材质，其表面质地平滑，手感好，凹凸肌理几乎没有，且具有高反射属性。

01 选择一个新的样本球命名为【墙面】，设置【漫反射】颜色为淡淡的米黄色【R252 G229 B186】，如右图❶所示。取消勾选【菲涅耳反射】复选框，为材质的【反射】通道添加一张【衰减】贴图，设置前和侧两个颜色分别为【R13 G13 B13】和【R255 G255 B255】的灰度，设置衰减类型为【Fresnel】类型，如右图❷所示。

02 设置材质的【反射光泽度】为0.92，开启右侧的【锁定】按钮，设置材质的【高光光泽度】为0.85，设置【最大深度】为2，如右图❶所示。此时渲染摄影机视图的效果如右图❷所示。

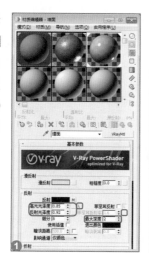
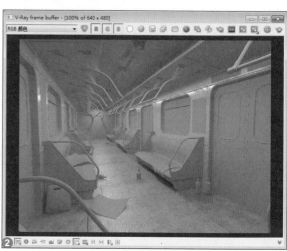

9.4.3 列车门材质的制作

列车门材质和墙面材质的基本属性一致，只是颜色更加饱满一些，明度上更加暗一些，显得开门处色彩与众不同，可以通过复制墙面材质，然后修改颜色的方式来完成材质制作。

01 在材质编辑器中拖动鼠标复制【墙面】材质，然后改名为【列车门】，如右图❶所示。将材质赋予场景中的列车门模型，如右图❷所示。

02 调整【列车门】材质的漫反射颜色为深一点的米黄色【R152 G117 B86】，如右图❶所示。让材质【反射】通道的【衰减】贴图保持存在，设置前和侧两个颜色分别为【R30 G30 B30】和【R120 G120 B120】的灰度，再将衰减类型改为【垂直/平行】方式，如右图❷所示。

03 设 置【高光光泽度】为0.88、【反射光泽度】为0.95、【最大深度】为2，如右图**①**所示。渲染摄影机视图效果如右图**②**所示。

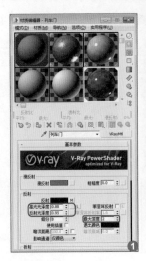

9.4.4 列车顶部材质的制作

列车顶部和墙壁的材质基本一致，但颜色的明度可以设置得更高一些，因为一般室内空间的顶部都会色彩偏亮，不然会让人有压抑的感觉，这个材质同样可以在墙壁材质的基础上修改得到。

再次复制墙壁材质并命名为【列车顶面】，然后修改【漫反射】为灰白色【R141 G146 B149】，修改

【高光光泽度】为0.8、【反射光泽度】为0.9，【反射】通道的【衰减】贴图保持，修改衰减的色彩分别为20和120的灰度，修改衰减方式为【垂直/平行】，材质效果如右图**①**所示。将材质赋予列车顶面模型，渲染摄影机视图效果如右图**②**所示。

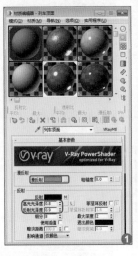

9.4.5 空调外层壳材质的制作

空调外层壳位于列车顶面，类似于【吊顶】结构，又有扶手的附着，其材质为钢架加硬塑料，其质感与顶面材质近似，但为了丰富画面的层次感，则应该对其进行硬度感的增强，反射的增强等，可以通过复制列车顶面材质然后修改来快速完成。

01 复制列车顶面材质，然后修改名称为【空调外壳】，如下图**①**所示。然后将材质赋予场景中相应的模型，如下图**②**所示。

02 修改材质的【漫反射】为灰蓝色【R92 G112 B124】，修改【高光光泽度】为0.85、【反射光泽度】为0.95，如下图**①**所示。展开 双向反射分布函数 卷展栏，设置高光方式为【多面】，如下图**②**所示。渲染摄影机视图可以看到效果，如下图**③**所示。

提示　关于色彩搭配

色彩的搭配是一门独立的学科，读过正规艺术高校的同学都学过《色彩构成》这门课，它和《平面构成》、《立体构成》一起组成了全世界大部分高校艺术类的专业基础课，这三门是非常重要的课程，是一切设计的基础。
【色彩构成】知识告诉我们，画面整体色彩关系要统一，但一定要有不同【明度】、【色相】、【纯度】或者【冷暖】的色彩进行活跃和点缀，这样画面才不至于呆板和沉闷，因此上面步骤02的材质加入了一些冷色来活跃整体的色彩关系，这一修养不是学习软件可以得到的，需要读者多留意观察生活和学习优秀作品，然后用心加以体会。

9.4.6　座椅皮革材质的制作

皮革材质具有模糊反射、菲涅耳反射现象，同时具有皮革纹理等特点，使用 VRayMtl 可以轻松制作出这些效果。

01 设置一个名称为【皮革】的 VRayMtl 材质，在【漫反射】中加入【混合】贴图，设置【颜色#1】为【R20 G0 B6】、【颜色#2】为【R34 G3 B3】，如右图❶所示。将材质赋予场景中所有叫【皮革】的座椅模型，如右图❷所示。

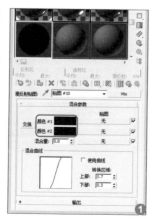
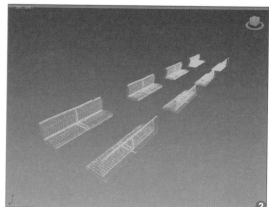

02 在【混合量】通道加入【位图】贴图【皮革座椅mask.jpg】，设置【模糊】为0.1，这样可让贴图变得清晰，如下左图所示。为每一个座椅模型添加一个【UVW贴图】修改器，设置【贴图方式】为【平面】，设置【长度】为34、【宽度】为129，保持【贴图通道】为1，如下右图所示。

03 为材质的【反射】通道加入【衰减】贴图，设置颜色分别为【R25 G25 B25】和【R122 G122 B122】的灰度，设置衰减方式为【垂直/平行】类型，如下左图所示。设置【反射光泽度】为0.6，取消勾选【菲涅耳反射】复选框，设置【最大深度】为1，如下右图所示。

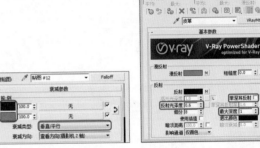

04 为材质的【凹凸】通道加入【位图】贴图【皮革纹理.jpg】，设置【模糊】为0.5，设置【贴图通道】为2，设置V、U方向的【瓷砖】都为2，如下左图所示。最后设置【凹凸】通道的贴图强度为15，如下右图所示。

05 为所有的座椅模型再次添加一个【UVW贴图】修改器，设置【贴图方式】为【长方体】，设置【长度】为34、【宽度】为37、【高度】为129，设置【贴图通道】为2，如下左图所示。渲染摄影机视图可以看到最后结果如下图所示。

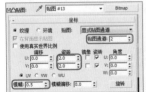

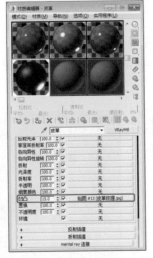

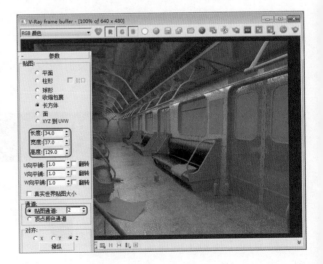

9.4.7　车窗材质的制作

玻璃的主要成分为二氧化硅，具有高折射属性、菲涅耳反射属性、质地坚硬等特点，由于场景环境为夜晚，因此窗外都是黑夜，所以本例中玻璃主要体现了其反射属性。

01 设置一个 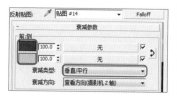 材质，修改名称为【玻璃】，为【反射】通道加入【衰减】贴图，两个颜色分别设为【R50 G50 B50】和【R200 G200 B200】的灰度，衰减类型保持为【垂直/平行】方式，如下左图所示。

设置【高光光泽度】为0.88、【反射光泽度】为1，取消勾选【菲涅耳反射】复选框，如右图❶所示。然后将材质赋予场景中的车窗玻璃模型，渲染摄影机视图可以看到结果，如右图❷所示。

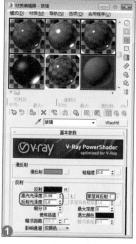

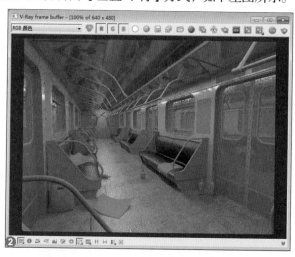

02 设置玻璃的【折射】颜色为纯白色【R255 G255 B255】，如右图❶所示。渲染摄影机视图可以看到结果如右图❷所示。

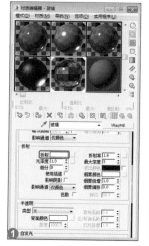

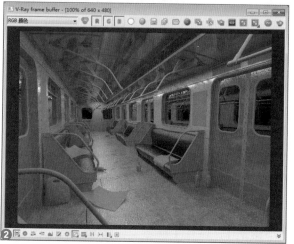

9.4.8　座位侧面有机玻璃材质的制作

座位侧面为有肌理纹的有机玻璃材质，肌理纹在内部，外表面则是平滑，且具有清晰的高反射，属于相对华丽的质地效果。

01 建立一个 VRayMtl 材质，在【漫反射】中加入【位图】贴图【冰裂玻璃.jpg】，如右图所示。

02 设置【反射】颜色为【R50 G50 B50】的灰度，激活【高光光泽度】，设置【高光光泽度】为0.8，取消勾选【菲涅耳反射】复选框，如右图❶所示。将材质赋予场景所有的有机玻璃模型，如下左图所示。此时为模型添加一个【UVW贴图】修改器，然后设置贴图方式为【平面】，然后在❷【修改】面板中单击 适配 按钮使用适配效果即可，如右图❷所示。渲染摄影机视图的效果如下右图所示。

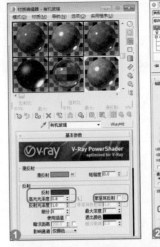

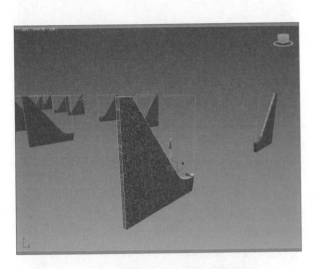

9.4.9　扶手不锈钢材质的制作

列车的扶手部分为不锈钢材质，这种材质质地坚硬、反射清晰、高光明显，使用 VRayMtl 材质可以快速完成这种效果。

建立一个 VRayMtl 材质【不锈钢】，设置【反射】颜色为纯白色【R255 G255 B255】，设置【反射光泽度】为0.85，取消勾选【菲涅耳反射】复选框，如右图❶所示。将材质赋予场景中的不锈钢模型，渲染摄影机视图效果如右图❷所示。

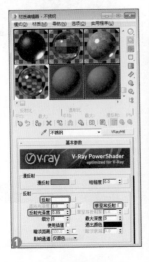
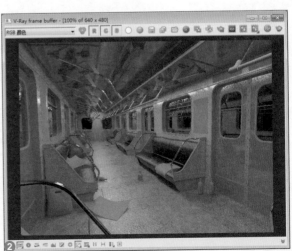

9.4.10 磨砂不锈钢材质的制作

磨砂不锈钢有亚光金属效果，看起来相对沉重一些，可通过修改上一个材质的高光来快速完成。

复制不锈钢材质命名为【亚光不锈钢】，在【漫反射】中加入【衰减】贴图，设置前和侧的颜色分别为178的灰度和黑色，如右图❶所示。回到材质顶层级，设置【反射光泽度】为0.7，如右图❷所示，将材质赋予亚光不锈钢模型。渲染摄影机视图效果如右图❸所示。

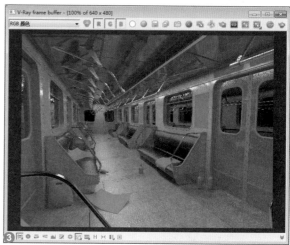

9.4.11 车顶灯材质的制作

列车顶灯吸附在吊顶上，起着关键的照明作用，因此要具有发光属性，且其表面为塑料，因此还具有一定的反射属性。

设置一个 Standard 材质，设置【高光级别】为68、【光泽度】为33、【自发光】为60，赋予场景中的车灯，如右图❶所示。为【漫反射】通道加入【衰减】贴图，设置前和侧的颜色分别为【R0 G0 B0】和【R255 G250 B237】，如右图❷所示。在材质编辑器中展开材质的 贴图 卷展栏，为【反射】通道加入【VR-贴图】，保持默认设置即可，如右图❸所示。此时渲染摄影机视图的效果如右图❹所示。

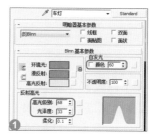

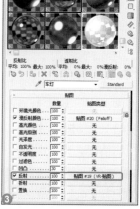

提示 什么是【VR-贴图】

【VR-贴图】就是VRay渲染环境下的反射和折射贴图，如果用户使用标准材质来制作，则不允许使用传统的【光线追踪】贴图来制作反射和折射效果，为了弥补这一情况，Chaos Group公司提供了【VR-贴图】来进行功能替代，在这个贴图里同样可以制作模糊反射和模糊折射效果，同样可以设置不同的精度细分。

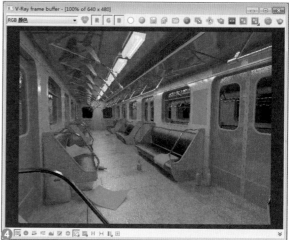

9.4.12 包窗皮革材质的制作

列车窗户和门的边缘采用黑色的皮革来包裹处理，这种材质因为狭长，如果层次不明确会产生【平】的感觉，从而大大破坏整体效果，因此可以为其加入丰富的肌理质感来完成。

01 建立一个 Blend 材质，命名为【黑色皮革】，将其赋予场景中的列车门和窗的边缘部分的黑色皮革模型，如下图所示。

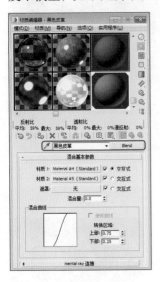

02 进入【1】号材质，选择 VRayMtl 材质类型，设置【漫反射】颜色为暗灰色【R7 G5 B5】，为【反射】通道加入【衰减】贴图，设置两个颜色分别为【R5 G5 B5】和【R80 G80 B80】灰度，保持默认的衰减方式，设置【反射光泽度】为0.7、【最大深度】为2，取消勾选【菲涅耳反射】复选框，如下左图所示。在【凸凹】通道加入【位图】贴图【皮革纹理.jpg】，保持【贴图通道】为1，如下右图所示。

03 为模型添加【UVW贴图】修改器，设置【贴图方式】为【长方体】，调整长宽高都为5，如下左图所示。按下材质编辑器上的 【视口中显示明暗处理材质】按钮，可以在透视视图中看到贴图的情况，如下图所示。

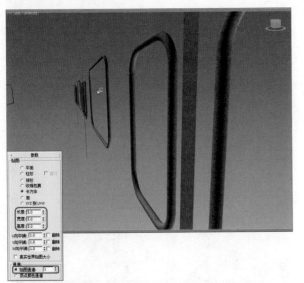

04 在材质总层级中把【1】号材质以【复制】方式复制到【2】号材质中，改名为【材质-亮】，修改【漫反射】为【R36 G35 B35】，结果如下左图所示。在材质顶层级的【遮罩】通道加入【位图】贴图【皮革座椅mask.jpg】，设置【贴图通道】为2、【模糊】为0.1，如下右图所示。

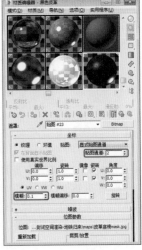

05 再次为模型添加一个【UVW贴图】修改器，设置【贴图通道】为2，修改【贴图方式】为【长方体】，设置【长度】、【宽度】、【高度】尺寸都为50，如右图❶所示。此时渲染摄影机视图的效果如右图❷所示。

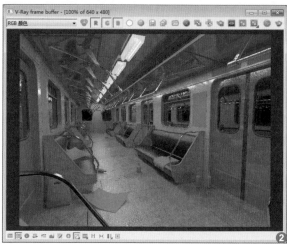

9.4.13　白色塑料材质的制作

列车座椅边缘为白色塑料材质，其表面质地平滑，无肌理，有菲涅耳反射现象。

设置一个 VRayMtl 材质并命名为【白色塑料】，设置【漫反射】为纯白色【R255 G255 B255】，设置【反射光泽度】为0.9，取消勾选【菲涅耳反射】复选框，设置【最大深度】为2，如右图❶所示。为【反射】通道加入【衰减】贴图，设置两个颜色分别为【R5 G5 B5】和【R255 G255 B255】的灰度，设置衰减类型为【Fresnel】类型，如右图❷所示。将材质赋予场景中的白色塑料模型，然后渲染摄影机视图，效果如右图❸所示。

📍 **提示** 关于衰减类型的问题

细心的读者可以发现，本例中的【反射】通道【衰减】贴图有时候使用Fresnel方式，有时候使用【垂直/平行】方式，这是由最后的效果决定的，在具体的环境下，哪种方式的渲染效果好，我们就采用哪种方式。

9.4.14　报纸材质的制作

报纸材质相对简单，但一定要注意贴图的选择要可以融合到整体的色彩关系中，不可以【跑调】，关于色彩搭配上的知识，读者可以参阅色彩构成相关书籍，这是艺术家应该具备的基本素质。

01 设置一个 `VRayMtl` 材质并命名为【报纸1】，在【漫反射】中加入【衰减】贴图，在【衰减】贴图的两个通道里都加入【位图】贴图【报纸1.jpg】，只是下面通道贴图强度设置为70，如下左图所示。把两个通道的位图的【模糊】都降低为0.2，这样可以增加贴图的清晰度，如下右图所示。将材质赋予场景中的报纸1模型。

02 在【漫反射】的【衰减】贴图层级修改衰减曲线，激活【启用颜色贴图】复选框，在右侧控制点上右击，选择点的类型为【Bezier-角点】，修改曲线为上升曲线，如下左图所示。为材质的【凹凸】通道加入一个【细胞】贴图，设置类型为【碎片】，勾选【分形】复选框，设置【迭代次数】为2、【大小】为200，如下右图所示。

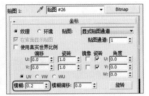
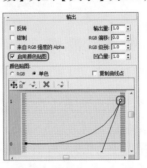

03 最后设置凹凸贴图的【强度】为300，如下左图所示。为报纸模型添加一个【UVW贴图】修改器，设置【长度】为39.717、【宽度】为22.558，如下右图所示。

04 对【报纸1】材质进行复制，改名为【报纸2】，在【漫反射】通道更换贴图为【报纸2.jpg】，如下左图所示，然后赋予【报纸2】模型。为【报纸2】模型添加【UVW贴图】修改器，设置【长度】为21、【宽度】为29、【高度】为10，如下右图所示。

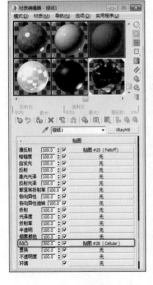

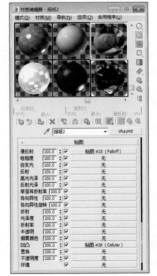

05 使用上一步骤的方法设置【报纸3】材质，如下左图所示，然后赋予【报纸3】模型。为【报纸3】模型添加【UVW贴图】修改器，设置【长度】为30、【宽度】为26，如下中图所示。渲染摄影机视图可以看到结果，如下右图所示。

9.4.15　广告招贴材质的制作

地铁的车厢立面大多会悬挂列车的行进路线以及一些商业广告，这些广告招贴多采用表面质地比较光滑的纸张进行打印，放置到列车墙壁上的塑料方框内，其表面有模糊反射和高光现象。

01 设置一个 VRayMtl 材质命名为【列车广告】，在【漫反射】通道加入【位图】贴图【列车广告.jpg】，设置贴图的【模糊】为0.2，如下左图所示。将材质赋予列车右侧的【列车广告】模型，为每一个模型添加一个大小合适的【UVW贴图】修改器，如下右图所示。

02 为【反射】通道加入【衰减】贴图，设置第一个颜色为【R15 G15 B15】灰度、第二个颜色为【R255 G255 B255】灰度、衰减类型为【Fresnel】类型，如下左图所示。回到材质顶层级，设置材质的【反射光泽度】为0.75，设置【最大深度】为1，取消勾选【菲涅耳反射】复选框，如下右图所示。

03 渲染摄影机视图效果如右图所示。

提示 关于选择贴图的问题

【列车广告】材质中的贴图如果换成另一个色调风格，或许会与整体场景不搭配，因此必须反复斟酌。

04 复制【列车广告】材质，改名为【列车路线】，修改【漫反射】贴图为【位图】贴图【列车路线.jpg】，如下图所示，将材质赋予列车左侧墙体上的【列车路线】模型。

05 设置每一个【列车路线】模型的【UVW贴图】修改器都为【平面】贴图方式，【长度】为46、【宽度】为18，如果贴图方向错误，则可以勾选【翻转】复选框，如下左图所示。此时贴图的效果如下图所示。

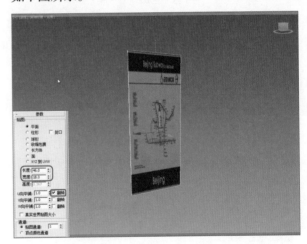

9.4.16 酒瓶材质的制作

啤酒瓶材质为绿色半透明的玻璃，使用 VRayMtl 材质类型的【雾增倍】参数可以很好地控制绿色的透明度，从而制作出逼真的玻璃材质。

01 设置一个 VRayMtl 材质命名为【啤酒瓶】，设置【漫反射】为深绿色【R12 G32 B18】、【高光光泽度】为0.87，取消勾选【菲涅耳反射】复选框，如右图❶所示。在【反射】通道加入【衰减】贴图，设置前和侧的颜色分别为【R20 G20 B20】和【R200 G200 B200】灰度，如右图❷所示。

02 设置【折射】颜色为【R186 G212 B195】，这样材质可以透明，勾选【影响阴影】复选框，设置【烟雾颜色】为【R234 G249 B231】，设置【烟雾增倍】为0.8，如下图所示。最后的材质效果如右图所示。

03 将材质赋予【啤酒瓶】模型，如下图所示。

04 对【啤酒瓶】材质进行复制，修改名称为【酒瓶】，设置【折射】和【烟雾颜色】都为纯白色，如下左图所示，将材质赋予右侧最靠边的酒瓶物体。再次复制【啤酒瓶】材质，命名为【黄酒瓶】，修改【漫反射】和【折射】颜色都为【R30 G17 B0】，如下右图所示。

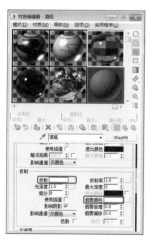

06 按【Ctrl+I】组合键进行【反选】操作，此时选中了酒瓶的商标部分，如下图所示。

05 将材质赋予列车中间酒瓶的非商标部分。这个操作需要进入模型的 ▣【多边形】层级，选中非商标部分的多边形，之后进行材质的赋予，如下图所示。

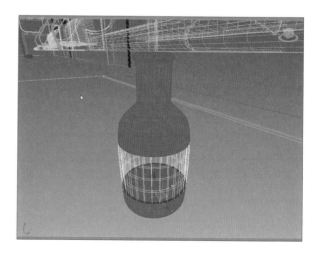

07 设置一个 ▢VRayMtl 材质并命名为【酒瓶商标】，在【漫反射】中加入【位图】贴图【商标.jpg】，设置贴图的【模糊】为0.2，如下图所示。

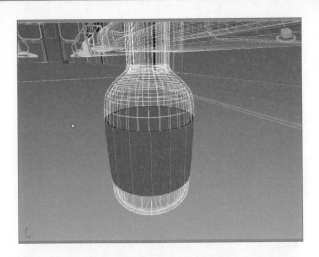

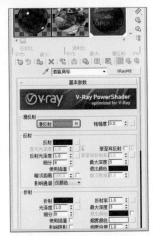

08 保持在■【多边形】层级，然后为选择的面加入【UVW贴图】修改器，选择【贴图方式】为【柱形】，设置其【长度】为11.842、【宽度】为11.842、【高度】为8.112，将材质赋予模型，渲染透视视图，如右图所示。

09 对远处的另一个【啤酒瓶】模型进行同样的材质赋予，可以使用【啤酒瓶】和【酒瓶商标】材质来完成，如下图所示。

10 场景中还有一个【啤酒瓶】模型，直接赋予其【啤酒瓶】材质即可，渲染摄影机视图可以看到最后的效果，如下图所示。

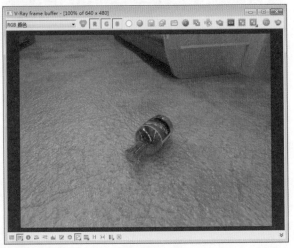

9.4.17　塑料袋材质的制作

列车左侧出口有一个硬塑料袋，塑料袋材质表面有模糊反射，有高光现象，而且还会有一些褶皱。

01 建立一个 VRayMtl 材质并命名为【硬塑料】，在【漫反射】通道加入【衰减】贴图，在两个通道都加入【位图】贴图【塑料表面.jpg】，设置侧面贴图通道的量为70、衰减类型为【Fresnel】类型，如下左图所示。为【反射】通道加入【衰减】贴图，设置第一个颜色为纯黑色【R0 G0 B0】，设置第二个颜色为【R89 G89 B89】灰度，如下右图所示。

02 设置【反射光泽度】为0.75，取消勾选【菲涅耳反射】复选框，设置【最大深度】为2，如下左图所示。在【凹凸】通道加入【细胞】贴图，在 坐标 卷展栏中设置【瓷砖】的X、Y、Z方向都为6，设置【模糊】为0.2，如下右图所示。

03 展开 细胞参数 卷展栏，设置【细胞特性】为【碎片】、【大小】为200、【迭代次数】为2，勾选【分形】复选框，如右图❶所示。最后设置【凹凸】通道的贴图强度为200，如右图❷所示。

04 为场景【硬塑料】模型添加一个【UVW贴图】修改器，设置【贴图方式】为【平面】，设置【长度】为2.584、【宽度】为2.215，如下图所示。渲染摄影机视图，结果如右图所示。

9.4.18　剩余材质的制作

　　此时整体场景中还剩余一些模型没有赋予明确的材质，但它们都是可以使用前面篇幅中制作好的材质来进行赋予指定的，下面我们一一对其进行材质的赋予。

01 清空材质编辑器。打开材质编辑器，发现此时24个材质样本球已用完，因此需要清空一次，在材质编辑器菜单栏中执行【实用程序>重置材质编辑器窗口】命令来进行清空，如下图所示。

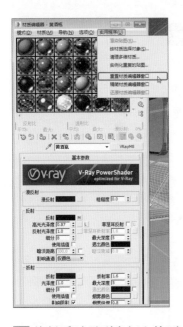

02 选中一个空白材质球，单击 ✎【从对象拾取材质】按钮在场景中吸取墙面广告材质，如下左图所示。复制材质并重命名为【列车广告2】和【列车广告3】，更换【漫反射】中的贴图为【广告招贴2.jpg】和【广告招贴3.jpg】，如下右图所示。

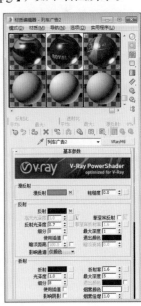

03 将材质赋予列车门上的两个横向广告牌，设置合适的【UVW贴图】，即直接单击　适配　按钮即可，如下图所示。

04 分别把【玻璃】、【墙面】、【列车门】材质赋予远处的墙面，按照模型名称可以快速找到，如下图所示。

05 将【亚光不锈钢】材质赋予每一个墙壁线的【亚光不锈钢】模型和地板上小按钮的【亚光不锈钢】模型，以及窗口轮廓的【亚光不锈钢】模型，注意它们已经合成一个模型，如右图所示。

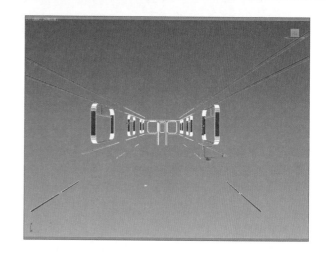

06 将【亚光不锈钢】材质赋予每一个门洞轮廓的【亚光不锈钢】模型，如下图所示。

07 将【白色塑料】材质赋予顶面的【白色塑料】模型，如下图所示。

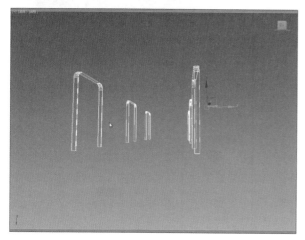

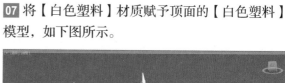

08 将【白色塑料】材质赋予每一个座椅的底部【白色塑料】模型，如下图所示。

09 将【白色塑料】材质赋予每一个吸顶灯的顶部的【白色塑料】模型。至此，全部的材质制作完成，如下图所示。

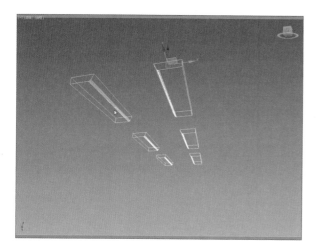

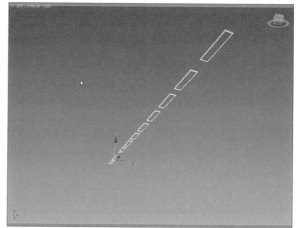

9.5　整体调整

　　初调灯光和材质之后，需要从整体上对画面进行一个把握和调整，这一部分是一个总揽全局的过程，需要强有力的绘画美术功底的支持，从画面素描关系和色彩关系上去衡量哪些位置需要改动，审美的修改需要读者慢慢在长期的实践中进行积累，这一点至关重要。有的用户对3ds Max和Photoshop软件研究得透彻，但还是做不出优秀的作品来，缺少的就是这一点。

01 渲染摄影机视图，可以看到现在的效果如下图所示。观察图像，可以看到有几点需要调整的地方：（1）地面凹凸纹理贴图应该再缩小一些，这样纹理更细致；（2）左侧座椅上的报纸颜色有点"跑调"，与整体色彩关系略微不和谐；（3）最右侧的酒瓶没有商标；（4）吸顶灯缺少光晕效果。

02 打开材质编辑器，单击 ✏️【从对象拾取材质】按钮吸取地板材质，在材质的【凹凸】通道，修改【颜色2】的贴图为【噪波】，修改【大小】为0.1，如下图所示。

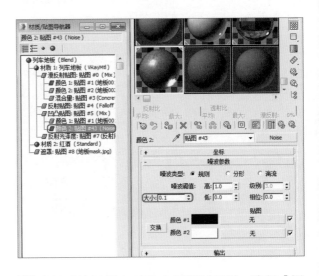

03 渲染透视视图可以看到结果，此时的地板纹理更自然，如下图所示。

04 在材质编辑器上吸取左侧报纸材质，降低【漫反射】通道的贴图强度为90，设置【漫反射】颜色为纯白色，这样贴图的作用就从原来的100%降低到了90%，如下图所示。

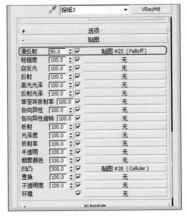

05 吸顶灯的光晕和酒瓶的商标在下一节的 Photoshop后期处理中进行处理，此时渲染摄影机视图的效果如右图所示。

9.6 渲染最终图像

　　VRay渲染通常分成两部分，首先计算光子，然后渲染图像。系统允许用户使用等比例的小尺寸光子图渲染最后的大尺寸最终图像，这样可以大大节省耗费的时间，从而提高我们的工作效率。

9.6.1 光子图的设置

　　计算光子要修改三大部分的内容：第一部分是材质编辑器中的材质反射细分；第二部分是灯光细分；第三部分是【渲染设置】窗口中的参数。

01 由于使用的是中文版的3ds Max，有些插件无法使用，比如场景整理利器【场景助手】，因此要逐个在材质编辑器中修改有模糊反射的材质的【细分】数值，一般不超过20即可，如右图❶所示。选择一个【VR灯光】，设置灯光的【细分】为20，由于所有的灯都是【关联】关系，因此所有灯光的【细分】都会成为20，如右图❷所示。

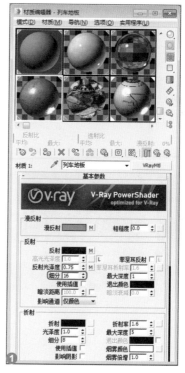

📍 **提示** 关于VRay渲染光子图的问题

　　使用VRay渲染等比例的小图，得出正确的光子分布文件，然后加载光子文件渲染等比例的大尺寸图像，可以极大地缩短渲染时间。

02 按【F10】键打开【渲染设置】窗口，保持默认宽高为【640×480】，并单击 按钮锁定这个宽高比，如下图❶所示。然后进入【V-Ray】选项卡，展开 全局开关[无名汉化] 卷展栏，勾选【不渲染最终的图像】复选框，设置【二级光线偏移】为0.001，如下图❷所示。展开 全局确定性蒙特卡洛 卷展栏，设置【自适应数量】为0.75、【噪波阈值】为0.002、【最小采样】为20，勾选【时间独立】复选框，如下图❸所示。

03 进入【GI】选项卡，展开 发光图 卷展栏，设置当前预设为【中】，设置【细分】为85，勾选【显示计算相位】复选框，如下图❶所示。勾选【不删除】、【自动保存】和【切换到保存的贴图】三个复选框，同时设置光子保存的路径，如下图❷所示。展开 灯光缓存 卷展栏，设置【细分】为1500，勾选【显示计算相位】复选框，勾选【不删除】、【自动保存】和【切换到被保存的缓存】三个复选框，同时设置光子保存的路径，如下图❸所示。

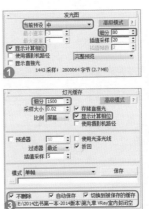
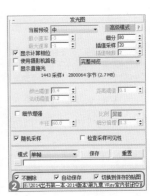

📍 提示 什么是VR材质反射细分

在 VRayMtl 材质的反射参数区域，有【反射光泽度】和【细分】一对息息相关的参数：【反射光泽度】越低，物体的反射就越模糊，但产生的杂点也越多，因此需要相应提高【细分】数值来对其质量进行保证，也就是说，【反射光泽度】越低，【细分】的数值就需要设置得越高。下左图是【反射光泽度】为0.8、【细分】为8时的效果；下右图是【反射光泽度】为0.8，【细分】为16左右时的效果。

04 在主工具栏单击 按钮渲染摄影机视图，系统就开始计算光子，如下图所示。

9.6.2　最终大图的设置

计算过光子之后就可以渲染等比例的大图像了，此时由于采用小图光子，因此大大提高了工作效率，只是要注意摄影机位置不可挪动，具体的一些灯光和材质参数也不要再修改。

01 按【F10】键打开【渲染设置】窗口，修改【宽度】为2000，由于锁定了宽高比，则【高度】会自动计算出1500，如下左图所示。进入【V-Ray】选项卡，取消勾选【不渲染最终的图像】复选框，设置图像采样类型为【自适应】、图像过滤器为【Catmull-Rom】，这样可以产生清晰的边缘，如下右图所示。

02 展开【颜色贴图】卷展栏，勾选【子像素贴图】和【钳制输出】复选框，这样可以消除一些高光位置的亮点，再取消对【影响背景】复选框的勾选，如下右图所示。单击按钮渲染摄影机视图，如下图所示。

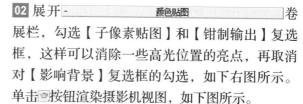

03 完成之后保存图像为【地铁归来.tga】，如右图所示。在系统弹出的对话框中一律保持默认，如下图所示。注意不可以保存为常见的JPG格式，因为这个格式对图像有压缩。

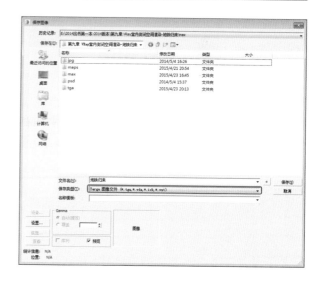

📍 **提示** 什么是TGA格式

TGA格式是由美国Truevision公司出品的一种压缩格式，可以生成高精度的图像，因此渲染大图的时候一定要使用这个格式或者TIF格式。

9.6.3 AO大图的渲染设置

【AO通道】图也叫做【OCC通道图】，使用它可以有效增强图像的分量感和真实感。

01 将场景另存为【列车-完成-通道.max】，在材质编辑器中设置好OCC材质，如下图所示。

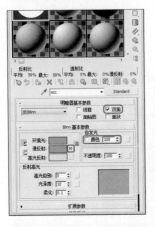 

02 以【实例】方式将OCC材质复制到【覆盖材质】上，如下图所示。

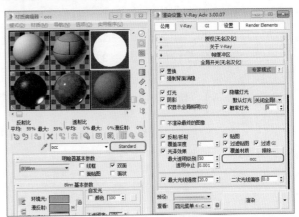

03 选择场景全部灯光进行删除，然后关闭【GI】，如右图❶所示。在 全局开关[无名汉化] 卷展栏勾选【过滤贴图】和【过滤GI】复选框，如右图❷所示。

04 单击 按钮对摄影机视图进行渲染，效果如右图所示。然后将效果图保存为【地铁归来-AO通道.tga】。

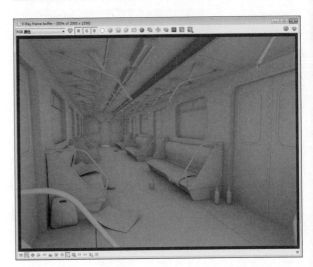

📍 **提示** 关于AO通道的渲染问题

VRay Adv 3.00.07渲染器中可以直接在最终图像中加入AO阻光效果，只是由于习惯原因，我们还是单独渲染出了一张AO图像。

9.6.4 Object彩色通道大图的渲染设置

【Object通道】可以让场景按照材质来进行纯色的显示，在Photoshop中可以使用魔棒工具快速选择，因此有必要配合大图渲染一张出来。

01 在菜单栏中选择【Max脚本>运行脚本】命令，选择【BeforeRender】插件，勾选【转换所有材质】复选框，然后单击 转换为通道渲染场景 按钮，如右图❶所示。系统弹出材质编辑器，可看到都是纯色且【自发光】为100的材质球，如右图❷所示。

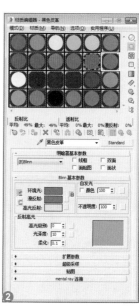

02 在【渲染设置】窗口取消对【覆盖材质】复选框的勾选，如下图所示。

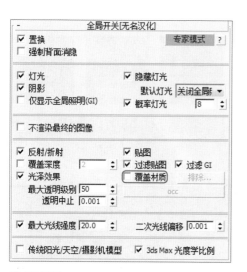

03 单击 按钮渲染摄影机视图，把渲染好的图像保存为【地铁归来-Object.tga】文件。渲染的效果如下图所示。

📍 提示 关于渲染通道图像的问题

有的专业效果图制作人员最多会渲染出6张不同的通道图像，除了本例中渲染出的AO通道和Object彩色通道，还有高光通道、阴影通道、反射通道等图像，本例并不复杂，因此没有渲染出更多的通道用来在Photoshop中合成。

9.7 图像后期处理

图像后期处理是效果图制作比较重要的一步，此时是从整体对图像进行素描关系和色彩关系的调整，从整体出发来看待图像。后期处理通常使用Photoshop软件来完成，笔者的版本是Photoshop CS6。

9.7.1 拼合图像

后期处理的第一步可以把正式的大图和通道图像进行拼合，这需要在图层面板调整好几张图像之间的位置，然后通过设置图层的混合模式来拼合图像。

01 打开Photoshop CS6软件，可以看到其界面是黑色风格，如下图所示。

02 打开从3ds Max Design 2015中渲染出的三张图像，如下图所示。

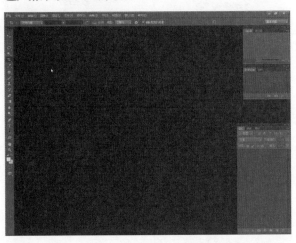

03 使用 【移动】工具拖动两张通道图像到正式的大图上，在【图层】面板调整其位置，如右图❶所示。取消彩色通道图层前的眼睛显示，这样可以隐藏图层，然后在眼睛位置右击，选择红色，这样可以对图层进行标记，提醒自己这是一个辅助的图层，不参与最后的合成，如右图❷所示。拖动【背景】图层到【图层】面板下方的 【创建新图层】按钮上，复制一个图层，系统命名为【背景 副本】，如右图❸所示。选择【AO通道】图层，设置混合模式为【颜色减淡】，设置图层【不透明度】为100%，如右图❹所示。此时的图像效果如右图❺所示。

04 在【AO通道】图层被选中的前提下，按【Ctrl+L】组合键打开【色阶】对话框，修改中间灰色的三角为1.5，如下右图所示。此时观察图像，可以看到整体图像提亮了很多，如下图所示。

05 在【AO通道】图层上单击鼠标右键，选择【向下合并】命令，把【AO通道】图层和【背景 副本】图层进行合并。此时的效果如下图所示。

9.7.2 图像校色

此时观察图像可以明显看到亮度不够，因此需要对图像进行提亮，常用的提亮工具有【色阶】、【亮度/对比度】、【曲线】、【变化】等。

01 选择【背景 副本】图层，单击图层名称，然后修改名称为【原始图像】，接着修改色彩通道图层名称为【色彩通道】，如下图❶所示。选择【原始图像】图层，选择【图像>调整>变化】命令，打开【变化】对话框，如下图❷所示。

02 在【较亮】的图像上单击两次鼠标左键，如下图❶所示，图像整体就变亮了，然后单击【确定】按钮。此时整体图像的亮度如下图❷所示。

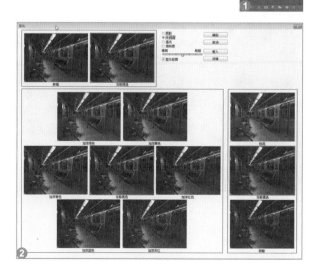

03 选择【原始图像】图层，在菜单栏中选择【图像>调整>亮度/对比度】命令，设置【亮度】为-10、【对比度】为20，此时图像如右图所示。

04 显示【色彩通道】图层，使用 【魔棒】工具在【色彩通道】图层对应的图像上单击鼠标选择地面，如右图❶所示。然后关闭【色彩通道】图层，切换到【原始图像】图层，按【Ctrl+J】组合键，系统会把地面剪贴出来创建成为一个单独的图层，修改图层名称为【地板】，如右图❷所示。

05 选择【图像>调整>曲线】命令调整【地板】图像，设置新节点的【输出】为124、【输入】为148，将图像压暗一些即可，如下图所示。

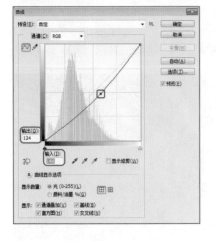

06 然后使用【亮度/对比度】命令加强对比度，设置【对比度】为18，如下右图所示。此时的地板效果比刚才稳重了一些，如下图所示。

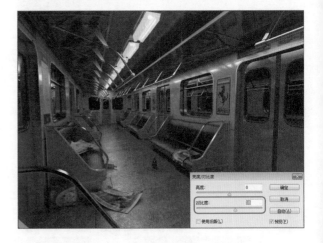

07 配合【色彩通道】图层选择空调外壳，按【Ctrl+J】组合键再次建立新的图层【空调外壳】，如下图所示。

08 选择图层【空调外壳】，为其加入一些冷色，按【Ctrl+B】组合键打开【色彩平衡】对话框，修改中间调色阶为【-5、0、4】，如下右图所示。此时的图像效果如下图所示。

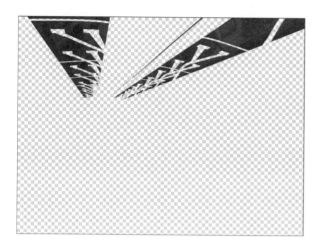

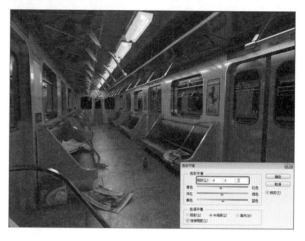

09 使用上面步骤的方法新建图层【座椅塑料】，如下图所示。

10 然后按【Ctrl+B】组合键打开【色彩平衡】对话框，为其加入一些青色，修改中间调色阶为【-5、1、5】，如下右图所示。此时的图像效果如下图所示。

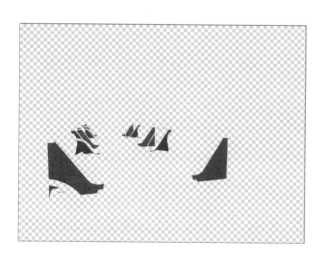

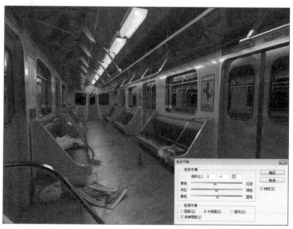

9.7.3　增加细节

　　整体图像素描关系和色彩关系确定之后，我们要使用Photoshop来打磨图像的细节，增强图像的质感，让图像更加生动。

01 增加地上泼洒红酒的效果。在工具箱中选择【海绵】工具，设置模式为【饱和】，然后在【地板】图像上的红酒位置进行涂抹，可以增强红色的饱和度，如下图所示。

02 在工具箱按住【海绵】工具不放，切换为【加深】工具，设置范围为【阴影】、【曝光度】为10%，然后对红酒的位置进行涂抹，加深红酒的深度，如下图所示。

03 采用提取的方法建立一个新图层【黑色皮革】，如下图所示。

04 使用【亮度/对比度】命令对这个图层进行压深，设置【对比度】为40，如下右图所示。此时的图像整体效果如下图所示。

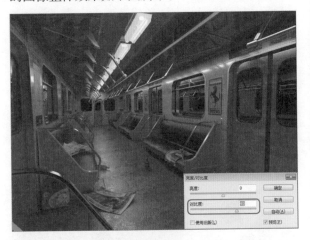

05 添加酒瓶商标。打开【商标.jpg】图片，然后使用工具箱的 【裁剪】工具进行裁切，大小设置合适之后单击工具选项栏的 按钮就可以完成裁切，效果如右图❶所示。将裁切之后的商标放置到地铁的大图里，按【Ctrl+T】组合键控制好大小，如右图❷所示。然后按Enter键进行确认，再将图层名称改为【商标】。

06 配合色彩通道制作出商标区域的选区蚂蚁线。选择【商标】图层，单击【图层】面板的▣【添加蒙版】按钮，可以看到不在选区的像素被遮挡住了，这时候图层缩览图上多了一个黑色的蒙版，效果如右图❶所示。设置【商标】图层的混合模式为【柔光】，如右图❷所示。

9.7.4　素描关系强调

素描关系就是黑白灰关系，一幅作品如果没有处理好素描关系，就会出现整体画面【平】、【灰】、【假】、【闷】、【飘】等五大致命缺陷。其实VRay的出现已经让打灯轻松了很多，但即使这样，还是有很多用户制作出的效果图无法达到照片级别，以至于工作中不能采用，这些用户只是仅仅会操作软件而已，远远没有理解到效果图表现的内在精髓。

01 增加地上远近关系变化。选择【地板】图层，单击工具箱的▣【快速蒙版】按钮，或按【Q】键也可激活这个工具，然后激活▣【渐变工具】，从远到近拉出渐变，如下图所示。

02 再次按【Q】键退出快速蒙版，可以看到有一个渐变褪晕的选区，如下图所示。

03 按【Ctrl+Shift+I】组合键进行反选，然后按【Ctrl+M】组合键打开【曲线】对话框，将地板的远处压暗一些，如下图所示，这样远近关系就可以得到大大加强，列车显得很远。此时的地板效果如右图所示，最后按【Ctrl+D】组合键取消蚂蚁线选区。

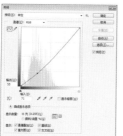 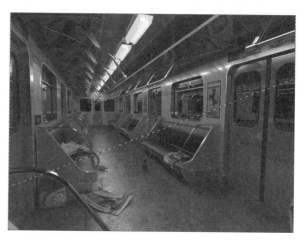

04 建立新图层【右立面】，使用相同的方法将列车墙壁的远处压暗一些，注意一面墙一面墙处理，如下图❶所示。远处的墙壁压暗之后的效果如下图❷所示。

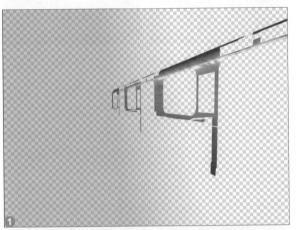

05 处理前，右侧墙体和车厢远处的摄影机平行面关系没有拉开，看起来像是平的，如下图❶所示。处理之后素描关系就分开了，立体感也大大增强，如下图❷所示。

06 建立新图层【左立面】，使用相同方法处理左侧的墙壁，强化远近关系，如下图所示。

07 处理空调外壳的褪晕效果，强化远近关系，如下图所示。

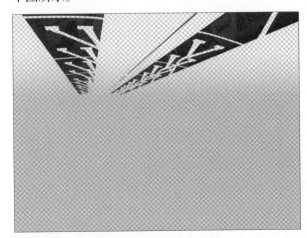

08 此时整体图像的效果如右图所示。

9.7.5 最后的整体调整

最后的调整需要做出【画眼】，也就是一张作品中最关键的最可以吸引人的地方，切忌到处都一样对待，那样作品就又会出现【平】的弊端。

01 在工具箱激活 ✐【画笔】工具，新建一个图层【光晕】放于顶层，设置合适的笔触大小和硬度，设置前景色为淡黄色【R251 G244 B224】，在吸顶灯的位置喷下光晕，如右图所示。

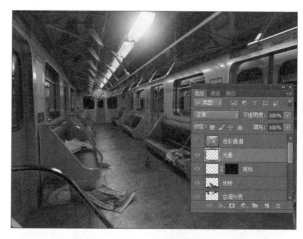

02 在每一个吸顶灯的位置喷出光晕，远处的可以逐渐缩小光晕大小，所有光晕都放置在【光晕】图层上，如右图所示。

⦿ 提示 利用Photoshop来制作光效

有些光效使用Photoshop来制作可以得到非常艺术的效果，因此我们要充分利用后期软件的魅力来完善效果图。

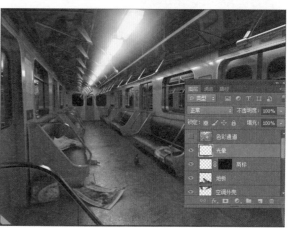

03 设置【光晕】图层的混合模式为【柔光】，制作出灯光的光晕效果，结果如下图所示。

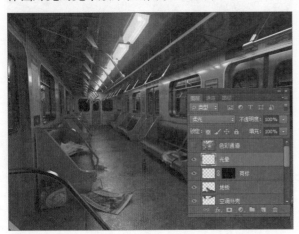

04 选中【光晕】图层，因为这个图层在最高层，按【Ctrl+Shift+Alt+E】组合键，把除了色彩通道之外的所有图层新建并合并为一个图层，这个过程叫做【盖印可见图层】，把新图层的名称修改为【整体效果】，结果如下图所示。

05 选中【整体效果】图层，使用【亮度/对比度】命令来加强对比，设置【对比度】为30，如下右图所示。结果如下图所示。

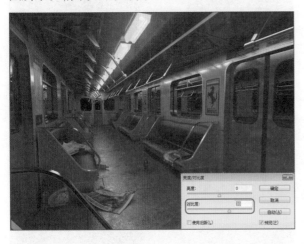

06 选中【整体效果】图层，使用 ✐ 【套索】工具选择中心的一部分区域，结果如下图所示。

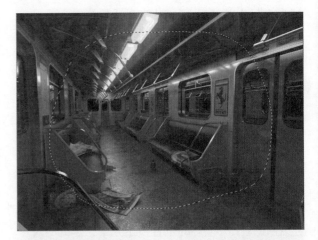

07 保持上一步骤的选区，按【Shift+F6】组合键，打开【羽化选区】对话框，设置【羽化半径】为100像素，如右图❶所示。然后使用【曲线】命令将选择的部分提亮，如下图所示。取消选区之后，图像的效果如右图❷所示。

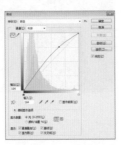

08 使用与上述步骤同样的方法，对图像的中心部分再次提亮，如下图所示。

09 提亮之后的结果如下图所示。

10 选择【整体效果】图层，按【Ctrl+J】组合键复制得到一个新图层【整体效果 副本】，如右图❶所示。对【整体效果 副本】图层执行【滤镜>模糊>高斯模糊】命令，设置【半径】为5像素，如右图❷所示。

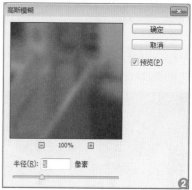

11 设置【整体效果 副本】图层的混合模式为【柔光】，设置【不透明度】为25%，如下右图所示。最后把【整体效果 副本】图层与【整体效果】图层进行合并，结果如下图所示。

12 对【整体效果】图层再次进行亮度/对比度调整，设置【亮度】为15、【对比度】为15，如下左图所示。单击【确定】按钮之后，整体效果如下图所示。

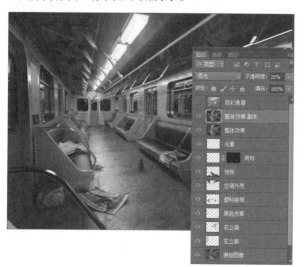

13 单击 ⊘.【创建新的填充或调整图层】按钮，为【整体效果】图层添加一个【照片滤镜】调整图层，设置为冷却滤镜，设置【浓度】为15%，如下右图所示。此时的效果如下图所示。

14 选择【整体效果】图层，按【Ctrl+B】组合键打开【色彩范围】对话框，设置中间调的色阶为【-6、0、0】，如下右图所示。此时的图像效果如下图所示。

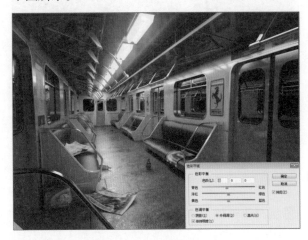

15 使用 ▥【矩形选框】工具对图像进行框选，如下图所示。

16 对选区进行羽化，设置【羽化半径】为100像素，效果如下图所示。

17 按键盘上的【Ctrl+Shift+I】组合键对选区进行反选，然后用【曲线】工具对选择的图像周边进行轻微压暗，如右图所示。

📍 提示 为什么要进行边角压暗

现实中的相机拍照会有边角压暗的效果，这种效果可以突出画面中心，有利于进一步拉开画面层次。

18 按【Ctrl+D】组合键取消选区，图像最终的效果如右图所示。

📍 提示 注意前景暗、中景亮的关系

> 很多室内外效果图都会采用前景压暗而中景提亮的艺术手法，这样可以有效拉开空间关系。

9.8 本章小结

　　本章系统讲述了一个完整的地铁封闭空间的材质、灯光、渲染以及后期处理的过程，讲解了大量的相关技术，运用了大量工作中的实际操作技巧。

　　笔者想表达的观点是：如果说建模通过勤奋的练习可以快速掌握的话，那么渲染则是不可能速成的，这里指深刻理解渲染的理念。笔者当年学习VRay软件操作，只用了一周时间就掌握了如果操作这个渲染器，但那时就是做不出好的效果，这一过程刻骨铭心，直到几年后才逐渐领悟其中精髓。

　　有的老师仅仅给学生一套固定的材质和灯光参数，让学生去硬套参数做效果图，这是一种低级的错误，到后期会极大地限制学生的水平进步，只有深刻理解那些参数的含义才可能做出优秀的效果，读者需要去用心体会一些好的作品的表现理念，而不是去生搬硬套一些渲染参数。

CHAPTER 10

小型酒吧场景渲染

酒吧是一个让人在忙碌一天之后可以得到释放的场所，配合悠扬的音乐和各式各样的美酒，休闲放松的目的就可以轻松达到。

10.1 本例概述

本案例主要讲述【VR-物理摄影机】的使用方法，封闭空间灯光的创建方法，材质的设置方法，本案例的最终效果如下图所示。

制作思路

首先建立场景灯光，然后完成各种材质的设置，再渲染成图，最后使用Photoshop进行后期处理来升华图像。

学习目的

1. 学习【VR-物理摄影机】的使用
2. 学习用 VRayMtl 制作各种材质
3. 学习封闭空间里灯光的创建
4. 学习VRay封闭空间的渲染

10.2　VR-物理摄影机

　　【VR-物理摄影机】是VRay渲染器升级到1.5版本时加入的功能，与3ds Max的摄影机相比，【VR-物理摄影机】能够渲染出更加真实的成像，与VRay渲染器的兼容性也更加完美，从而能够制作出更逼真的效果。【VR-物理摄影机】的参数如如图所示。

　　【VR-物理摄影机】的一些常用参数介绍如下。

- 类型：包括【照相机】、【摄影机（电影）】和【摄影机（DV）】3种类型，一般我们选择第一种即可。
- 目标：控制摄影机是否有目标点。
- 胶片规格：控制相机看到的场景范围，数值越大看到的范围也越广。
- 焦距：指镜头长度，焦距越小，摄影机看到的范围越大。
- 缩放因子：控制相机视图的缩放，数值越大相机视图拉得越近，观察到的内容就越少。
- 自定义平衡：控制画面的色彩倾向，冷色代表渲染出来的画面偏暖；暖色代表渲染出来的画面偏冷。
- 快门速度：控制画面的亮度，数值越小画面越亮。
- 胶片速度：控制画面的亮度，数值越大画面越亮。

10.3　渲染器设置与摄影机的调整

　　本案例仍然使用【VRay Adv 3.00.07】渲染器来进行材质渲染操作，因此首先应该切换渲染器为VRay渲染器。

01 按【F10】键打开【渲染设置】窗口，在【公用】选项卡下展开　　　　指定渲染器　　　　卷展栏，在【产品级】中单击右侧的▦按钮，如下图所示。

02 弹出【选择渲染器】对话框，可以看到当前可供选择的渲染器，然后双击【V-Ray Adv 3.00.07】选项，如下图所示。

03 来到【设置】选项卡中，展开 系統 卷展栏，然后取消勾选【显示消息日志窗口】复选框，这样渲染的时候不会跳出【V-Ray消息】面板，如下左图所示。进入【V-Ray】选项卡，关闭【默认灯光】，设置【二次光线偏移】为0.001，展开 图像采样器(抗锯齿) 卷展栏，设置【类型】为【固定】，暂时关闭【图像过滤器】，如下右图所示。

04 进入【GI】选项卡，展开 全局照明[无名汉化] 卷展栏，勾选【启用全局照明（GI）】复选框，设置【二次引擎】为【灯光缓存】模式，如下左图所示。展开 发光图 卷展栏，设置【当前预设】为【自定义】，设置【细分】为20、【最小速率】为-5、【最大速率】为-5，勾选【显示计算相位】复选框，展开 灯光缓存 卷展栏，设置【细分】为100，如下右图所示。

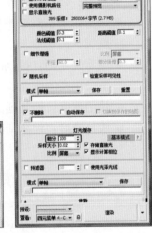

05 进入【V-Ray】选项卡，在 全局确定性蒙特卡洛 卷展栏中设置【自适应数量】值为0.85、【噪波阈值】为0.1，如下图所示。

06 在场景中建立 VR-物理摄影机，设置其坐标为【X：-34.964，Y：-1060.702，Z：1679.081】，目标点坐标为【X：-34.964，Y：2936.212，Z：1279.081】。进入 面板，设置【胶片规格】为60、【视野】为79.297、【缩放因子】为1.0、【快门速度】为80、【胶片速度】为1200，如下图所示。

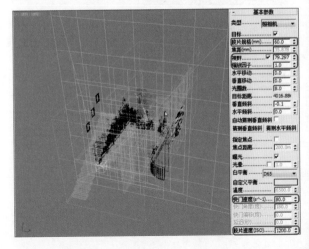

10.4 酒吧灯光的建立

由于本案例是一个封闭性的空间，所以大部分的光都是人工照明，这里运用了【VR-灯光】、【光度学灯光】以及【标准灯光】来照亮场景。

01 在 ⚙ 【创建】面板找到并单击 VR-灯光 按钮，如下图所示。在顶视图中拖动鼠标建立一盏【VR-灯光】，然后来到左视图或者前视图中调整高度，如右图所示。

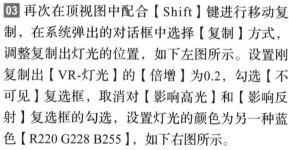

02 选择灯光来到 ✎ 【修改】面板设置灯光的属性，设置【倍增】为2.5，勾选【不可见】复选框，取消对【影响高光】和【影响反射】复选框的勾选，设置灯光的颜色为冷色【R167 G193 B253】，如下左图所示。选择灯光进行关联复制，在顶视图中配合【Shift】键进行移动复制，在系统弹出的对话框中选择【实例】方式，然后调整灯光的位置，如下右图所示。

03 再次在顶视图中配合【Shift】键进行移动复制，在系统弹出的对话框中选择【复制】方式，调整复制出灯光的位置，如下左图所示。设置刚复制出【VR-灯光】的【倍增】为0.2，勾选【不可见】复选框，取消对【影响高光】和【影响反射】复选框的勾选，设置灯光的颜色为另一种蓝色【R220 G228 B255】，如下右图所示。

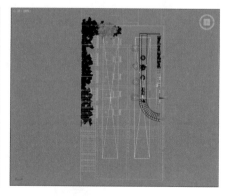
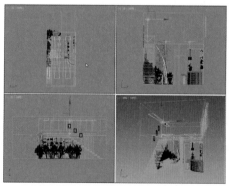

04 在顶视图中创建一个【VR-灯光】并调整好其位置，如下左图所示。设置此灯光的【倍增】为3，勾选【不可见】复选框，设置面光源的【1/2长】为266.773mm、【1/2宽】为2400mm，设置灯光的颜色为偏亮一点的冷色【R238 G243 B255】，如下右图所示。

05 在前视图中创建一个新的【VR-灯光】，设置其【1/2长】为1632mm、【1/2宽】为1267mm，设置【倍增】为1，勾选【不可见】复选框，设置灯光的颜色为蓝色【R67 G141 B209】，如下左图所示。回到顶视图将刚创建的灯光移动到相应的位置，如下右图所示。

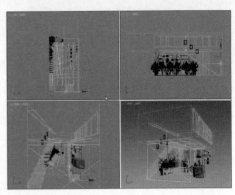

06 在左视图中创建一个新的【VR-灯光】，设置【1/2长】为4000.748mm、【1/2宽】为707.528mm，设置【倍增】为2，勾选【不可见】复选框，设置灯光的颜色为淡淡的暖色【R255 G244 B226】，如下左图所示。在场景中调整灯光的位置，如下右图所示。

07 在顶视图中创建一个【VR-灯光】，设置【类型】为【球体】、【倍增】为0.5，勾选【不可见】复选框，设置【半径】为630mm，设置灯光的颜色为蓝灰色【R175 G182 B188】，如下左图所示。在场景中调整灯光的位置，如下右图所示。

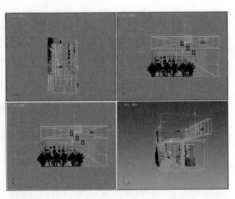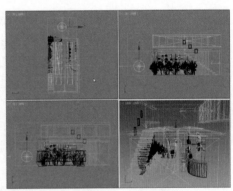

08 在顶视图创建一个【VR-灯光】，设置【1/2长】、【1/2宽】及【倍增】，勾选【不可见】复选框，设置灯光的颜色为蓝色【R168 G209 B255】，如下左图所示。到前视图将刚创建的灯光移动到吧台边缘的下方，如下右图所示。

09 在顶视图将刚创建的【VR-灯光】复制一个，调整面光源的【1/2长】为19mm、【1/2宽】为56mm，如下左图所示。调整好灯光在场景中的位置，如下右图所示。

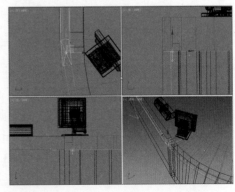

10 配合移动旋转复制效果，将吧台的边缘布置满灯光，如右图所示。

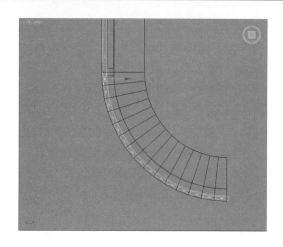

📍 提示 关于设置异形灯光的问题

> VRay Adv 3.00.07渲染器提供了设置异形灯光的功能，但本例采用了常规的灯光设置方式，帮助读者掌握灯光的基础使用。

11 在顶视图创建一个【VR-灯光】面光源，设置【1/2长】为100mm、【1/2宽】为160mm、【倍增】为6，勾选【不可见】复选框，设置灯光的颜色为暖色【R235 G186 B82】，取消勾选【影响高光】和【影响反射】复选框，如下图所示。

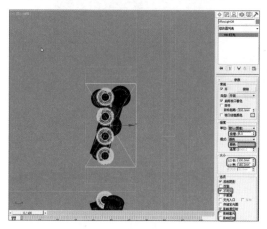

12 到前视图将刚创建的灯光移动到酒柜窗口中，如下图所示。

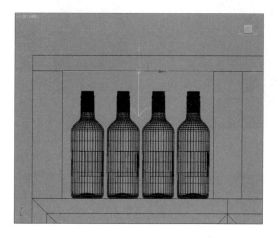

13 在左视图选择刚创建的【VR-灯光】，以【实例】方式复制3个，调整好其位置，如下图所示。

14 选择刚复制出来的灯光向下复制3排，并调整好位置，如下图所示。

15 在左视图创建【目标灯光】，然后以【实例】方式复制两个，调整好其位置，如右图❶所示。在 🖉【修改】面板设置【目标灯光】的投影为【VR-阴影】、灯光分布类型为【光度学Web】类型、【强度】值为450cd、过滤颜色为蓝色【R221 G241 B255】，加载【光度学Web】文件为【多光.IES】，勾选【区域阴影】复选框，设置U、V、W大小都为100mm，如右图❷所示。

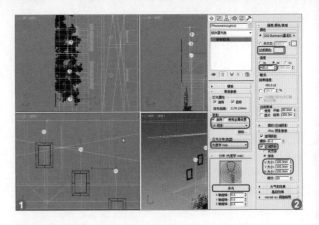

16 在前视图创建【目标灯光】，从底部向顶部创建，调整好【目标灯光】的位置，如下图所示。

17 选择灯光在左视图以【实例】方式移动复制8个，调整好其位置，如下图所示。

18 紧接着上一步骤的操作，设置投影为【VR-阴影】、【强度】为1700cd、过滤颜色为蓝色【R148 G190 B252】，加载【光度学Web】文件为【经典筒灯.IES】，勾选【区域阴影】复选框，设置U、V、W大小都为50mm，如右图❶所示。在前视图创建一盏【泛光】灯，设置投影为【VR-阴影】、【倍增】为0.42，勾选【远距衰减】的【使用】复选框，设置【开始】为100mm、【结束】为1000mm，设置灯光颜色为蓝色【R152 G180 B251】，如右图❷所示。

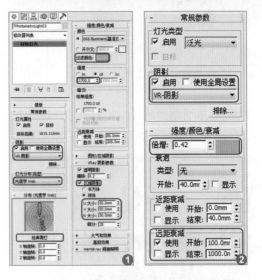

19 以【实例】方式移动复制9个，调整好其位置，如下图所示。在吊灯中创建【自由灯光】，设置过滤颜色为暖黄色【R255 G219 B163】，其余参数如下右图所示。

20 设置【自由灯光】位置为吊灯的灯罩中，以【实例】方式复制两盏即可，如下图所示。

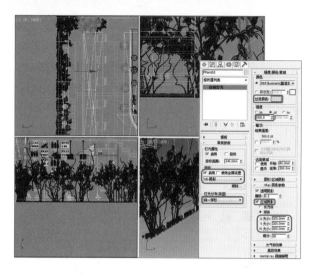

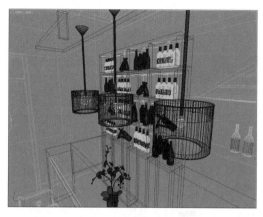

21 回到摄影机视图，按键盘上的【F9】键进行渲染，效果如右图所示。

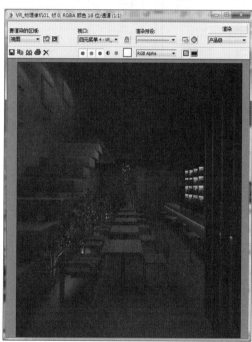

> 💡 **提示** **取消勾选VRayMtl的【菲涅耳反射】复选框**
>
> 本书中所有 VRayMtl 的【菲涅耳反射】复选框都要取消勾选，在后面的材质制作中笔者不再一一提示。

10.5　酒吧材质的建立

　　本案例中的材质比较多，有的需要一张贴图，有的可能会需要两张贴图来完成，先从面积大的材质开始制作，这样可以更容易控制色彩的关系。

10.5.1　地板材质的建立

　　本场景的地面为大理石材质，可以使用前面章节讲述过的方法来制作。

01 在材质编辑器中选择一个空的样本球，设置材质类型为 VRayMtl，设置名称为【地板】，在【漫反射】通道加入【平铺】贴图，取消勾选【菲涅耳反射】复选框，如下图所示。

02 在【平铺设置】的【纹理】通道中加入【位图】贴图【地板.jpg】，如下左图所示。进入【地板.jpg】的贴图层级，取消勾选【使用真实世界比例】复选框，设置【U】轴向【瓷砖】为1，【V】轴向【瓷砖】为1，注意【贴图通道】一定要设置为1，如下右图所示。

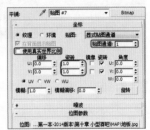

03 将【地板】材质赋予场景中的地板模型，如下图所示。

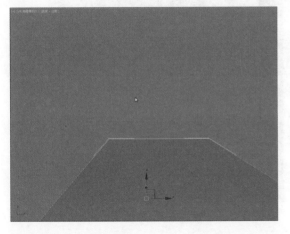

04 为地板模型添加一个【UVW贴图】修改器，设置【贴图方式】为【平面】，设置【长度】为800mm、【宽度】为800mm，如下图所示。

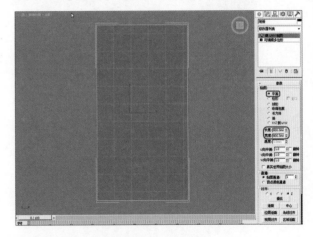

05 回到材质编辑器的【平铺】贴图层级中，展开 高级控制 卷展栏，在【纹理】通道的【位图】下面设置【水平数】为1、【垂直数】为1，在【砖缝设置】参数区域中设置【水平间距】和【垂直间距】值均为0.2，将纹理颜色设置为暖色【R240 G236 B228】，如右图所示。

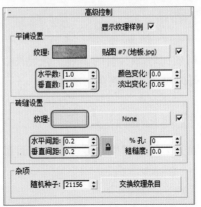

06 回到材质的顶层级，设置材质的【反射光泽度】为0.89、【最大深度】为2，如下图❶所示。为【反射】通道中加入一张【衰减】贴图，如下图所示。进入【衰减】贴图层级，设置前衰减颜色为黑灰色【R25 G25 B25】、侧衰减为灰色【R188 G255 B254】，设置【衰减类型】为Fresnel，如下图❸所示。

07 展开【　　　　　　贴图　　　　　　】卷展栏，把【漫反射】通道的【平铺】贴图复制到【凹凸】通道，在弹出的复制对话框里选择【复制】模式，设置【凹凸】通道贴图的强度为50，如下左图所示。进入【凹凸】通道中，清除掉【位图】贴图【地板.jpg】，如下右图所示。

10.5.2 墙面材质的建立

墙面上粉刷的是乳胶漆材质，在此简单设置即可。

01 选择一个新的样本球命名为【白乳胶漆墙面】，设置【漫反射】的颜色为纯白色【R255 G255 B255】，如下图所示。

02 将【白乳胶漆墙面】材质赋予白乳胶漆墙面模型，如下图所示。

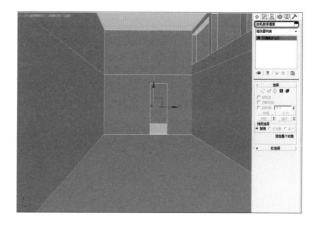

10.5.3　木纹材质的建立

将胡桃木用于室内空间可以增加自然气息，本案例采用前面章节的材质制作方法即可。

01 建立一个新的　VRayMtl　材质，将材质的名称更改为【木01】，为【漫反射】通道加入一张【胡桃-03.jpg】贴图，设置【模糊】为0.5，设置【反射光泽度】为0.45、【最大深度】为1，为【反射】通道加入一张【胡桃-03.jpg】贴图，设置【模糊】为0.5，如下图所示。

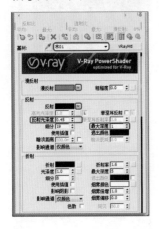

02 将【漫反射】通道的【胡桃-03.jpg】贴图复制到【凹凸】通道中，保持凹凸量为默认的30，然后将做好的材质赋予场景的【左边楼梯】模型，并为其添加【UVW 贴图】修改器，如下图所示。

03 新建一个　VRayMtl　材质【木02】，为【漫反射】通道加入一张【胡桃-03.jpg】贴图，设置【模糊】为1；设置【反射光泽度】为0.88、【高光光泽度】为0.85、【最大深度】为2，设置【反射】颜色为黑灰色【R18 G18 B18】，如右图所示。

04 将材质赋予所有座椅【木02】模型群组和【木02】的石头池子护沿模型，然后使用　适配　方式设置好各自模型的【UVW 贴图】修改器，如右图所示。

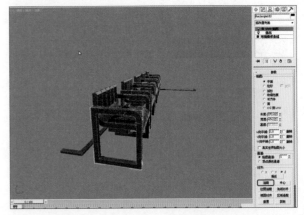

05 将【漫反射】通道的【胡桃-03.jpg】贴图复制到【凹凸】通道中，设置凹凸量为10，如右图❶所示。新建一个 VRayMtl 材质【木03】，为【漫反射】通道加入一张【胡桃-03.jpg】贴图，设置【模糊】值为0.5；设置【反射光泽度】为0.85，【最大深度】为1，为【反射】的通道中添加一张【衰减】贴图，设置前衰减颜色为黑灰色【R12 G12 B12】、侧衰减为灰色【R158 G182 B209】，如右图❷所示。

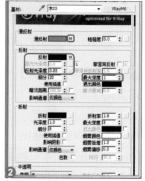

06 将材质赋予场景木框架【木03】的模型，并设置好【UVW贴图】修改器，如右图所示。

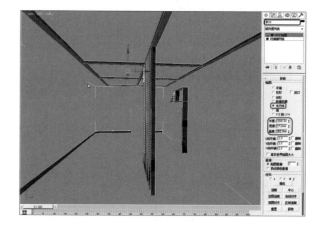

07 新建一个 VRayMtl 材质【木门】，为【漫反射】通道加入一张【WOOD011.jpg】贴图，设置【模糊】值为0.5；设置【反射】颜色为深灰色【R12 G12 B12】、【反射光泽度】为0.45、【最大深度】为1；把【漫反射】通道的【WOOD011.jpg】贴图复制到【凹凸】通道，参数保持默认即可，如右图所示。

08 然后将材质赋予场景【木门】模型，并设置好【UVW贴图】修改器，如右图所示。

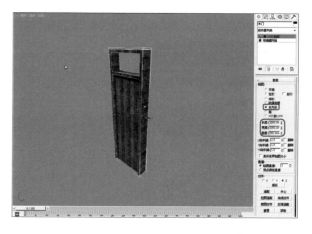

⊙ 提示 什么时候使用【UVW贴图】修改器

当材质中加入【位图】贴图的时候，就需要【UVW贴图】修改器来进行贴图方式的控制和贴图大小的设置。

10.5.4　玻璃材质的建立

玻璃具有透明折射属性和菲涅耳反射效果，使用 VRayMtl 可以轻松制作出玻璃材质。

01 建立【顶棚玻璃】材质，将【漫反射】的颜色设置为【R135 G152 B168】；设置【反射光泽度】为0.4、【最大深度】为5；在【折射】通道中添加一张【衰减】贴图，设置前衰减颜色为黑灰色【R10 G10 B10】、侧衰减颜色为灰色【R20 G20 B20】，设置【折射率】为1.55，勾选【影响阴影】复选框，如下图所示。

02 将材质赋予顶棚玻璃模型，如下图所示。

03 新建一个 VRayMtl 材质【玻璃】，设置【漫反射】为绿色【R15 G53 B29】，设置【高光光泽度】为0.88、【反射光泽度】为1，为【反射】通道加入【衰减】贴图，保持默认的衰减类型为【垂直/平行】方式，两个颜色分别为黑色【R0 G0 B0】和亮灰色【R153 G183 B160】；设置【折射】为纯白色【R255 G255 B255】，勾选【影响阴影】复选框，如下图所示。

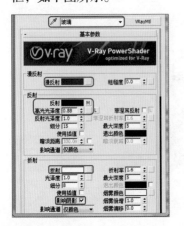

04 将材质赋予场景中的玻璃模型，如下图所示。

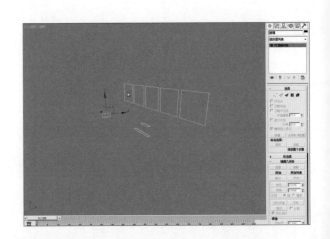

10.5.5 桌子材质的建立

本场景中的白色桌子材质的做法比较简单，其表面光滑且带有反射效果，反射稍微模糊一点效果会更好，具体操作如下。

01 新建一个材质【白色桌面】，设置【漫反射】颜色为纯白色【R255 G255 B255】，设置【反射光泽度】值为0.85、【高光光泽度】值为0.88、【最大深度】为1，如右图❶所示。

02 在【反射】通道中添加一张【衰减】贴图，设置前衰减颜色为黑灰色【R15 G15 B15】、侧衰减颜色为灰色【R134 G134 B134】，设置【衰减类型】为【Fresnel】类型，如右图❷所示。

10.5.6 不锈钢材质的建立

不锈钢金属材质具有模糊反射效果，且有很强的高光，同时具有很坚硬的材质质感。

01 设置一个 VRayMtl 材质【不锈钢椅面】，设置【漫反射】颜色为灰冷色【R67 G75 B82】，设置【反射光泽度】值为0.8，【最大深度】为5，设置【反射】颜色为灰色【R150 G150 B150】，如下图所示。

02 将材质赋予场景中的【不锈钢椅面】模型，如下图所示。

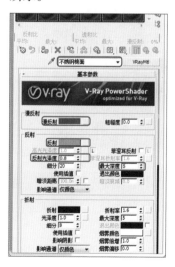

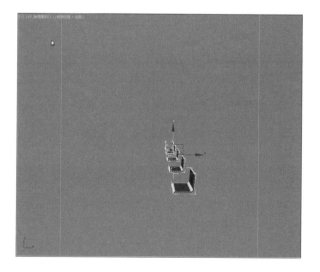

03 建立【金属不锈钢椅腿】材质，设置【漫反射】颜色为黑灰色【R50 G50 B50】，设置【反射】颜色为亮灰色【R150 G150 B150】，设置【反射光泽度】为0.8，如下图所示。

04 将材质赋予场景中的【金属不锈钢椅腿】模型，如下图所示。

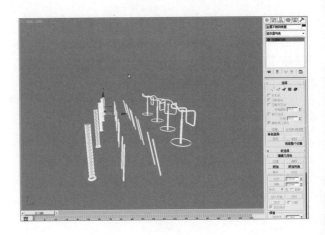

10.5.7　黑色烤漆材质的建立

黑色烤漆材质表面坚硬，材质不透明，有很强的高光效果和菲涅耳反射现象，反射效果相对比较清晰。

01 建立【黑色烤漆】材质，设置【漫反射】为黑灰色【R32 G32 B32】，设置【反射光泽度】为0.85，在【反射】通道中添加一张【衰减】贴图，【衰减类型】保持为【Fresnel】类型，设置前衰减颜色为黑色【R0 G0 B0】、侧衰减颜色为白色【R255 G255 B255】，如下图所示。

02 把刚做好的材质赋予场景中的【黑色烤漆】模型，如下图所示。

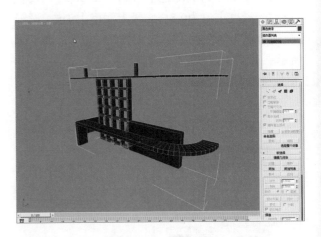

03 设置一个 VR-灯光材质 材质【吧台发光带】，将颜色强度设置为18，颜色设置为暖黄色【R255 G203 B156】，如下图所示。

04 把材质赋予场景中的【吧台发光带】模型，如下图所示。

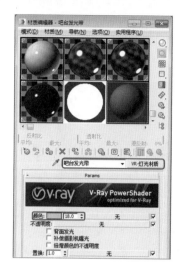

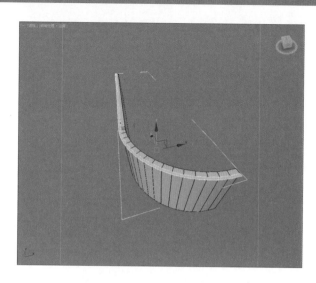

05 建立【白色烤漆】材质，设置【漫反射】颜色为白色【R255 G255 B255】，设置【反射光泽度】为0.85，设置【反射】颜色为黑灰色【R15 G15 B15】，如下图所示。

06 将做好的材质赋予场景中的【白色烤漆】模型，如下图所示。

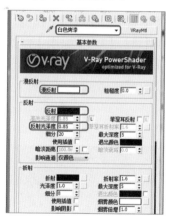

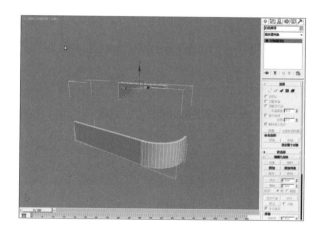

10.5.8 吧台椅坐垫材质的建立

坐垫是一种柔软的物体，其表面会有毛茸茸的质感，可以用制作布料材质的方法来完成。

01 建立一个 VRayMtl 材质【坐垫】，在【漫反射】通道中加入【衰减】贴图，设置前衰减颜色为【R215 G121 B0】、侧衰减颜色为【R220 G175 B145】，如右图❶所示。为【凹凸】通道加入【斑点】贴图，设置X、Y、Z的【瓷砖】都为0.039，设置贴图的强度为8，如右图❷所示。

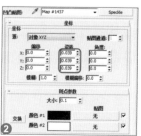

02 将材质赋予场景中的4个【坐垫】模型，如下图所示。

03 为每一个坐垫模型加入【UVW贴图】修改器，设置【贴图类型】为【长方体】，【长度】、【宽度】、【高度】为100mm，如下图所示。

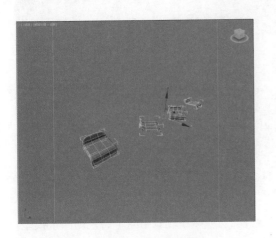

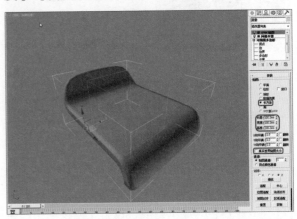

10.5.9　灯罩材质的建立

灯罩材质是一个半透明的材质，其表面略带纹理质感。

01 建立一个 Standard 材质【灯罩】，在【漫反射】通道添加一张【灯布.jpg】贴图，在【不透明度】和【凹凸】贴图通道中均添加一张【灯布黑白.jpg】贴图，保持默认的凹凸量，如下左图所示。将三张贴图的【U】轴向的【瓷砖】设置为4，【V】轴向的【瓷砖】设置为5，如下右图所示。

02 将刚做好的材质赋予场景中的【灯罩】模型，如下图所示。为灯罩模型加入【UVW贴图】修改器，具体设置如下左图所示。

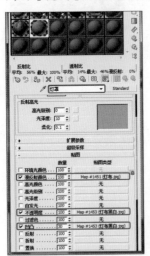

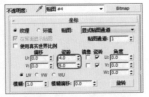

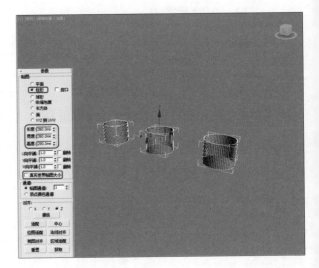

提示 灯罩材质的发光问题

有的渲染人员会使用发光材质来制作灯罩，但那种方式容易产生层次感弱的弊端，因此本例采用了灯光直接在灯罩内照明的方式来渲染。

10.5.10 红酒瓶材质的建立

红酒瓶具有半透明效果，它的颜色看起来相对暗一些，表面有高光质感，有反射效果。

01 建立一个 VRayMtl 材质【红酒瓶】，设置【漫反射】的颜色为【R1 G0 B13】，为【反射】通道中加入【衰减】贴图，保持默认的参数数值，设置【反射光泽度】为0.8，设置【折射】为灰色【R129 G129 B129】、【烟雾颜色】为灰色【R119 G119 B119】、【烟雾倍增】为0，勾选【影响阴影】复选框，如下图所示。

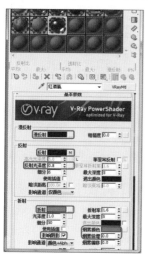

02 将材质赋予场景中的【红酒瓶】模型，如下图所示。

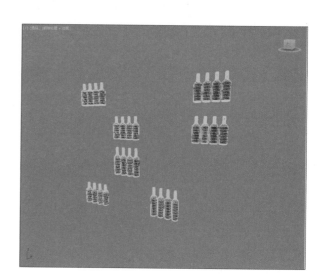

03 将【红酒瓶】材质复制出一个，修改材质名称为【酒瓶商标】，设置【反射光泽度】为0.6，在【漫反射】贴图通道中添加一张【酒瓶商标.jpg】贴图，设置【折射】为黑色【R0 G0 B0】，取消勾选【影响阴影】复选框，如下图所示。

04 将材质赋予场景中的【酒瓶商标】模型，并为每一个模型设置好【UVW贴图】修改器，如下图所示。

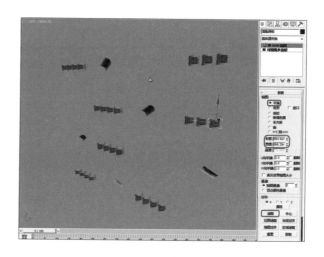

10.5.11 植物材质的建立

树叶表面光滑，有反射效果，按照这一特性可以快速制作出树叶材质。

01 设置一个 VRayMtl 材质【树叶】，设置【漫反射】为绿色【R11 G77 B16】，同时为【漫反射】通道加入【树叶.jpg】贴图，设置【反射】的颜色为黑灰色【R25 G25 B25】，设置【反射光泽度】为0.6，如右图❶所示。展开 贴图 卷展栏，设置【漫反射】通道的贴图强度为80，在【凹凸】通道中添加一张【树叶黑白.jpg】贴图，保持默认凹凸数值即可，如右图❷所示。

02 将刚制作好的材质赋予场景中的【树叶】模型，如下图所示。

03 设置一个 VRayMtl 材质【树枝】，为【漫反射】通道加入【树枝.jpg】贴图，如下左图所示。展开 贴图 卷展栏，在【凹凸】通道中添加一张【树枝黑白.jpg】贴图，设置【凹凸】量为100，如下右图所示。

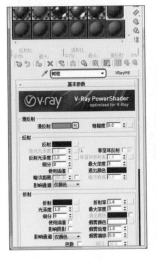 

04 将刚制作好的材质赋予场景中的【树枝】模型，如下图所示。

05 将树叶的材质复制出一个，修改材质名称为【竹子】，在【漫反射】通道添加一张【竹叶.jpg】贴图，然后将其裁剪，如下图所示。

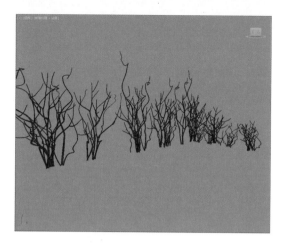
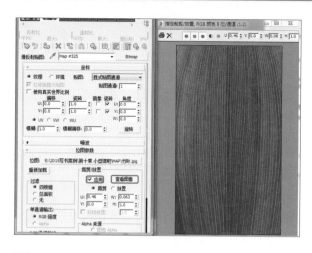

06 设置【反射光泽度】为0.6，如下左图所示。展开 _____ 贴图 _____ 卷展栏，将【凹凸】通道中的贴图删除，如下右图所示。

07 将刚制作好的材质赋予场景中的【竹子】模型，如下图所示。

08 按键盘上的【F9】键渲染摄影机视图，可以看到现在的效果如右图所示。

📍 提示 注意学习视频教学

此时场景中所有的材质基本是制作完成了，还有几个小材质简单地赋予一下即可，这里笔者就不一一描述了，也可以观看本书配带光盘中的教学视频。

10.6 渲染最终图像

VRay渲染通常分成两部分，首先计算光子，然后渲染图像。系统允许用户使用等比例的小尺寸光子图渲染最后的大尺寸最终图像，这样可以大大节省渲染的时间，从而提高我们的工作效率。

10.6.1 光子图的设置

计算光子要修改三大部分的内容：第一部分是材质编辑器中的材质反射细分；第二部分是灯光细分；第三部分是【渲染设置】窗口中的参数设置。

01 由于是中文版的3ds Max，有些插件无法使用，如场景整理利器【场景助手】，因此要逐个手动在材质编辑器中修改有模糊反射的材质的【细分】数值，设置为20左右即可，如下图所示。

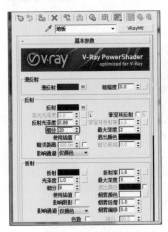

02 设置所有【VR-灯光】的【细分】值为20，如下图所示。

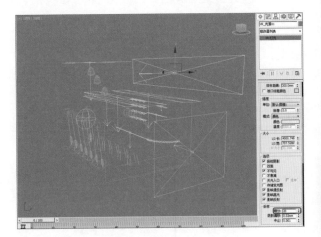

03 设置【目标灯光】的【细分】值为25，如下图所示。

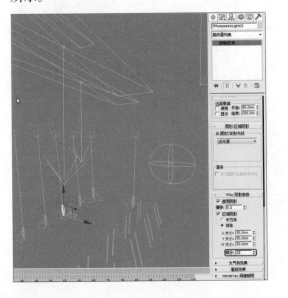

04 设置【泛光】灯的【细分】值为20，如下图所示。

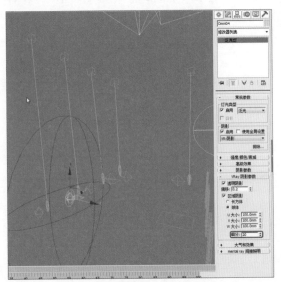

05 设置【自由灯光】的【细分】值为20，如下图所示。

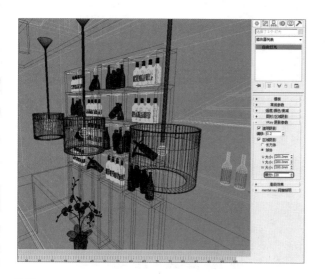

06 按【F10】键打开【渲染设置】窗口，保持默认宽高为【583×700】，并单击■按钮锁定图像纵横比，如下左图所示。进入【V-Ray】选项卡，展开 全局开关[无名汉化] 卷展栏，勾选【不渲染最终的图像】复选框，展开 图像采样器(抗锯齿) 卷展栏，将【类型】设置为【自适应】，勾选【图像过滤器】复选框，设置【过滤器】为【Mitchell-Netravali】，如下右图所示。

07 进入【GI】选项卡，对光子贴图设置一个保存路径，打开 发光图 卷展栏，设置【当前预设】为【中】、【细分】为75，勾选【不删除】、【自动保存】、【切换到保存的贴图】三个复选框，然后单击…按钮将光子图保存到硬盘中的某个位置，如下左图所示。展开 灯光缓存 卷展栏，设置【细分】值为1200，之后同样保存光子图，如下右图所示。

08 进入【V-Ray】选项卡，设置【自适应数量】为0.75，设置【噪波阈值】为0.002、【最小采样】为20，如下右图所示。单击■按钮渲染摄影机视图，系统就开始计算光子，如下图所示。

10.6.2 最终大图的设置

计算过光子之后就可以渲染等比例的大图了，只是要注意摄影机位置不可挪动，具体的一些灯光和材质参数也不要再修改。

01 按【F10】键打开【渲染设置】窗口，在【公用】选项卡中设置最终大图的渲染尺寸为1666×2000，如下左图所示。进入【V-Ray】选项卡，展开 全局开关[无名汉化] 卷展栏，取消勾选【不渲染最终的图像】复选框，如下右图所示。

02 单击 按钮渲染摄影机视图，经过很长一段时间的渲染，本场景的最终大图就渲染完成了，如下图所示。

10.6.3 AO大图的渲染设置

【AO通道】图也叫做【OCC通道图】，使用它可以有效增强图像的分量感和真实感。

01 使用前面章节讲解过的方法渲染出【AO通道】图像，如下图所示。

02 将渲染好的【AO通道】大图进行保存，保存的格式为【TGA】，如下图所示。

10.6.4 Object彩色通道大图的渲染设置

　　为了更加方便后期处理，在渲染成品大图和OCC大图后，还要渲染彩色通道图。

　　使用前面章节讲解过的方法渲染出【Object通道】图像，然后将渲染好的【Object通道】大图进行保存，保存的格式为【TGA】，如右图所示。

📍 提示 关于大图的保存格式

VRay Adv 3.00.07渲染正式大图可以存储为TGA格式或者TIF格式。

10.7 图像后期处理

　　后期处理的思路是【整体—局部—整体】，即首先从最终大图的整体关系入手，如远近的虚实关系、场景冷暖对比关系等，然后逐步深入到局部调整，如地板、墙体、桌椅等，最后对整体效果进行整合。

10.7.1 合并大图及整体调整

　　后期处理的第一步是把正式的大图和通道图像进行拼合。

01 将渲染好的三张大图在Photoshop里打开，如右图所示。把两张通道图移动到【酒吧夜景】的正式图像中，将其位置摆放整齐，如下图所示。

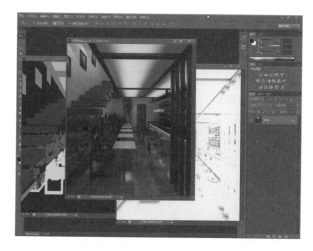

📍 提示 注意图层顺序

在Photoshop中合成图像的时候一定要注意各个图层之间的上下顺序。

02 将【背景】图层复制一个，然后将原始【背景】图层前的小眼睛图标关闭，同理关闭【图层1】和【图层2】，只显示刚刚复制的【背景 副本】图层，如下图所示。选择菜单栏中的【图像>调整>亮度/对比度】命令，将【亮度】设置为15，【对比度】设置为12，如右图所示。

03 单击【图层1】旁边的小眼睛图标开启【图层1】，然后将【图层1】放置到【背景 副本】图层的上方，设置【图层1】的混合模式为【叠加】、【不透明度】为30%，如下图所示。在【图层1】上右击并选择【向下合并】命令，将【图层1】合并到【背景 副本】图层中，如右图所示。

10.7.2 局部细节的调整

在整体调整过后，接下来要对局部细节进行细致的调整。

01 开启【图层2】并置为当前层，选择 【魔棒】工具，取消勾选【连续】复选框，使用 【魔棒】工具单击选择地板，如下图所示。

02 关闭【图层2】，选择【背景 副本】图层，如下左图所示。按【Ctrl+J】组合键，将选区内图像提取并新建一个图层，如下右图所示。

03 单击工具箱中的 ▣【以快速蒙版模式编辑】按钮，选择 ▭【渐变】工具，如右图❶所示。在工具选项栏中单击渐变条打开【渐变编辑器】对话框，将【预设】设置为【前景色到背景色渐变】，如右图❷所示。

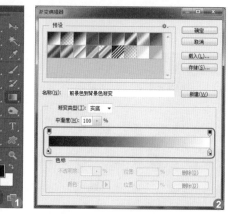

04 在图像中从上向下拖动出一个红色的渐变效果，如下图所示。

05 然后按【Q】键退出快速蒙板编辑模式，将渐变转换为选区，如下图所示。

06 在菜单栏中选择【图像>调整>曲线】命令，或按【Ctrl+M】组合键打开【曲线】对话框，为曲线添加新的节点，将【输出】调整到57，将【输入】调整到71，如下图所示。

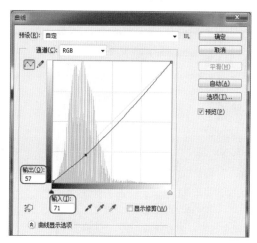

07 通过曲线调整让前面的地板稍微暗一点，效果如下图所示。

08 在菜单栏中选择【选择>反向】命令反选选区，效果如下图所示。

09 选择【图像>调整>亮度/对比度】命令，设置【亮度】为15、【对比度】为6，如下图所示。

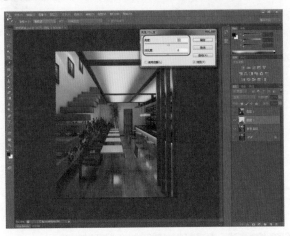

10 用相同方法将左边的楼梯选择出来，选择【图像>调整>亮度/对比度】命令，设置【亮度】为18、【对比度】为14，增强楼梯的明暗对比效果如下图所示。

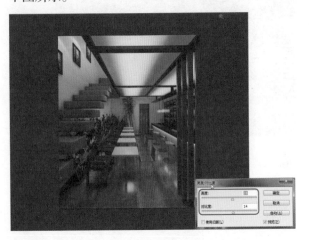

11 使用相同方法将木框架部分提取并新建一个图层，如下图所示。

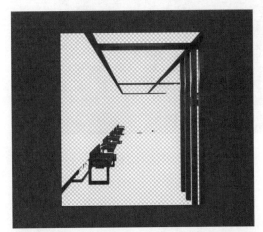

12 按【Ctrl+L】组合键打开【色阶】对话框，将色阶的【亮部】三角调整到224，如下图所示。这样可以让木框架稍微亮一点，效果如右图所示。

13 使用相同方法将植物部分提取并新建一个图层，如右图所示。

提示 注意图层的管理

当提取越来越多的图层时，会让用户眼花缭乱，因此可以养成随手为图层命名的习惯。

14 按【Ctrl+L】组合键打开【色阶】对话框，将【色阶】的【亮部】三角调整到206，如下右图所示。这样可以让其稍微亮一点，效果如下图所示。

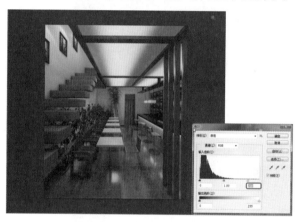

15 使用相同方法将墙体部分提取并新建一个图层，如下图所示。

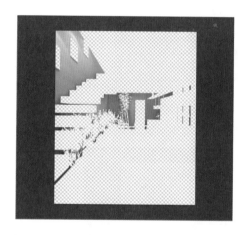

16 选择【图像>调整>亮度/对比度】命令，将【亮度】设置为14，【对比度】设置为6，如下右图所示。这样可以让墙体的亮度稍微亮一点，效果如下图所示。

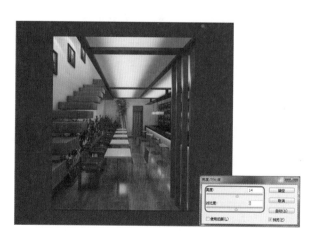

17 使用相同的方法将顶棚玻璃新建一个图层，按【Ctrl+M】组合键打开【曲线】对话框，为曲线添加新的节点，将【输出】调整到132，将【输入】调整到112，如下右图所示。这样顶棚玻璃变得稍微亮一点，效果如下图所示。

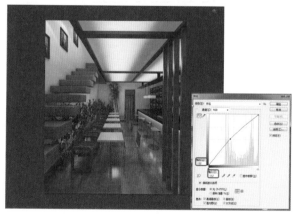

10.7.3 最后的整体调整

　　局部细节调整完成后，再将图像做最后的整体调整，在做最后的调整之前要将所有修改过的图层盖印到一个图层中，最后调整图像整体的色调、明暗对比、空间感等。

01 选择【图层2】彩色大图下边的【图层3】为当前选择层，如下左图所示。按键盘上的【Ctrl+Alt+Shift+E】组合键执行【盖印可见图层】命令，如下右图所示。

02 使用 【套索】工具在图中画一个选区，如下左图所示。右击选区并选择【羽化】命令，设置【羽化半径】为100像素，如下右图所示。

03 按【Ctrl+J】组合键将选区图像提取并新建一个图层【图层10】，如下图所示。

04 选择菜单栏中的【图像>调整>去色】命令，将刚刚创建的图层进行去色，如下图所示。

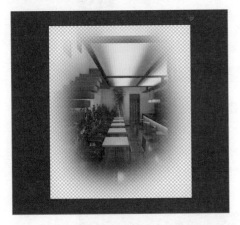

05 在菜单栏中选择【滤镜>其他>高反差保留】命令，将【半径】设为1像素，如右图所示。将本图层的【混合模式】调整成【叠加】模式，【不透明度】设置到85%左右，如下图所示。

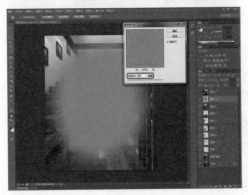

06 将【图层10】向下合并，再次使用 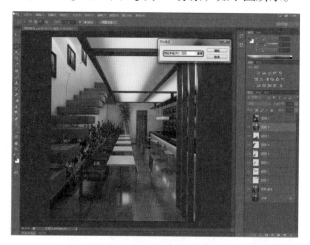【套索】工具在图中画一个选区，之后进行【羽化】操作，设置【羽化半径】为100像素，如下图所示。

07 按【Ctrl+M】组合键执行【曲线】命令，在弹出的【曲线】对话框中添加新的节点，设置节点的【输出】为151、【输入】为128，如下右图所示。调整后的效果如下图所示。

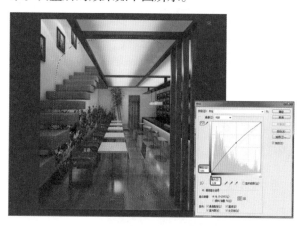

08 此时压暗前景，用 【矩形选框】工具在图中画出一个矩形选区，如下图所示。

09 之后进行【羽化】操作，将【羽化半径】设置成100像素，如下图所示。

10 在菜单栏中选择【选择>反向】命令反选选区，如右图所示。

💡 **提示** 注意右键快捷菜单的使用

第10步操作的时候，如果使用右键快捷菜单，同样可以找到【反向】命令，而且更为快捷。

11 按【Ctrl+M】组合键执行【曲线】命令，在弹出的对话框中单击鼠标添加新的节点，将节点的【输出】设置为58，【输入】设置为74，如下右图所示。四周压暗后画面的空间也会推得远，如下图所示。

12 使用 ⌖【套索】工具在图中画一个选区，之后进行【羽化】操作，设置【羽化半径】为100像素，如下右图所示。再次选择【图像>调整>亮度/对比度】命令调整画面，设置【亮度】为14、【对比度】为6，如下图所示。

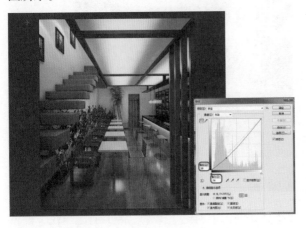

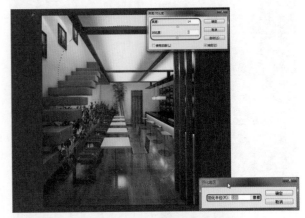

13 此时本场景的后期处理工作就完成了，最终效果如右图所示。

📍 **提示** 养成对比图像的好习惯

当后期处理完成之后，可以打开原始渲染图像用来与最终完成图像进行比较，反复观察和总结后期处理的作用，为以后的作图积累经验。

10.8 本章小结

  本章系统讲述了一个完整的小型酒吧封闭空间的材质、灯光、渲染以及后期处理的过程，讲解了大量的相关技术，运用了大量工作中的实际操作技巧，希望大家反复去体会这些知识，以期能够举一反三。

主卧室卫生间场景的渲染

本案例的材料色彩搭配是一大亮点，其整体效果清晰亮丽，因此在渲染的时候设置了阴天的气氛，重点突出其优秀的色彩搭配。

11.1 本例概述

合理使用【VRay Adv 3.00.07】提供的曝光控制来渲染场景是表现效果图时常用的技法，本案例就来讲解使用【莱茵哈德】曝光控制渲染卫生间空间的方法。

11.1.1 主卧室以及卫生间设计要点

据有关专家统计，一个人大约有近三分之一的生命时光是在卧室中度过的，因此作为室内设计师，卧室的设计要满足主人宁静安详的睡眠需要，又要满足人们相互倾诉感情的需要，是一个家庭中非常亲近和私密的空间。

下图为一些主卧室的设计效果图。

通常来说，主卧室的设计要考虑到主人的身份、年龄、性格以及喜好等因素，设计成温馨怡人或者是浪漫舒适的风格，主卧室的设计通常具有以下特点。

● 第一，吊顶大多比较简洁淡雅，因为复杂的吊顶会有压抑的感觉。

● 第二，卧室空间一般不宜过大，空旷的空间面积会减弱卧室的温馨感，一般来说，15~20平方米即可满足要求。

● 第三，卧室的窗帘通常设计成一纱一帘，视觉上富有层次，也可以更好地控制白天的采光问题。

● 第四，卧室的地面设计应考虑温馨感和保暖性，一般宜采用木地板或地毯，让人心理上产生更加亲切的感觉，而石材地板则会让人产生疏远感。

● 第五，卧室的照明设计也要以温馨为根本，不推荐使用直射人目光的光线，暗藏灯带是一个很好的考虑，同时好的床头柜的台灯也可以增加温馨的感觉。

随着现代居住空间的扩大，尤其是复式住宅的出现，使得主卧室中加入了卫生间和洗澡间的设计，通常称为主卫生间设计。主卫生间是卧室的一部分，因此从设计风格上来说要与卧室相呼应，与客用卫生间相比，更要注意防水以及热水器电路相关的安全设施设计，好的卫生间设计可以极大增色主人的日常生活情调，本例就是一个位于中式现代风格主卧室中的卫生间，中式元素和现代元素做到了很好的有机结合，色彩上不拘泥于传统的黑、红、绛紫等色系，而是大胆采用多个饱和度相对较高的颜色来丰富空间，其效果图如下图所示。

11.1.2　本例主卫生间的表现技术要点

本例重点学习【VRay Adv 3.00.07】渲染器提供的材质和灯光功能，再次温习了【VR-毛皮】和【VR-置换】的使用。

制作思路

使用 `VRayMtl` 来制作大部分的材质，设置简单的灯光系统来照明，突出华丽色彩的同时要强调出高雅的气氛，使用VRay Adv 3.00.07提供的【莱因哈德】曝光控制方式来渲染最终的场景，最后使用Photoshop来进行后期的打磨和校色。

学习目的

1. 温习 `VRayMtl` 材质的使用
2. 学习阴天气氛的表达
3. 温习【VR-毛皮】和【VR-置换】模式的使用
4. 使用【莱因哈德】曝光控制来渲染场景
5. 使用VRayIES光源制作光域网照明效果
6. 体会色彩关系搭配的魅力

11.2　VRay曝光控制的概述和使用

曝光控制是三维软件对场景灯光亮度的一种强制范围限定，可以纠正一些局部的曝光问题，3ds Max从4.0版本就开始加入这一功能，VRay渲染器中也提供了曝光控制功能，其位置如右图所示。

11.2.1　线性倍增曝光控制

【线性倍增】是VRay常用的曝光控制方式，它使用物体的亮度产生图像的颜色，参数如右图所示。

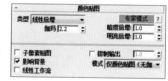

- 伽玛：场景中整体亮度的控制，数值越大场景越苍白，【VRay Adv 3.00.07】渲染器中默认值为2.2。
- 暗度倍增：控制图像暗部的亮度，数值越大场景中物体的暗部越亮，默认值为1。
- 明亮倍增：控制图像亮部的亮度，数值越大场景中物体的亮部越亮，默认值为1。
- 子像素贴图：这个参数可以产生更加精确的渲染品质，在VRay 1.5之前的版本中没有这个参数，但在渲染器内部计算的时候是勾选的，可以避免图像高光周围的一些杂点和黑圈。
- 钳制输出：将物体的颜色在物体背后固定下来，场景中有些无法渲染出的色彩会通过这个选项进行纠正。
- 影响背景：勾选的时候，曝光的控制范围会包括背景。
- 模式：可以单独设置是否控制颜色贴图或者伽马。
- 线性工作流：可以理解为采用线性倍增曝光方式来计算场景。

提示　曝光控制的选择问题

虽然VRay渲染器提供了多种曝光控制，但我们应该根据最后的渲染效果需要来设置合适的曝光控制方式，不能局限于某一种方式而停步不前。

右图所示的医疗设备是采用了【线性倍增】方式并保持默认参数渲染出的效果。

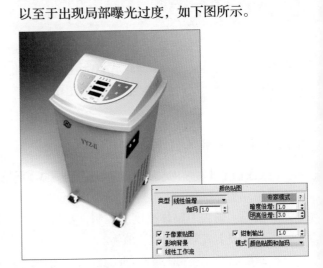

增大【暗度倍增】为3.0，再次渲染场景可以看到模型的暗部变亮，从而带动整个场景都亮了起来，如下图所示。

恢复【暗度倍增】为1.0，增大【明亮倍增】为3.0，再次渲染场景可以看到模型的亮部变亮，以至于出现局部曝光过度，如下图所示。

11.2.2 指数曝光控制

【指数】曝光是以色彩的饱和度来控制亮度，从而避免出现曝光问题，但渲染出的图像会产生色彩饱和度降低的缺点，其参数与【线性倍增】方式相同，参数如右图所示。

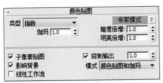

右图是采用【指数】方式并保持默认参数渲染出的效果。

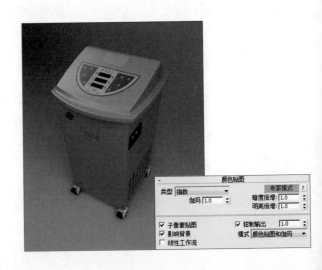

11.2.3　HSV指数曝光控制

　　【HSV指数】曝光与【指数】曝光方式相似，只是能够更好地维持场景中物体颜色的饱和度，可以渲染出更加艳丽的效果，其参数如右图所示。

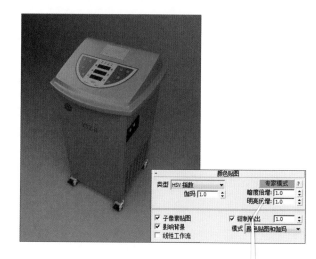

　　右图所示为采用【HSV指数】曝光并保持默认参数渲染出的效果。

11.2.4　强度指数曝光控制

　　【强度指数】曝光方式可以维持RGB颜色的比例，计算时仅仅对颜色的强度起作用，从而避免出现局部曝光过度的现象，其参数如右图所示。

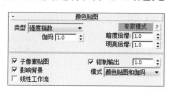

　　右图所示为采用【强度指数】曝光并保持默认参数渲染出的效果。

11.2.5　伽玛校正曝光控制

　　【伽玛校正】曝光方式采用伽玛值来校正场景中的灯光衰减情况和贴图色彩情况，其渲染效果类似于【线性倍增】方式，但其参数有所不同，如右图所示。

- 倍增：控制图像整体的亮度，数值越大图像越亮。
- 反向伽玛：该参数在VRay渲染器内部进行转化，输入数值匹配显示器的伽玛数值。

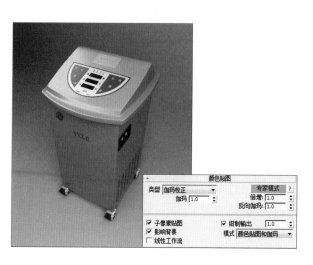

　　右图所示为采用【伽玛校正】曝光并保持默认参数渲染出的效果。

11.2.6 强度伽玛曝光控制

【强度伽玛】曝光控制的特点类似于【伽玛校正】曝光方式，渲染时系统会进一步修正场景中灯光的亮度，其参数如右图所示。

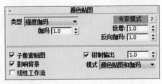

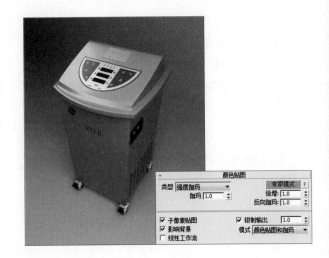

右图所示为采用【强度伽玛】曝光并保持默认参数渲染出的效果。

11.2.7 莱因哈德曝光控制

【莱因哈德】曝光方式是VRay1.5版本中的新增功能，它是【线性倍增】和【指数】方式的一种混合，取两者的长处而找到平衡点，通过【加深值】这个参数来调节渲染结果，当【加深值】接近0的时候，渲染效果接近于【指数】曝光；当【加深值】接近于1.0的时候，渲染效果接近于【线性倍增】曝光，其参数如右图所示。

下图所示为采用【莱因哈德】曝光并保持默认参数渲染出的效果，其中【加深值】为1.0，【伽玛】为1.0。

调整【加深值】为0.1，然后再次渲染图像，可以看到其结果接近于【指数】曝光方式，如下图所示。

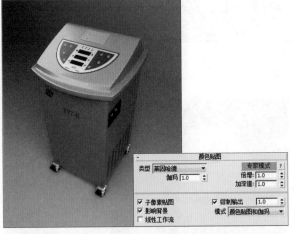

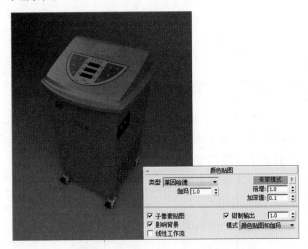

📍 提示 建议读者尝试使用【莱因哈德】曝光方式

【莱因哈德】曝光方式可以灵活控制画面的对比与曝光，笔者比较偏爱这种曝光方式。

11.3　图像色彩关系的构成

笔者一直认为，《平面构成》、《色彩构成》和《立体构成》这三门设计基础课对效果图表现具有非常重要的意义。对于想从事效果图表现，尤其是效果图渲染的人员来说，你可以不会画画，但一定要具有正确的审美。认真研习三大构成可以让效果图渲染人员的审美得到有效的提升。

色彩与我们日常生活息息相关，无论是工业设计、景观规划、室内装饰、视觉传达还是影视动画、服装设计、建筑设计，设计师们和效果表现人员都要认真考虑色彩的搭配关系。

11.3.1　色彩关系的清新与沉闷

色彩会让人有通感，一些色彩搭配可以让人心旷神怡，据说日本一位经营肉类加工的老板在店内使用浅绿色的墙砖来装饰，使得他的肉产品在墙砖的映衬下显得非常新鲜，从而生意兴隆。

下左图所示的海报设计采用了非常清新的色彩关系搭配，当看到这张海报的时候，读者似乎已经能够闻到多种水果的混合香气了吧。下中图所示的海报设计为了突出沉重的主题，作者选择了沉闷的色彩关系搭配，恐怖气氛跃然纸上。在室内装饰领域，地中海风格最能表达清新淡雅的生活气氛，其特点是在室内设置拱形门和壁灯来点缀立面，如下右图所示。

11.3.2　色彩关系的华丽与朴素

下图和右图所示的几张国外优秀的包装设计作品采用了流光溢彩的色彩关系，洋溢着华丽的热情，即使不了解产品的使用价值，也会让人忍不住因为包装而去购买产品。

现代产品商家非常注意在产品包装上下工夫，尤其是要求包装的色彩一定要吸引顾客，这充分说明了色彩构成的魅力，因此大家创作CG作品一定要多注意色彩的搭配问题。

朴素的色彩可以渲染出沉稳的情调，在一些工业设计作品上往往朴素的色彩搭配可以让产品看起来沉稳而有内涵，这种情况下无彩色系（黑、白、灰）的应用比较普遍，如下图和右图所示。

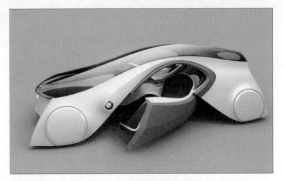

11.3.3 色彩关系的热情与冷漠

色彩有四大要素：明度、纯度、色相、色性。其中色性决定了色彩给人的心理冷暖感受，当想到夏日的骄阳，那火红的色彩会让人直冒汗；当想到冬天的湖水，那透彻的幽蓝会让人起寒冷的鸡皮疙瘩。

下左图是克里斯汀·迪奥（Christian Dior）品牌设计的服装，该品牌在1946年创于巴黎，是世界著名的时尚消费品牌。其主要经营女装、男装、首饰、香水、化妆品等高档消费品，受到全球时尚界的热捧，下左图所示的服装设计采用了典型的热情玫瑰红色，渲染出青春且高雅的气息。

下右图是荷兰后印象派画家文森特·威廉·梵高（1853-1890）为自己画的自画像，其用色独具特色，加上本人的气质，整体画面显得沉静和冷漠。

11.4　设置渲染器

本案例仍然使用【VRay Adv 3.00.07】渲染器来进行材质渲染操作，因此首先应该切换渲染器为VRay渲染器。

01 打开随书光盘中的【洗手间-初始.max】文件，可以看到这是一个全模型渲染的案例，如下图所示。

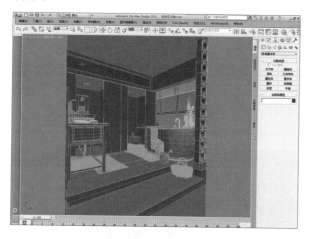

02 按【F10】键打开【渲染设置】窗口，在【公用】选项卡下展开 指定渲染器 卷展栏，在【产品级】中单击右侧的 按钮，弹出【选择渲染器】对话框，可以看到可供选择的渲染器，然后双击【V-Ray Adv 3.00.07】选项，就完成了渲染器的切换，如下图所示。

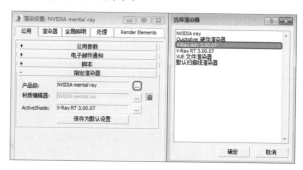

03 切换到【设置】选项卡中，展开 系统 卷展栏，然后取消勾选【显示消息日志窗口】复选框，这样渲染的时候不会跳出日志信息，如下图所示。

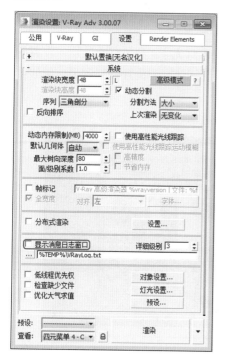

04 切换到【V-Ray】选项卡，展开 图像采样器(抗锯齿) 卷展栏，设置图像采样器类型为【固定】，取消勾选【图像过滤器】复选框，如下图所示。这样可以在测试渲染的时候加快渲染速度。

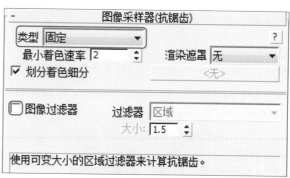

提示 图像过滤器的作用

3ds Max的扫描线渲染器和VRay渲染器都提供了图像过滤器，它可以让渲染出的图像像素边缘更加精确，但开启之后会耗费更多的渲染时间。

11.5 洗手间灯光的建立

本案例表现的是白天的效果，没有太阳，天气为多云，但开启了一些室内的人工照明，因此主要使用【VR-灯光】和【VRayIES】来照明。

11.5.1 使用VRay面光源建立环境光

【VR-灯光】可以用来产生真实的软阴影照明，因此适合模拟户外白天的天光照明。

01 在 ▣【创建】面板找到并单击 VR-灯光 按钮，在左视图中拖动鼠标建立一盏【VR-灯光】，然后来到顶视图中调整位置，可以使用 ◎【选择并旋转】工具配合 ▦【角度捕捉切换】来旋转180°，使其朝着室内进行照射，如下图所示。

02 选择灯光来到 ◪【修改】面板设置灯光属性。设置【倍增】为20，这个参数控制了灯光的亮度；设置灯光的颜色为冷蓝色【R195 G229 B255】；勾选【不可见】复选框，如下右图所示。然后渲染摄影机视图可以看到结果如下图所示。

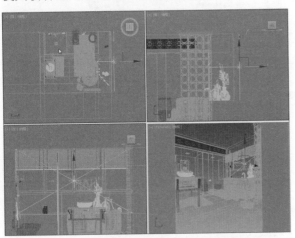 

03 继续建立户外的环境光源。在场景模型的另一侧建立一盏新的【VR-灯光】，参数有所差别，设置颜色为冷蓝色【R220 G238 B254】，设置【倍增】为10，勾选【不可见】复选框，位置调整到另一侧的窗口，如下左图所示。渲染摄影机视图，可以看到结果如下右图所示。

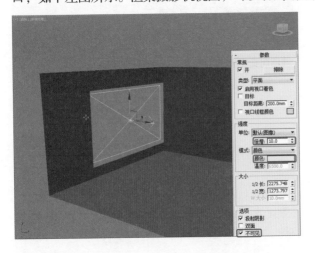 

04 进入【GI】选项卡，勾选间接照明的【启用全局照明】复选框，修改二次反弹的引擎为【灯光缓存】，如下图❶所示。来到　发光图　卷展栏，修改其参数，如下图❷所示。进入　灯光缓存　卷展栏，设置【细分】为100，如下图❸所示。

05 切换到【V-Ray】选项卡，展开 全局确定性蒙特卡洛 卷展栏，设置【噪波阈值】为0.1，勾选【时间独立】复选框，这样可以加快渲染速度，如下右图所示。渲染摄影机视图，可以看到效果，如下图所示。

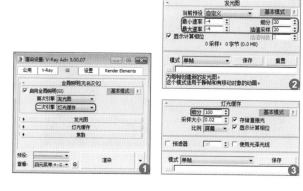

11.5.2　使用VRayIES光源建立人工光

　　【VRayIES】灯光可以用来加载【光域网】文件，老版本VRay渲染器中制作射灯照明效果只能使用3ds Max提供的【光度学】灯光来完成，新版本的VRay提供了新的灯光来完成这一效果，在使用兼容性上更加完美。

01 在 【创建】面板找到并单击 VRayIES 按钮，然后在花洒位置的射灯模型下方建立一盏【VRay-IES】灯光，如下图所示。

02 选择灯光来到 【修改】面板设置灯光的属性，在【IES文件】后单击 无 按钮，在系统弹出的对话框中选择【多光.ies】文件，然后设置【颜色】为暖黄色【R255 G237 B198】，设置【功率】为7000，如下右图所示。渲染摄影机视图，效果如下图所示。

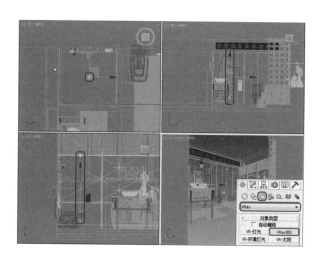

03 复制【VRayIES】灯光到另一个射灯模型的下面，保持【实例】的默认复制方式，这样场景中的灯光就建立完成了，如下图所示。

04 渲染摄影机视图，效果如下图所示。

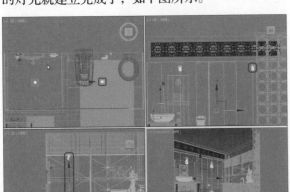

11.6 洗手间材质的制作

本案例的材质还是主要采用 VRayMtl 材质类型来完成，在制作中可以温习这种经典材质的使用。

11.6.1 复合木地板材质的制作

本例中的地板为拼贴到一起的木地板，其效果美观，视觉层次较一般地板更加丰富，由于纹理多变，因此本例使用建模的方法来完成其纹理的变化。

01 建立地板的材质。在材质编辑器中选择一个空白样本球，设置名称为【木地板】，设置材质类型为 VRayMtl，然后赋予拼贴的地板模型【木地板】，接着设置【漫反射】颜色为橘红色【R115 G62 B30】，如下左图所示。在材质的【反射】通道加入一个【衰减】贴图，设置衰减的前、侧颜色分别为【R10 G10 B10】和【R120 G120 B120】的灰度，如下右图所示。

02 设置【反射光泽度】为0.7、【最大深度】为1，取消勾选【菲涅耳反射】复选框，如下右图所示。渲染摄影机视图效果如下图所示。

11.6.2　墙面材质的制作

洗手间的墙面是比较平滑的白色乳胶漆材质，表面质地平滑，可以简单地设置为接近白色的【漫反射】。

01 选择一个新的样本球命名为【乳胶漆】，设置材质类型为 VRayMtl ，设置【漫反射】为亮灰色【R245 G245 B245】，如下图所示。

02 将【乳胶漆】材质赋予房间框架模型【乳胶漆】，如下图所示。

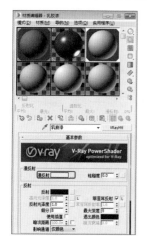

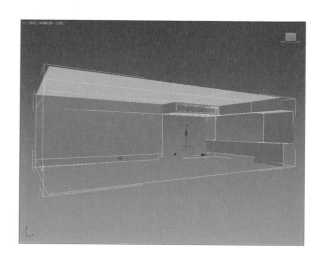

11.6.3　黑色背漆玻璃材质的制作

正对摄影机的墙面为背漆玻璃材质的背景墙，背漆玻璃质地平滑，反射较强且反射清晰，可以产生通透的效果。

01 建立一个新的 VRayMtl 材质【背漆玻璃】，设置【漫反射】为纯黑色【R0 G0 B0】、反射颜色为灰色【R62 G62 B62】，取消勾选【菲涅耳反射】复选框，如下右图所示。将材质赋予场景模型【背漆玻璃】即可，如下图所示。

02 渲染摄影机视图可以看到结果，如下图所示。

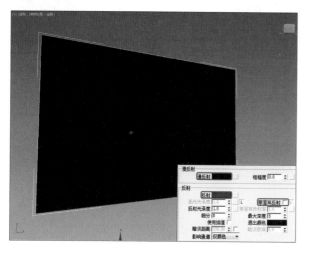

11.6.4　地砖材质的制作

地砖是现代家庭装修中常用的装饰材料，随着加工工艺的不断升级，现代地砖种类更加繁多，纹理更加细腻，使用频率最高的地砖规格为800mm×800mm的大小。

01 建立一个新的 VRayMtl 材质【地砖】，在【漫反射】通道中加入【平铺】贴图，来到贴图层级，设置平铺的【水平数】和【垂直数】都为1次，设置【水平间距】和【垂直间距】都为0.1，如右图❶所示。在【平铺】贴图层级中单击【平铺设置】参数区域的【纹理】通道，然后在【材质/贴图浏览器】中加入【位图】贴图【地砖.jpg】，设置贴图的【模糊】为0.1，如右图❷所示。

02 为材质的反射通道加入【衰减】贴图，设置【衰减类型】为【Fresnel】，设置前衰减为深灰色【R10 G10 B10】、侧衰减为浅灰色【R164 G164 B164】，设置【反射光泽度】为0.8、【高光光泽度】为0.9、【最大深度】为2，取消勾选【菲涅耳反射】复选框，然后将材质赋予场景中的【地砖】模型，如右图所示。

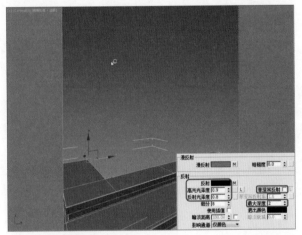

03 为模型添加一个【UVW贴图】修改器，设置贴图方式为【长方体】、【长度】为800mm、【宽度】为800mm、【高度】为600mm，然后渲染摄影机视图，渲染效果及参数设置如右图所示。

⊙ 提示　真实世界贴图大小

3ds Max Design 2015版本中，【位图】参数中和【UVW贴图】修改器参数中都有【真实世界贴图大小】复选框，其默认均为勾选状态，一定要取消这个复选框的勾选，这样贴图才可以正常显示，后面步骤的这个复选框也都要取消勾选。

11.6.5 家具材质的制作

中式家具的材料大多为榆木和红木等，材料本身比较名贵，色彩以深色沉稳为主，家具陈设讲究对称，注重文化意蕴。

01 新建一个 VRayMtl 材质【家具木纹理】，在【漫反射】通道加入【位图】贴图【木纹uv展开.jpg】，设置【模糊】为0.1，如右图❶所示。为材质的【反射】通道加入一张【衰减】贴图，设置【衰减类型】为【Fresnel】，如右图❷所示。设置【反射光泽度】为0.8、【最大深度】为2，取消勾选【菲涅耳反射】复选框，如右图❸所示。

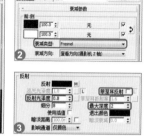
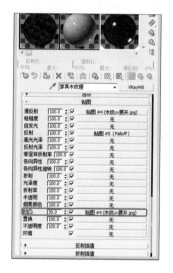

02 以【实例】方式复制【漫反射】通道里的贴图【木纹uv展开.jpg】到材质的【凹凸】通道里，参数保持默认即可，如右图所示。

03 选择场景中的【家具木纹理】模型，进行材质的赋予，注意这次不需要添加【UVW贴图】修改器，因为前期模型内部已经设置好UV纹理，如下图所示。

04 渲染摄影机视图，效果如下图所示。

11.6.6 第二种石材地砖材质的制作

第二种地砖材质和第一种大同小异，只是【位图】的选择不同。

01 复制【地砖】材质，改名为【地砖2】，在【漫反射】中的【平铺】贴图中把【位图】改换为【地砖2.jpg】，然后将材质赋予场景中的外围地面模型【地砖2】，如下图所示。

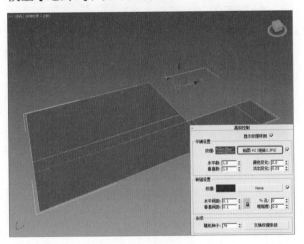

02 为模型添加【UVW贴图】修改器，设置贴图方式为【长方体】，设置【长度】、【宽度】、【高度】都为800mm，如下右图所示。渲染摄影机视图，可以看到结果如下图所示。

11.6.7 搪瓷材质的制作

搪瓷材质可以使用 VRayMtl 材质的菲涅耳反射来轻松实现，其反射清晰、高光强烈且面积小，抓住这些特点就可以很好完成材质的质感。

01 设置一个 VRayMtl 材质并命名为【搪瓷】，然后将材质赋予场景中的浴缸模型、坐便器模型和拖把池模型等所有叫【搪瓷】的模型，如下图所示。

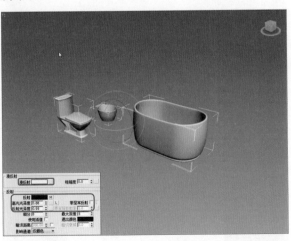

02 渲染摄影机视图可以看到如下图所示的效果。

11.6.8　钢化玻璃材质的制作

浴室淋浴处的玻璃一定要采用经过钢化处理的玻璃来制作，这样首先是确保业主的安全，因为钢化玻璃有很强的抗冲击力，即使碰撞碎裂也不会伤人。

01 建立一个 `VRayMtl` 材质【钢化玻璃】，设置【漫反射】为纯白色，在【反射】通道加入【衰减】贴图，其参数保持默认。设置【高光光泽度】为0.85，取消勾选【菲涅耳反射】复选框，设置【折射】为纯白色，设置【折射率】为1.5，勾选【影响阴影】复选框，然后将材质赋予场景中的玻璃门模型【钢化玻璃】，如下图所示。

02 在材质的【折射】参数区域中设置【烟雾颜色】为浅绿色【R250 G254 B245】，然后设置【烟雾倍增】参数为0.1，如下右图所示。渲染摄影机视图效果如下图所示。

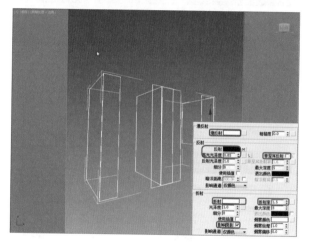

11.6.9　黄漆材质的制作

在洗手间吊顶的位置有一条黄漆，由于其被木质拼花所遮挡，因此简单设置其属性即可，从而节省渲染计算时间。

01 建立一个 `VRayMtl` 材质【黄漆】，设置【漫反射】颜色为中黄色【R253 G228 B128】，在【反射】通道加入【衰减】贴图，设置【衰减类型】为【Fresnel】方式，衰减的前和侧颜色保持默认，设置【反射光泽度】为0.95、【高光光泽度】为0.8、【最大深度】为2，取消勾选【菲涅耳反射】复选框，然后把材质赋予【黄漆】模型，如右图所示。

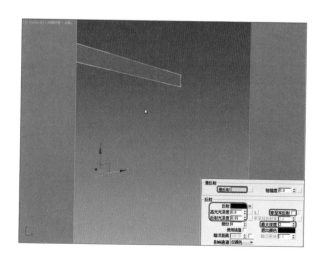

02 渲染摄影机视图可以看到结果，如右图所示。

💡 提示 **如何增强中式传统的色彩氛围**

黄漆材质让卫浴空间的中式传统味道更加浓郁，此外还有天青、胭脂、绛紫等色彩也可以极大增强中国传统风格的气氛。

11.6.10 雕花材质的制作

雕花图案是中国传统图案在装饰上的典型应用，是当代众多设计师喜欢的时尚元素，在室内吊顶中尤其可以看到各种各样雕花的身影。

01 建立一个 VRayMtl 材质【雕花】，在【漫反射】通道加入【位图】贴图【雕花.jpg】，设置贴图的【模糊】为0.3，如右图❶所示。设置【反射】的颜色为深灰色【R20 G20 B20】，设置【反射光泽度】为0.8，设置【最大深度】为2，取消勾选【菲涅耳反射】复选框，如右图❷所示。

02 将材质赋予场景中的【雕花】模型，为模型添加【UVW贴图】修改器，设置贴图方式为【长方体】，设置【长度】为116.474mm、【宽度】为1062.91mm、【高度】为3.003mm，然后渲染摄影机视图，渲染效果及参数设置如右图所示。

💡 提示 **如何增强中式传统的形式氛围**

选择雕花、斗拱、须弥座等造型可以极大地增强中式传统氛围。

11.6.11 毛玻璃材质的制作

毛玻璃具有一定的不透明性，因此可以在普通玻璃的材质基础上加以修改来实现。

01 将【钢化玻璃】材质复制一个，修改名称为【蓝色毛玻璃】，修改【漫反射】颜色为淡蓝色【R205 G249 B255】，修改【烟雾颜色】为淡蓝色【R228 G248 B255】，设置【烟雾倍增】为0.3，然后将材质赋予右侧中间部分的【蓝色毛玻璃】模型，渲染摄影机视图效果及参数设置如下图所示。

02 将【蓝色毛玻璃】材质复制出一个，改名为【白色毛玻璃】，把材质的【漫反射】颜色和【烟雾颜色】都设置为纯白色【R255 G255 B255】，然后将材质赋予右侧的【白色毛玻璃】模型上，渲染摄影机视图效果及参数设置如下图所示。

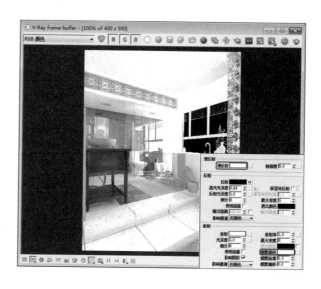

11.6.12　地面拼花材质的制作

在洗手间淋浴处有地面拼花石材，其为完整的一个整体，可以通过在别的地砖材质基础上进行贴图的修改来得到。

01 将【地砖】材质进行复制，改名为【拼花】，在【漫反射】通道加入【位图】贴图【拼花.jpg】，设置贴图的【模糊】为0.3，修改【反射】通道的【衰减】贴图的前颜色为【R12 G12 B12】、侧颜色为【R255 G255 B255】，设置【衰减类型】为【Fresnel】类型，修改【反射光泽度】为0.7、【最大深度】为1，取消勾选【菲涅耳反射】复选框，如下图所示。

02 将材质赋予场景模型【拼花】，如下左图所示，然后为场景中的模型添加【UVW贴图】修改器，保持默认的【平面】方式即可，单击 通配 按钮让贴图和模型进行匹配，如下右图所示。

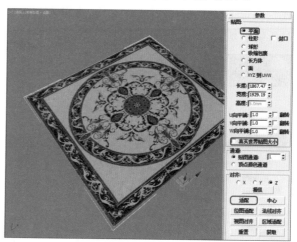

11.6.13 热水器材质的制作

淋浴器的外壳通常采用锌合金材料制成，其表面质地华丽，反射相对清晰，有磨砂外壳的则手感有肌理。

01 设置一个 `VRayMtl` 材质并命名为【磨砂合金】，设置【漫反射】为灰色【R128 G128 B128】、【反射】通道颜色为纯白色，设置【反射光泽度】为0.6、【最大深度】为2，取消勾选【菲涅耳反射】复选框，如下图所示。

02 将材质赋予场景模型【磨砂合金】，渲染摄影机视图效果如下图所示。

11.6.14 黑釉瓷材质的制作

黑釉是中国古代釉色之一，由于氧化铁的作用瓷器表面呈现出黑色，表面质地光洁坚硬，反射相对清晰。

01 设置一个 `VRayMtl` 材质并命名为【黑釉瓷】，设置【漫反射】设置为纯黑色【R0 G0 B0】，在【反射】通道加入【衰减】贴图，设置前衰减为深灰色【R55 G55 B55】、侧衰减为纯白色【R255 G255 B255】，设置【衰减类型】为【Fresnel】方式，设置【反射光泽度】为0.9，取消勾选【菲涅耳反射】复选框，如下图所示。

02 将材质赋予饰品的主体部分【黑釉瓷】模型，渲染摄影机视图，效果如下图所示。

11.6.15 磨砂镀金材质的制作

饰品的表面一部分材质是镀金的搪瓷，且有花卉图案，因此在模型上专门分离了出来进行单独的材质设置。

01 设置一个 VRayMtl 材质命名为【磨砂镀金】，设置【漫反射】颜色为中黄色【R247 G205 B139】，在【反射】通道加入【衰减】贴图，设置前颜色为深灰色【R42 G42 B42】，设置侧颜色为浅灰色【R181 G181 B181】，保持默认的【衰减类型】还是【垂直/平行】方式，设置【反射光泽度】为0.6、【最大深度】为3，取消勾选【菲涅耳反射】复选框，如右图❶所示。为材质的【凹凸】通道加入【位图】贴图【花卉-凹凸.jpg】，设置【模糊】为0.5、贴图强度为800，如右图❷所示。

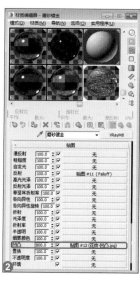

02 将材质赋予饰品上的剩余表面【磨砂镀金】，为模型添加合适的【UVW贴图】修改器，保持默认的参数即可，如下图所示。

03 渲染透视视图可以看到结果，如下图所示。

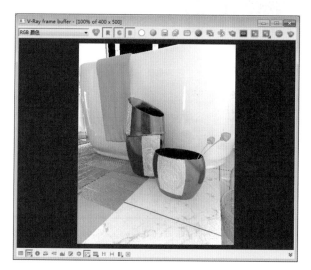

11.6.16 浴巾材质的制作

浴巾材质为了体现毛茸茸的感觉，可以使用【VR-置换模式】修改器来完成。

01 设置一个 VRayMtl 材质命名为【浴巾】，在【漫反射】通道加入【衰减】贴图，在前衰减通道加入【位图】贴图【浴巾-漫反射.jpg】文件，设置【模糊】为0.1，如右图所示。

02 在【位图】的层级中单击 查看图像 按钮，系统弹出贴图裁剪对话框，调整红色方框，设置贴图的合适范围，如右图所示。最后勾选【应用】复选框，让贴图裁剪效果生效，如下图所示。

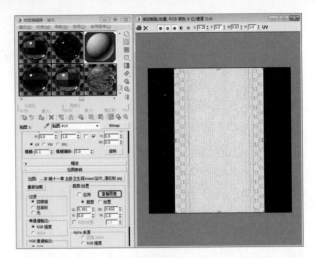

03 为材质的【凹凸】通道加入【位图】贴图【浴巾_凹凸.jpg】，设置【模糊】为0.1，按照【漫反射】通道的【位图】尺寸对【凹凸】通道的贴图进行裁剪，使之尺寸一致，如下左图所示。将材质赋予浴缸上的【浴巾】模型，然后为模型添加【UVW贴图】修改器，如下右图所示。

04 为浴巾模型添加【VR-置换模式】修改器，然后把【凹凸】通道的灰色贴图以【实例】方式复制到【VR-置换模式】修改器的【纹理贴图】通道中，设置【数量】为2.0mm，如下右图所示。渲染摄影机视图效果如下图所示。

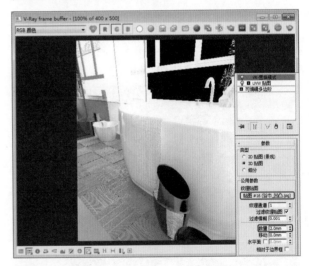

11.6.17　不锈钢材质的制作

不锈钢材质质地坚硬，反射清晰，高光明显，使用 VRayMtl 材质可以快速完成这种效果。

01 建立一个 VRayMtl 材质【不锈钢】，设置【反射】颜色为纯白色【R255 G255 B255】，设置【反射光泽度】为0.85，如下右图所示。将材质赋予场景中的【不锈钢】模型，渲染摄影机视图效果如下图所示。

02 对【不锈钢】材质进行复制，修改名称为【黄色不锈钢】，修改【漫反射】和【反射】都为黄色【R181 G151 B99】，设置【反射光泽度】为0.9，如下右图所示。将材质赋予场景中的【黄色不锈钢】模型，主要是花洒的一部分，渲染摄影机视图，效果如下图所示。

03 再次复制【不锈钢】材质，修改名称为【红色不锈钢】，修改【漫反射】和【反射】都为暗红黄色【R102 G33 B24】，设置【反射光泽度】为0.9，然后把材质赋予场景中的【红色不锈钢】模型，主要是窗台上装饰物的一部分，渲染摄影机视图，如右图所示。

11.6.18　防滑砖材质的制作

防滑砖是一种陶瓷的地板砖，正面有褶皱条纹或者凹凸点，以增加地板砖面与人体脚底或者鞋底的摩擦力，防止人在室内摔倒。

01 建立一个 VRayMtl 材质【防滑砖】，在【漫反射】中加入【位图】贴图【防滑砖.jpg】，设置【模糊】为0.2，如下图所示。

02 为【反射】通道加入【衰减】贴图，设置前颜色为深灰色【R40 G40 B40】，设置侧颜色为浅灰色【R150 G150 B150】，保持默认的【衰减类型】是【垂直/平行】方式，设置【反射光泽度】为0.6、【最大深度】为1，取消勾选【菲涅耳反射】复选框，如下图所示。

03 为【凹凸】通道加入【位图】贴图【防滑砖-凹凸.jpg】，设置【模糊】为0.6，设置贴图强度为-50，如下图所示。

04 将材质赋予【防滑砖】模型，添加【UVW贴图】修改器，如下右图所示。渲染【防滑砖】模型，效果如下图所示。

11.6.19　洗手池材质的制作

　　本例中的洗手池是一个仿古的大碗，中式风格浓郁，上面有国画工笔的元素，富于传统气息。

01 建立一个 VRayMtl 材质【洗手池】，在【漫反射】中加入【位图】贴图【洗手池.jpg】，设置【模糊】为0.5，设置【U】轴向的【瓷砖】为5，让贴图在水平方向重复5次，如下左图所示。为【反射】通道加入【衰减】贴图，设置前颜色为深灰色【R15 G15 B15】，设置侧颜色为浅灰色【R90 G90 B90】，保持【衰减类型】是【垂直/平行】方式，设置【反射光泽度】为0.6、【最大深度】为1，取消勾选【菲涅耳反射】复选框，如下右图所示。

02 为【凹凸】通道加入【位图】贴图【洗手池-凹凸.jpg】，设置【模糊】为0.6、U轴向的【瓷砖】为5，最后设置贴图强度为-50，如下左图所示。将材质赋予场景中的【洗手池】模型，然后为其添加【UVW贴图】修改器，设置【贴图方式】为【柱形】，以 适配 方式来设置UV，然后渲染透视图中的【洗手池】模型，如下图所示。

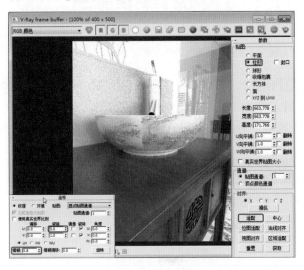

03 将【洗手池】材质复制一个，改名为【洗手池底座】，删除其【漫反射】和【凹凸】通道的贴图，设置【漫反射】的颜色为深黄色【R95 G66 B17】，然后将材质赋予【洗手池底座】模型，渲染摄影机视图可以看到效果，如右图所示。

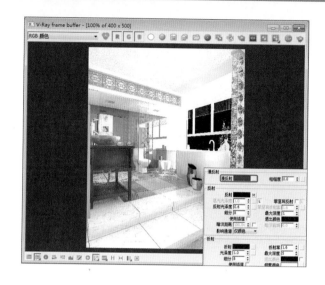

11.6.20 方毯材质的制作

方毯是一种特殊的地毯品种，常用于客厅沙发组合下，从人的心理上划分出了一些小的虚拟空间，本例子中的方毯位于洗手台前，主要用于防滑。

01 复制一个【浴巾】材质，修改名称为【方毯】，进入【漫反射】的【衰减】贴图中，在前与侧两个通道中都加入【位图】贴图【方毯.jpg】，设置侧贴图通道的强度为50，设置【衰减类型】为【Fresnel】方式，如下左图所示。在材质的【凹凸】通道加入【位图】贴图【方毯-凹凸.jpg】，设置【模糊】为0.6，设置贴图强度为900，如下右图所示。

02 将材质赋予【方毯】模型，然后为其添加【UVW贴图】修改器，设置贴图方式为【平面】，以 适配 方式来设置UV，如下右图所示。渲染方毯模型，可以看到如下图所示效果。

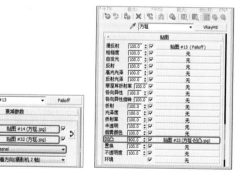

03 保持【方毯】模型处于被选中状态，在 【创建】面板单击 VR-毛皮 按钮，结果在【方毯】模型上就长出了皮毛【VR-毛皮001】物体，如下图所示。来到 【修改】面板，设置【分布】参数区域中的【每区域】为0.2，这个参数控制了毛皮的数量，如下右图所示。

04 将【方毯】材质赋予【VR-毛皮001】物体，渲染方毯效果如下图所示。

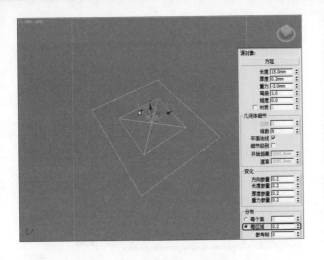

11.6.21 织物材质的制作

本例中有一个织物包裹的篮子，用来放置浴巾及洗浴用品，可以使用【方毯】材质复制出【织物】材质来快速制作。

01 复制【方毯】材质，修改名称为【织物】，来到【漫反射】的【衰减】贴图层级，取消贴图的设置，然后修改前颜色为淡黄色【R253 G244 B221】，保持侧颜色为白色默认，如下图所示。将材质赋予【织物】模型，然后为其添加一个【UVW贴图】修改器，设置【贴图方式】为【长方体】，设置【长度】、【宽度】、【高度】都为30mm，然后渲染透视视图的【织物】模型，结果及参数设置如右图所示。

02 新建一个 VRayMtl 材质【竹篮提手】，为【漫反射】通道加入【位图】贴图【木纹UV展开2.jpg】，设置【模糊】为0.2，如右图❶所示。为【反射】通道加入【衰减】贴图，设置前衰减为深灰色【R30 G30 B30】，设置侧衰减为浅灰色【R150 G150 B150】，保持默认的【衰减类型】还是【垂直/平行】方式，设置【反射光泽度】为0.8、【最大深度】为2，取消勾选【菲涅耳反射】复选框，如右图❷所示。

03 将材质赋予场景中的两个【竹篮提手】模型，为每一个模型添加【UVW贴图】修改器，设置贴图方式为【柱形】，以 适配 方式来设置UV，然后渲染透视视图中的模型，如右图所示。

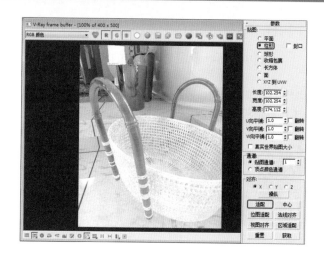

11.6.22 花卉材质的制作

　　浴缸边的装饰品中有两朵花骨朵，使用【渐变坡度】贴图来制作花朵的效果就可以得到真实的质感。

01 新建一个 VRayMtl 材质【花卉】，在【漫反射】通道中加入一张【渐变坡度】贴图，如右图❶所示。在【渐变坡度】贴图层级中，设置第一个颜色标为粉红色【R255 G180 B244】，位置为0；设置第二个颜色标为白色【R0 G0 B0】，位置为73；设置第三个颜色标为白色【R0 G0 B0】，位置为100，如右图❷所示。

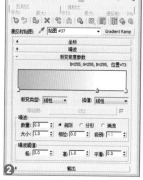

02 将材质赋予场景中的【花卉】模型，然后为其添加【UVW贴图】修改器，设置【贴图方式】为【平面】、【对齐】为【X】轴，单击 适配 按钮来匹配模型，此时视图中的效果如下图所示。

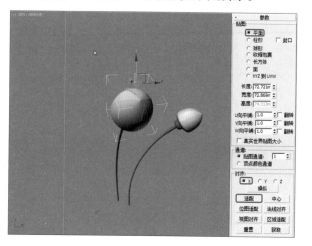

03 新建一个 VRayMtl 材质【花茎】，设置【漫反射】为绿色【R88 G102 B62】，如下右图所示。将材质赋予两个【花茎】模型，如下图所示。

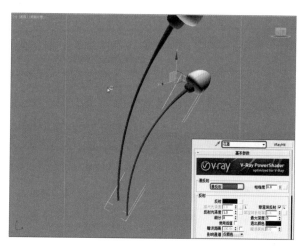

11.6.23 窗帘材质的制作

本例中的百叶窗帘是亮灰色的塑料材质，由于其距离摄影机比较远，因此简单设置颜色即可。

01 新建一个 [VRayMtl] 材质【窗帘】，设置【漫反射】为亮灰色【R230 G230 B230】，如下图所示。

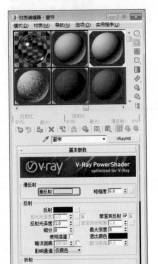

02 将材质赋予【窗帘】模型和【窗框】模型即可，如下面两图所示。

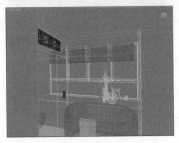

11.6.24 瓷器材质的制作

本例中窗台上有两个瓷器模型，使用 [VRayMtl] 材质可以快速制作出瓷器的材质。

01 新建一个 [VRayMtl] 材质【瓷器】，为【漫反射】通道加入【位图】贴图【瓷器.jpg】，如下左图所示。为【反射】通道加入【衰减】贴图，设置前衰减为深灰色【R30 G30 B30】，设置侧衰减为浅灰色【R150 G150 B150】，保持默认的【衰减类型】还是【垂直/平行】方式，设置【反射光泽度】为0.8、【最大深度】为1，取消勾选【菲涅耳反射】复选框，如下右图所示。

02 将材质赋予【瓷器】模型，为模型添加【UVW贴图】修改器，设置贴图方式为【柱形】、【对齐】为【X】轴，单击 [适配] 按钮来匹配模型，如下图所示。

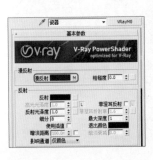

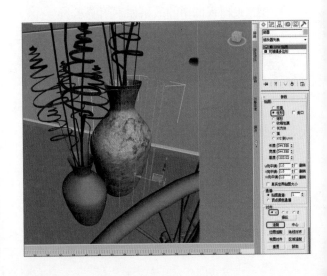

03 使用同样的方法制作出另一个【瓷器2】材质，设置【漫反射】通道为【位图】贴图【瓷器2.jpg】，如下图所示。

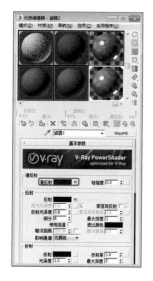

04 将材质赋予【瓷器2】模型，为模型添加【UVW贴图】修改器，设置【贴图方式】为【柱形】、【对齐】为【X】轴，单击 适配 按钮来匹配模型，如下图所示。

11.6.25　蜡烛材质的制作

蜡烛材质为模糊折射效果，具有半透明质感，也称为SSS材质。但使用VRay渲染器制作这种效果渲染时会耗费大量的内存，在商业效果图制作中不是非常合适，因此可以使用 Standard 材质来制作。使用VRay渲染器制作的SSS材质的渲染效果如右图所示。

01 新建一个 Standard 材质【蜡烛】，设置阴影着色方式为【（T）半透明明暗器】，设置【漫反射】为白色【R255 G255 B255】，设置【高光级别】为50、【光泽度】为20，如右图❶所示。在【半透明】参数区域中设置【半透明颜色】为深灰色【R62 G66 B70】，设置【过滤颜色】为灰色【R136 G142 B149】，在【不透明度】通道中加入【衰减】贴图，如右图❷所示。

02 在【衰减】贴图层级中设置前颜色为纯白色【R255 G255 B255】、【侧颜色】为灰色【R146 G146 B146】，如下右图所示。将【蜡烛】材质赋予【蜡烛】模型即可，如下图所示。

03 将【窗帘】材质赋予【蜡烛芯】模型，因为模型面积很小，距离摄影机又很远，因此不宜设置过细的材质，不然会徒劳增加渲染时间，如下图所示。

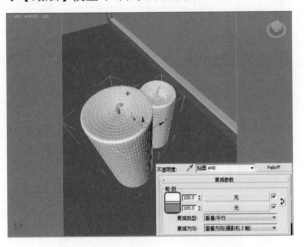

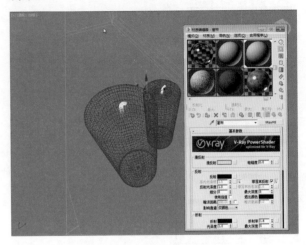

11.6.26　塑料管材质的制作

洗手池下的塑料管道为塑料材质，为了加快渲染速度，我们仅仅设置一些高光即可。

01 新建一个 VRayMtl 材质【管道】，设置【漫反射】为纯白色【R255 G255 B255】，如右图❶所示。设置【反射】的颜色为灰色【R150 G150 B150】，设置【反射光泽度】为0.7，保持【菲涅耳反射】复选框的勾选，设置【最大深度】为1，如右图❷所示。

02 将材质赋予两个管道模型，如右图所示。

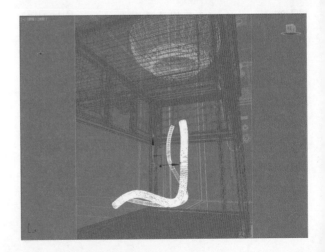

11.6.27 剩余材质的制作

此时整体场景中还剩余一些模型没有被赋予明确的材质，但它们都是可以使用前面篇幅中制作好的材质来进行赋予指定的，下面我们一一对其进行材质的赋予。

01 将【钢化玻璃】材质赋予右侧的【钢化玻璃】模型，如下图所示。

02 将【黄色不锈钢】材质赋予左侧射灯的【射灯不锈钢】模型，如下图所示。

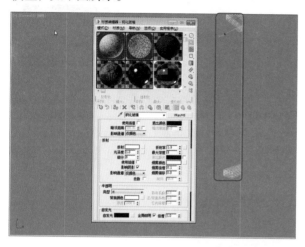 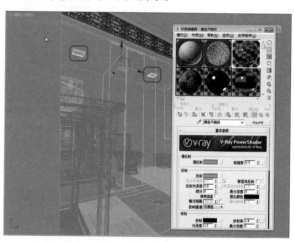

03 将【不锈钢】材质赋予左侧的【钢化玻璃不锈钢】模型，如下图所示。

04 将【浴巾】材质赋予左侧的【毛巾】模型，为其添加【UVW贴图】修改器，设置【贴图方式】为【平面】，单击 适配 按钮来调整UV，如下图所示。

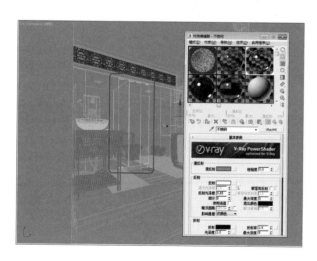 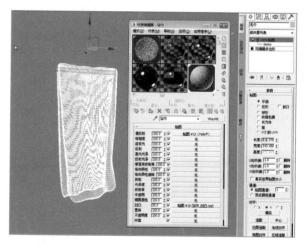

05 将【黄色不锈钢】材质赋予窗台上的玩具自行车模型，如下图所示。

06 将【雕花】材质赋予墙面横向的【雕花框】模型，使用 适配 按钮设置合适的【UVW贴图】，设置【贴图方式】为【长方体】，如下图所示。

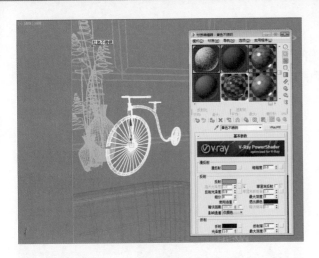

07 为窗台边的【不锈钢】模型赋予【不锈钢】材质，如下图所示。

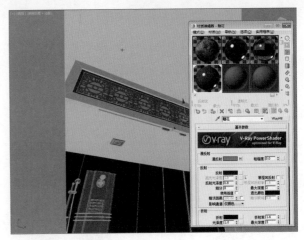

08 使用 VR-灯光材质 材质制作自发光效果，设置【强度】为2，勾选【补偿摄影机曝光】复选框，如下图所示。

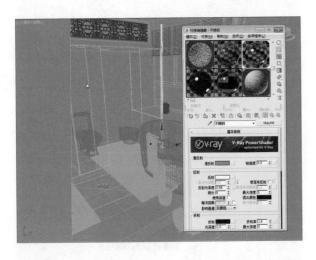

09 将上一步制作的材质赋予场景中的两个【自发光】模型，如下图所示。

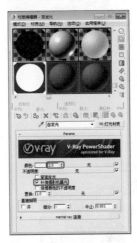

10 设置一个【毛玻璃】材质，采用 Standard 材质类型，设置【漫反射】为淡蓝色【R209 G236 B252】，设置【高光级别】为20，如下左图所示。展开 扩展参数 卷展栏，设置【衰减】的数量为20、过滤的颜色为深蓝色【R12 G40 B51】，如下右图所示。

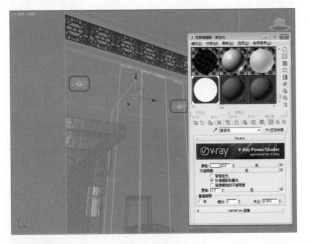

11 将上一步制作的材质赋予【毛玻璃】模型即可，如右图所示。

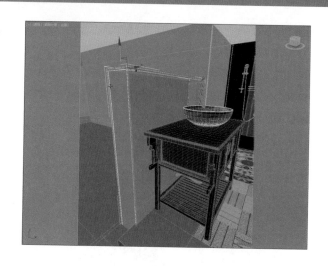

11.7　整体调整

初调灯光和材质之后，需要从整体上对画面进行一个把握和调整，这一部分是一个总揽全局的过程，需要强有力的绘画美术功底的支持，从画面素描关系和色彩关系上去衡量哪些位置需要改动，审美的修养需要读者慢慢在长期的实践中进行积累，这一点至关重要。

01 渲染摄影机视图，可以看到最后的效果如下图所示。观察图像可以看到右侧曝光过度，在【渲染设置】窗口中的 帧缓冲区 卷展栏中取消勾选【启用内置帧缓冲区】复选框，切换为3ds Max自己的帧缓存窗口，如下右图所示。

02 在【渲染设置】窗口中的【公用】选项卡中勾选【渲染帧窗口】复选框，如下右图所示。渲染摄影机视图，可以看到结果如下图所示。

📍 提示 关于渲染帧窗口的问题

VRay Adv 3.00.07渲染器的帧缓存窗口默认参数提高了渲染图像的伽马数值，因此画面显得苍白，而3ds Max渲染帧窗口则可以自动恢复正常的图像亮度。

03 在【渲染设置】窗口中的 颜色贴图 卷展栏中设置【伽玛】为1、【加深值】为0.4，勾选【子像素贴图】和【钳制输出】复选框，如下右图所示。再次渲染摄影机视图，可以看到结果得到了很大的改善，如下图所示。

05 在材质编辑器上新建一个 VRayMtl 材质【包裹】，设置【漫反射】仍然为亮灰色【R245 G245 B245】，再将其赋予【包裹】模型，如下图所示。

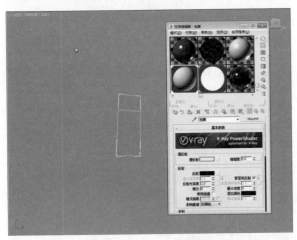

04 选择【乳胶漆】模型，在 【修改】面板中进入 【多边形】层级，选择下图所示的两个多边形面。对这两个面进行 分离 操作，系统弹出【分离】对话框，设置分离物体名称为【包裹】，如下右图所示，然后单击【确定】按钮，这样就分离出了这两个面。

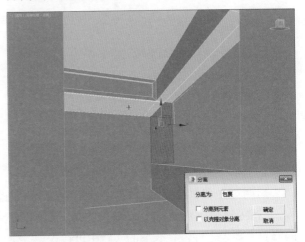

06 在材质编辑器上单击 VRayMtl 按钮，在系统弹出的【材质/贴图浏览器】对话框中双击选择【VR-材质包裹器】类型材质，如下图所示。

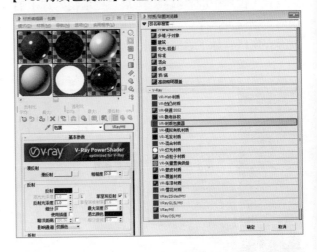

07 系统弹出【替换材质】对话框，保持默认选择，即让当前材质成为材质包裹器的子材质，如右图❶所示。在 VR-材质包裹器 层级中，设置【接收全局照明】为0.6，这样可以减少材质对光线的接收，从而可以变得暗一些，如右图❷所示。

08 再次渲染摄影机视图，可以看到调整后的结果
如右图所示。

11.8 渲染最终图像

VRay渲染通常分成两部分，首先计算光子，然后渲染图像。系统允许用户使用等比例的小尺寸光子
图渲染最后的大尺寸的最终图像，这样可以大大节省耗费的时间，从而提高我们的工作效率。

11.8.1 光子图的设置

计算光子要修改三大部分的内容：第一部分是材质编辑器中的材质反射细分；第二部分是灯光细
分；第三部分是【渲染设置】窗口中的参数。

01 由于是中文版的3ds Max，因此有些插件无法
使用，如场景整理利器【场景助手】，因此要逐
个在材质编辑器中修改有模糊反射的材质的【细
分】数值，一般不超过20即可，如下图所示。

03 选择两个【目标灯光】，设置【图形细分】为
20，如下图所示。

02 选择窗外的两个【VR-灯光】，设置灯光的【细
分】都为20，如下图所示。

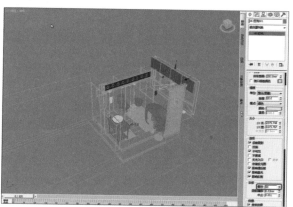

04 打开【渲染设置】窗口，保持默认宽高为
【400×500】并单击 按钮锁定宽高比，如下左图
所示。进入【V-Ray】选项卡，展开 全局开关[无名汉化]
卷展栏，勾选【不渲染最终的图像】复选框，设
置【二次射线偏移】为0.001，如下右图所示。

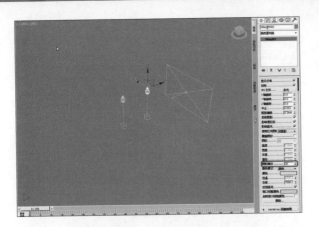

05 进入【间接照明】选项卡，展开 发光图 卷展栏，设置当前预设为【中】，设置【细分】为80，勾选【显示计算相位】复选框，如下图❶所示。【在渲染结束后】参数区域中勾选【不删除】、【自动保存】和【切换到保存的贴图】三个复选框，同时设置保存的路径，如下图❷所示。

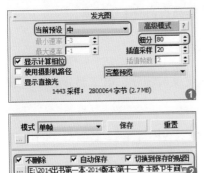

06 展开 灯光缓存 卷展栏，设置【细分】为1500，勾选【显示计算相位】复选框，【在渲染结束后】参数区域中勾选【不删除】、【自动保存】和【切换到被保存的缓存】三个复选框，同时设置保存的路径，如下图所示。

07 切换到【设置】选项卡，展开 全局确定性蒙特卡洛 卷展栏，设置【自适应数量】为0.75、【噪波阈值】为0.002、【最小采样】为20，勾选【时间独立】复选框，如下图所示。在主工具栏上单击 按钮渲染摄影机视图，系统就开始计算光子，如右图所示。

11.8.2 最终大图的设置

计算过光子之后就可以渲染等比例的大图像了，此时由于采用小图光子，因此大大提高了工作效率，只是要注意摄影机位置不可挪动，具体的一些灯光和材质参数也不要再修改。

01 打开【渲染设置】窗口，修改高度为2000，由于锁定了宽高比，则宽度会自动修改为1600，如下左图所示。进入【V-Ray】选项卡，取消勾选【不渲染最终的图像】复选框，设置图像采样类型为【自适应】、图像过滤器为【Catmull-Rom】，这样可产生清晰的边缘，如下右图所示。

02 单击按钮渲染摄影机视图，如下图所示，完成之后保存图像为【主卧卫生间.tga】，在系统弹出的窗口中一律保持默认，注意不可以保存为常见的JPG格式，因为这个格式对图像有压缩。

11.8.3 AO大图的渲染设置

【AO通道】图也叫做【OCC通道图】，使用它可以有效增强图像的分量感和真实感。

01 把场景另存为【主卧卫生间-完成-通道.max】，在材质编辑器中设置好OCC材质，如下图所示。

02 然后以【实例】方式将材质复制到【覆盖材质】上，如下图所示。

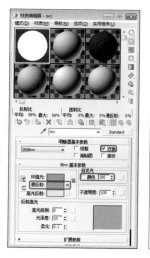

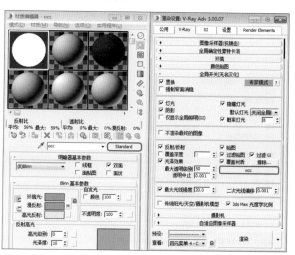

03 选择场景全部灯光进行删除，然后关闭【GI】，如下左图所示。在 全局开关[无名汉化] 卷展栏勾选【过滤贴图】和【过滤GI】复选框，如下右图所示。

04 单击 按钮对摄影机视图进行渲染，如下图所示，将结果保存为【主卧卫生间-AO通道.tga】。

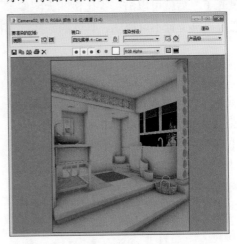

11.8.4 Object彩色通道大图的渲染设置

　　【Object通道】可以让场景按照材质来进行纯色的显示，这样在Photoshop中可以使用【魔棒】工具来快速选择，因此有必要配合大图渲染一张出来。

01 在菜单栏中选择【Max脚本>运行脚本】命令，选择【BeforeRender】插件，勾选【转换所有材质】复选框，然后单击 转换为通道渲染场景 按钮，如右图❶所示。系统弹出材质编辑器，可以看到都是纯色且【自发光】为100的材质球，如右图❷所示。

02 在【渲染设置】窗口中取消勾选【覆盖材质】复选框，如下图所示。

03 单击 按钮渲染摄影机视图，可以看到效果如下图所示，将渲染好的图像保存为【主卧卫生间-Object.tga】。

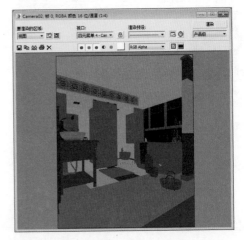

11.9　图像后期处理

图像后期处理是效果图制作比较重要的一步，它是从整体上对图像进行素描关系和色彩关系的调整，从整体出发来看待图像。后期处理通常使用Photoshop软件来完成，笔者的版本是Photoshop CS6。

11.9.1　拼合图像

后期处理的第一步是把正式的大图和通道图像进行拼合，这需要在【图层】面板调整好几张图像之间的位置，然后通过设置图层的混合模式来拼合图像。

01 打开Photoshop CS6软件，可以看到其界面是黑色风格，如下图所示。

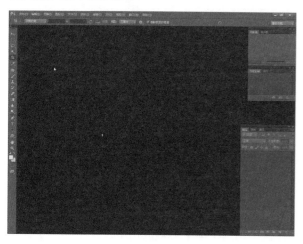

02 打开从3ds Max Design 2015中渲染出的三张图像，如下图所示。

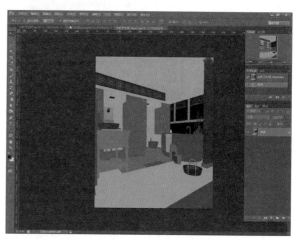

03 将两张通道图像使用 【移动】工具拖动到正式的大图上，在【图层】面板调整其位置，如下左图所示。取消彩色通道图层前的眼睛图标显示，这样可以隐藏图层，然后在眼睛位置右击，选择【红色】命令，这样可以对图层进行标记，提醒自己这是一个辅助的图层，不参与最后的合成，如下中图所示。拖动背景图层到【图层】面板下方的 ⬛【创建新图层】按钮上，复制一个图层，系统命名为【背景 副本】，如下右图所示。

04 选择【AO通道】图层，设置混合模式为【颜色减淡】，设置图层【不透明度】为25%，如下图❶所示。此时的效果如下图❷所示。在【AO通道】图层单击鼠标右键，选择【向下合并】命令，将【AO通道】图层和【背景 副本】图层进行合并，如下图❸所示。

11.9.2　图像校色

观察图像可以明显看到亮度不够，因此需要对亮度进行提升，常用的提亮工具有【色阶】、【亮度/对比度】、【曲线】、【变化】等。

01 选择【背景 副本】图层，单击图层名称，然后修改名称为【原始图像】，修改色彩通道名称为【色彩通道】，如下图❶所示。选择【原始图像】图层，选择【图像>调整>色阶】命令，系统弹出对话框，设置中间的色标为0.8，如下图❷所示。此时的图像整体暗部变暗了一些，如下图❸所示。

02 选择【原始图像】图层，在菜单栏中选择【图像>调整>亮度/对比度】命令，设置【亮度】为-5、【对比度】为12，如下右图所示。此时的图像整体都变暗了一些，如下左图所示。

03 打开【色彩通道】图层的显示，使用【魔棒】工具在【彩色通道】图层上单击鼠标选择地砖并从【原始图像】图层上提取出来，如下左图所示。按【Ctrl+B】组合键打开【色彩平衡】对话框，在【色调平衡】参数区域中选择【高光】，然后修改【色阶】为【-2, 0, 3】，这样可以让图像亮部偏冷，如下右图所示。

04 在【色调平衡】参数区域中选择【阴影】，然后修改【色阶】为【6, -3, -6】，这样可以让图像暗部偏暖，如下右图所示。此时图像的效果如下左图所示。

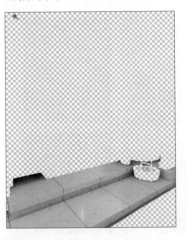

05 打开【色彩通道】图层的显示，使用 ![] 【魔棒】工具在【色彩通道】图层上单击鼠标选择右侧的蓝色磨砂玻璃并从【原始图像】图层上提取出来，如右图❶所示。按【Ctrl+B】组合键打开【色彩平衡】对话框，在【色调平衡】参数区域中选择【中间调】，然后修改【色阶】为【4，8，100】，这样可以让玻璃变得更蓝，如右图❷所示。

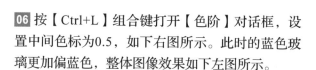

06 按【Ctrl+L】组合键打开【色阶】对话框，设置中间色标为0.5，如下右图所示。此时的蓝色玻璃更加偏蓝色，整体图像效果如下左图所示。

07 使用同样的方法提取出右侧上下的玻璃，如下图所示。

08 使用【色彩平衡】命令让其更偏绿一些，如下右图所示。此时的图像整体效果如下左图所示。

09 使用相同的方法提取出近景的石材地板，如下图所示。

10 按【Ctrl+M】组合键打开【曲线】对话框，使用【曲线】对近景的地板进行压暗，如右图❷所示。此时图像的整体效果如右图❶所示。

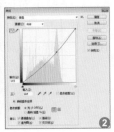

11.9.3 添加背景

为此场景的室外环境添加一个自然环境可以让图像更加真实，在Photoshop中只需添加一个新的图层即可实现。

01 来到除了通道之外的最顶端图层上，使用【Ctrl+E】组合键把所有提取出的图层都合并到【原始图像】图层上，然后来到【通道】面板，选择【Alpha 1】通道，可以看到窗外的背景是黑色，而别的位置像素都是白色，这样可以轻易选中背景，如右图所示。

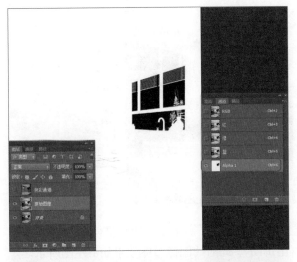

02 配合【魔棒】工具选中窗外的背景，回到【图层】面板的【原始图像】图层，然后删除背景像素，如右图所示。

03 打开【背景】图像，将其放置到【原始图像】图层的下方，如下图所示。

04 使用【曲线】工具让背景虚化，如下右图所示。此时的整体效果如下左图所示。

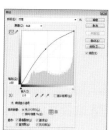

11.9.4 最后的整体调整

最后的调整需要做出【画眼】，也就是一张作品中最关键的、最可以吸引人的地方，切忌到处都一样对待，最后对图像的边角进行压暗操作。

01 选中【原始图像】图层，使用🔘【套索】工具选择中心靠右的一部分区域，按【Shift+F6】组合键，系统弹出【羽化选区】对话框，设置【羽化半径】为100像素，如下图所示。

02 保持选取的部分，按【Ctrl+J】组合键提取出来，如下图所示。

03 按【Shift+Ctrl+U】组合键对提取出的图像进行去色操作，如下左图所示。对提取出的部分执行【滤镜>其他>高反差保留】命令，在系统弹出的对话框中设置【半径】为3，如下右图所示。

04 设置图层的混合模式为【叠加】，设置【不透明度】为35%，然后按【Ctrl+E】组合键将其并入【原始图像】图层，如下右图所示。使用🔲【矩形选框】工具对图像进行框选，如下左图所示。

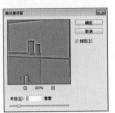

05 设置选区的【羽化半径】为100像素，然后按【Ctrl+Shift+I】组合键对选区进行反选，然后用【曲线】工具对选择的图像周边进行轻微压暗，如下图所示。

06 使用 【套索】工具选择中心靠右的一部分区域，进行羽化操作，设置【羽化半径】为100像素，然后按【Ctrl+Shift+I】组合键对选区进行反选，如下图所示。

07 用【曲线】工具再次进行轻微压暗，如下右图所示。此时整体图像效果如下左图所示。

08 使用 【裁剪】工具对图像上下进行一些轻微的裁剪，如下图所示。

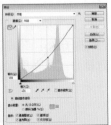

09 按【Enter】键即可确认，至此图像制作完成，最终的图像效果如右图所示。

11.10　本章小结

　　本章讲解了一个中式风格的主卧卫生间场景的渲染和后期处理过程，其间使用了大量的操作技术，建议读者在学习过程中用心体会，慢慢领悟这些渲染和后期处理中的技法技巧。